本書の特色と使い方

自分で問題を解く力がつきます

教科書の学習内容をひとつひとつ丁寧に自分の力で解いていくことができるよう，解き方の見本やヒントを入れています。自分で問題を解く力がつき，楽しく確実に学習を進めていくことができます。

本書をコピー・印刷して教科書の内容をくりかえし練習できます

計算問題などは型分けした問題をしっかり学習したあと，いろいろな型を混合して出題しているので，学校での学習をくりかえし練習できます。
学校の先生方はコピーや印刷をして使えます。（本書 P128 をご確認ください）

学ぶ楽しさが広がり勉強がすきになります

計算問題は，めいろなどを取り入れ，楽しんで学習できるよう工夫しました。
楽しく学んでいるうちに，勉強がすきになります。

「ふりかえりテスト」で力だめしができます

「練習のページ」が終わったあと，「ふりかえりテスト」をやってみましょう。
「ふりかえりテスト」でできなかったところは，もう一度「練習のページ」を復習すると，力がぐんぐんついてきます。

スタートアップ解法編５年　目次

整数と小数（1）

名前

1　7.538 という数について答えましょう。

①　□にあてはまる数を書きましょう。

1 が	7	こ	……	7
0.1 が	□	こ	……	0.5
0.01 が	□	こ	……	□
0.001 が	□	こ	……	□
			あわせて	□

②　7.538 を式で表します。□にあてはまる数を書きましょう。

7.538 = 1 × 7 + 0.1 × □ + 0.01 × □ + 0.001 × □

2　□にあてはまる数を書きましょう。

①　3.064 は，1 を □ こ，0.01 を □ こ，□ を 4 こあわせた数です。

②　3.064 = 1 × □ + 0.1 × □ + 0.01 × □ + 0.001 × □

③　0.712 は，□ を 7 こ，0.01 を □ こ，0.001 を □ こあわせた数です。

整数と小数（2）

名前

1　次の数は，0.001 を何個《こ》集めた数ですか。

①　0.009　（　　　）こ

②　0.01　（　　　）こ

③　0.1　（　　　）こ

④　5.607　（　　　）こ

⑤　0.831　（　　　）こ

	一の位	$\frac{1}{10}$の位	$\frac{1}{100}$の位	$\frac{1}{1000}$の位
①	0.	0	0	9
②				
③				
④				
⑤				
	0.	0	0	1

2　□にあてはまる不等号を書きましょう。

①　0 □ 0.1　　②　5.999 □ 6

③　0.01 □ 0.001　　④　3 □ 3.02

●　数の大きい方を通ってゴールしましょう。通った答えを下の□に書きましょう。

①　□　②　□　③　□

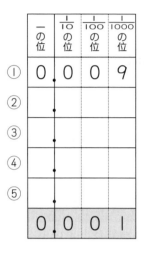

整数と小数（3）

名前

□1 □に入ることばや数を，下から選んで書きましょう。

整数も小数も，数が□個《こ》集まると，位が１つ□ます。

また，１０等分（$\frac{1}{10}$）すると，位が１つ□ます。このような位取りの考え方を使うと，０から９までの１０個の数字と□があれば，どんな大きさの整数，小数でも表すことができます。

上がり	下がり	分数	１０	５	小数点

□2 □.□□□ に，□1，□7，□5，□2 のカードをあてはめて，次の数をつくりましょう。

① いちばん小さい数　□.□□□

② いちばん大きい数　□.□□□

③ ２ばんめに大きい数　□.□□□

③ ７にいちばん近い数　□.□□□

整数と小数（4）

10 倍，100 倍，1000 倍した数

名前

□1 2.75 を 10 倍，100 倍，1000 倍した数を書きましょう。

	千の位	百の位	十の位	一の位	$\frac{1}{10}$の位	$\frac{1}{100}$の位	$\frac{1}{1000}$の位	
				2.	7	5		
10 倍			2	7.	5			2.75 × 10
100 倍								2.75 × 100
1000 倍								2.75 × 1000

□2 次の数を 10 倍，100 倍，1000 倍した数を書きましょう。

① 1.083

	千の位	百の位	十の位	一の位	$\frac{1}{10}$の位	$\frac{1}{100}$の位	$\frac{1}{1000}$の位
				1.	0	8	3
10倍							
100倍							
1000倍							

② 0.7

	千の位	百の位	十の位	一の位	$\frac{1}{10}$の位	$\frac{1}{100}$の位	$\frac{1}{1000}$の位
				0.	7		
10倍							
100倍							
1000倍							

● 数の大きい方を通ってゴールしましょう。通った答えを下の□に書きましょう。

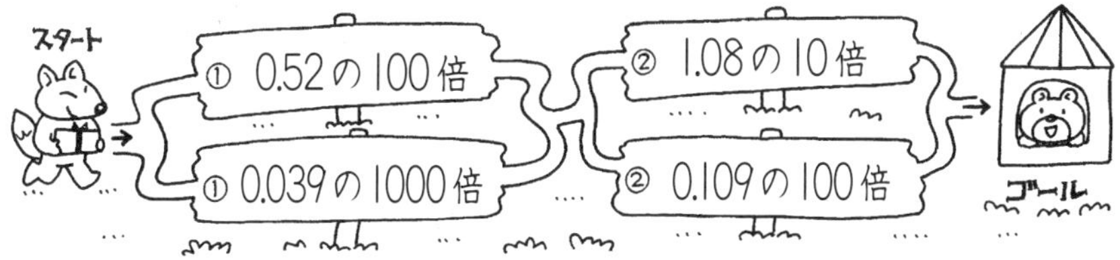

① □　② □

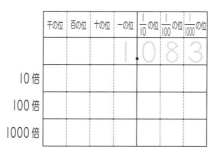

整数と小数（5）

$\frac{1}{10}$，$\frac{1}{100}$，$\frac{1}{1000}$ にした数

名前

1　748 を $\frac{1}{10}$，$\frac{1}{100}$，$\frac{1}{1000}$ にした数を書きましょう。

	千の位	百の位	十の位	一の位	$\frac{1}{10}$の位	$\frac{1}{100}$の位	$\frac{1}{1000}$の位	
		7	4	8				
$\frac{1}{10}$			7	4	8			748 ÷ 10
$\frac{1}{100}$								748 ÷ 100
$\frac{1}{1000}$								748 ÷ 1000

2　次の数を $\frac{1}{10}$，$\frac{1}{100}$，$\frac{1}{1000}$ にした数を書きましょう。

①　4

	千の位	百の位	十の位	一の位	$\frac{1}{10}$の位	$\frac{1}{100}$の位	$\frac{1}{1000}$の位
				4			
$\frac{1}{10}$							
$\frac{1}{100}$							
$\frac{1}{1000}$							

②　80

	千の位	百の位	十の位	一の位	$\frac{1}{10}$の位	$\frac{1}{100}$の位	$\frac{1}{1000}$の位
			8	0			
$\frac{1}{10}$							
$\frac{1}{100}$							
$\frac{1}{1000}$							

3　計算をしましょう。

①　3.07 × 10

②　0.624 × 1000

③　4070 ÷ 1000

④　8.5 ÷ 100

整数と小数（6）

名前

1　次の数は，0.54 をそれぞれ何倍した数ですか。
（　　）にあてはまる数を書きましょう。

①　5.4　（　　　　）倍

②　54　（　　　　）倍

③　540　（　　　　）倍

千	百	十	一	$\frac{1}{10}$	$\frac{1}{100}$	$\frac{1}{1000}$
			0	5	4	
			5	4		
		5	4			
	5	4	0			

2　次の数は，18 をそれぞれ何分の一にした数ですか。
（　　）にあてはまる数を書きましょう。

①　1.8　（$\frac{1}{\quad}$）

②　0.18　（$\frac{1}{\quad}$）

③　0.018　（$\frac{1}{\quad}$）

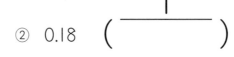

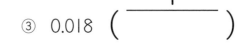

千	百	十	一	$\frac{1}{10}$	$\frac{1}{100}$	$\frac{1}{1000}$
		1	8			
			1	8		
			0	1	8	
			0	0	1	8

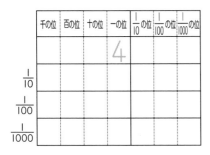

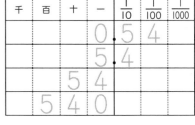

ふりかえりテスト　整数と小数

名前

1 □にあてはまる数を書きましょう。(5 × 2)

① 45.62は, 10を□こ, 1を□こ, 0.1を□こ, 0.01を□こあわせた数です。

② 0.806は, 0.1を□こと0.001を□こあわせた数です。

2 □にあてはまる数を書きましょう。(5 × 2)

① 58.1 = 10 × □ + 1 × □ + 0.1 × □

② 0.657 = □ × 6 + □ × 5 + □ × 7

3 次の数は, 0.001を何こ集めた数ですか。(5 × 3)

① 0.01　(　　　　)こ

② 4.293　(　　　　)こ

③ 0.37　(　　　　)こ

4 □にあてはまる不等号を書きましょう。(5 × 3)

① 0.001 □ 0

② 7.002 □ 7

③ 0.1 □ 0.098

5 0.38を10倍, 100倍, 1000倍した数を書きましょう。(5 × 3)

10倍　(　　　　)

100倍　(　　　　)

1000倍　(　　　　)

6 820を$\frac{1}{10}$, $\frac{1}{100}$, $\frac{1}{1000}$にした数を書きましょう。(5 × 3)

$\frac{1}{10}$　(　　　　)

$\frac{1}{100}$　(　　　　)

$\frac{1}{1000}$　(　　　　)

7 計算をしましょう。(5 × 4)

① 20.75 × 100　　② 0.04 × 1000

③ 34.01 ÷ 10　　④ 700 ÷ 1000

直方体や立方体の体積（1）

名前

1 （　　）に合うことばを □ から選んで書きましょう。

① ものの大きさやかさのことを（　　　　）といい，1辺の長さが（　）cmの（　　　　）が何個分あるかで表します。

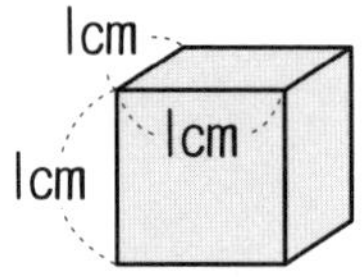

② 1辺が1cmの立方体の体積を（　　　　　　）といい，（　　　　）と書きます。

体積 ・ 立方体 ・ 1立方センチメートル ・ 1 ・ $1cm^3$

2 次の形は，$1cm^3$ が何個分で何 cm^3 ですか。

①

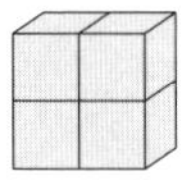

（ 4 ）こ分で
（ $4cm^3$ ）

②

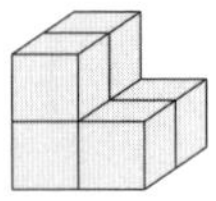

（　　）こ分で
（　　　　）

③

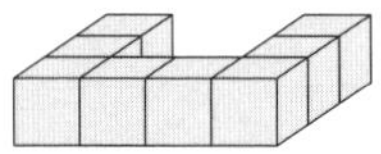

（　　）こ分で
（　　　　）

④

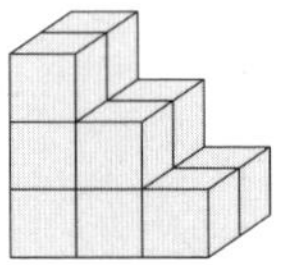

（　　）こ分で
（　　　　）

直方体や立方体の体積（2）

名前

図のような直方体の体積の求め方を考えましょう。

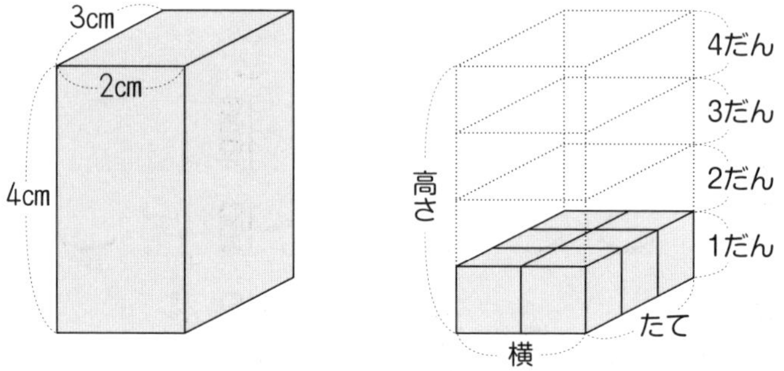

① 1だんめに $1cm^3$ の立方体はいくつありますか。

（　　）×（　　）＝（　　）　（　　）こ

② 全部で何だんありますか。　（　　）だん

③ 全部の立方体の個《こ》数《すう》を計算で求めましょう。

1だんの立方体の数				だんの数		
□	×	□	×	□	＝	□
たての長さ		横の長さ		高さ		

④ この立方体の体積は何 cm^3 ですか。　（　　　）cm^3

⑤ 直方体の体積を求める公式を書きましょう。

（　　　）×（　　　）×（　　　）

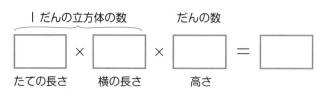

直方体や立方体の体積（3）

名前

直方体の体積 ＝ たて × 横 × 高さ
立方体の体積 ＝ Ｉ辺 × Ｉ辺 × Ｉ辺

次の直方体や立方体の体積を求めましょう。

①

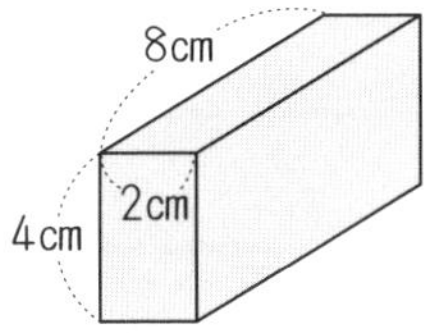

式

たて　横　高さ

（　）×（　）×（　）＝（　）

答え

②

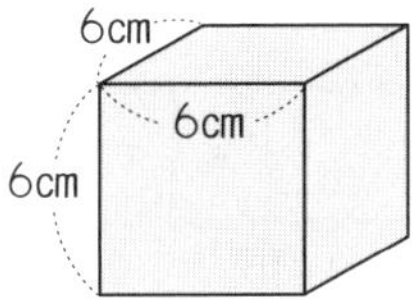

式

答え

③

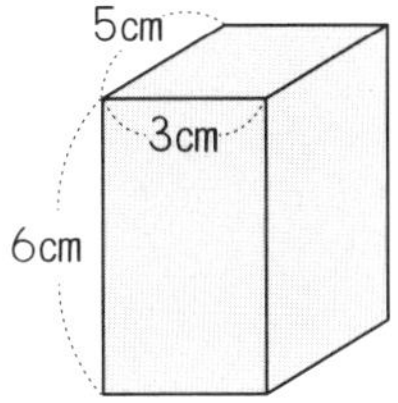

式

答え

④

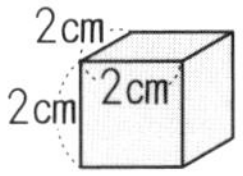

式

答え

直方体や立方体の体積（4）

名前

Ｉ　次のてん開図を組み立ててできる直方体の体積を求めます。

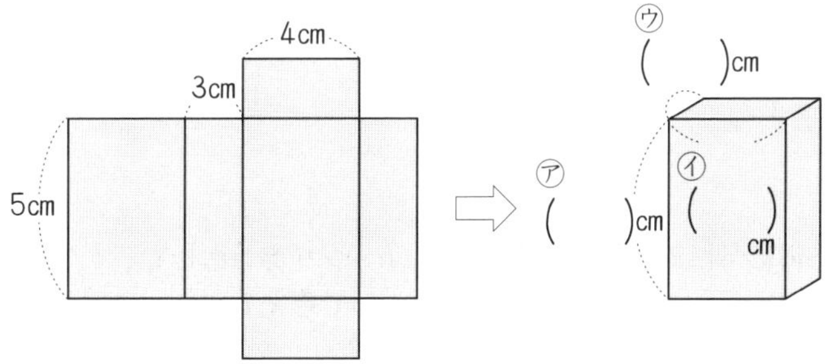

①　上のてん開図を組み立てると，上の右のような直方体ができます。㋐～㋒の（　）に長さを書き入れましょう。

②　この直方体の体積を求めましょう。

式

答え

2　次のてん開図を組み立ててできる直方体の体積を求めましょう。

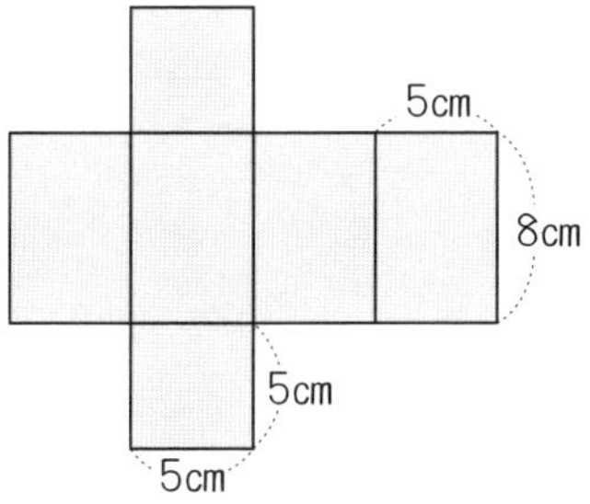

式

答え

直方体や立方体の体積（5）

名前

1　右のような立体の体積の求め方を2つの方法で考えました。
　下の①と②，それぞれの方法で体積を求めましょう。

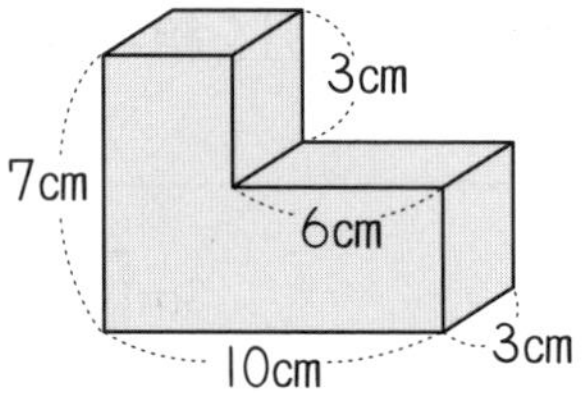

① 2つの直方体に分けて求める方法

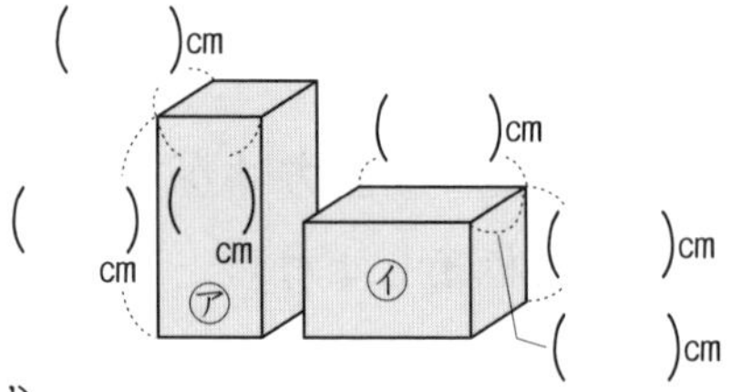

式

答え

② ㋒があるとして，1つの直方体として考えてから㋒を引く方法

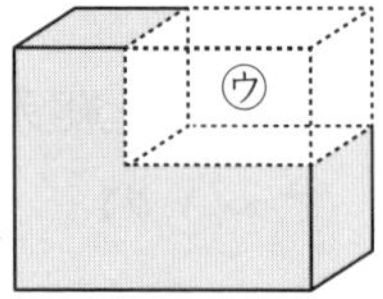

式

答え

2　次の立体の体積を求めましょう。

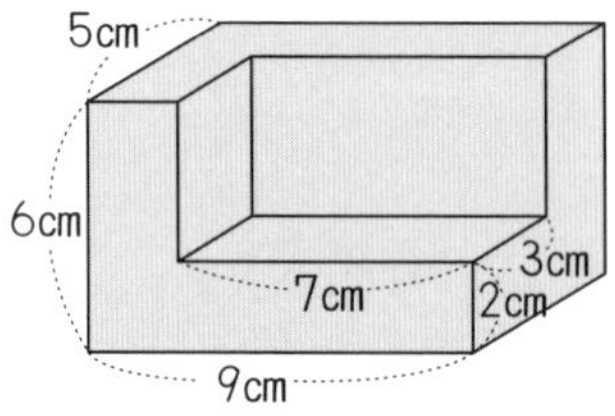

式

答え

直方体や立方体の体積（6）

名前

1　次の（　　）にあてはまることばを書き入れましょう。

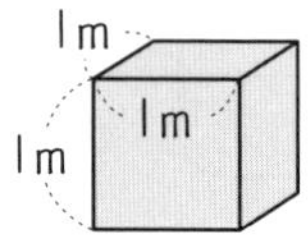

1辺が1mの立方体の体積を（　　　　　　）といい，（　　　　　　）と書きます。

2　$1m^3$は何cm^3でしょうか。□に数を入れましょう。

　　　たて　　　横　　　高さ

$1m^3 = \square \times \square \times \square = \square\ cm^3$

　　（cm）　（cm）　（cm）

3　次の直方体や立方体の体積を求めましょう。

①

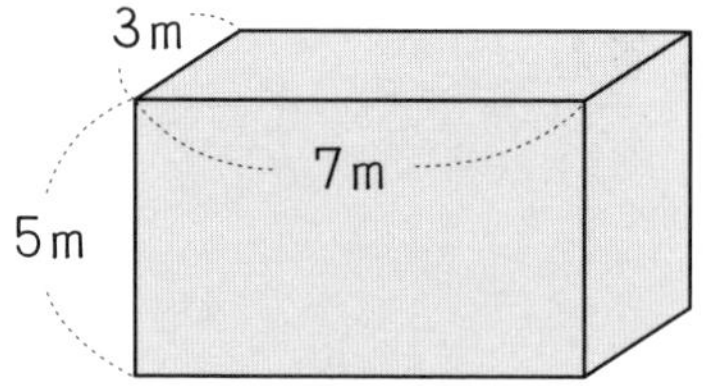

式

答え　　　　　　m^3

②

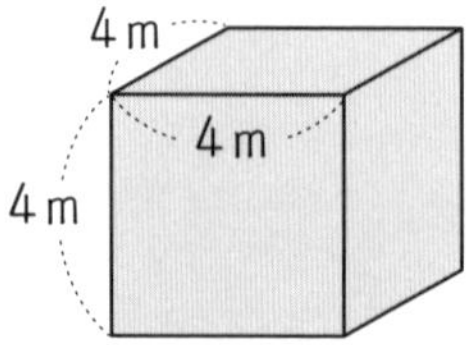

式

答え　　　　　　m^3

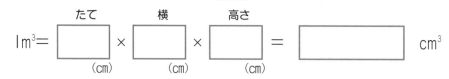

直方体や立方体の体積（7）

名前

1 厚《あつ》さ1cmの板で作った，右の図のような直方体の形をした入れものの容積《ようせき》の求め方を考えましょう。

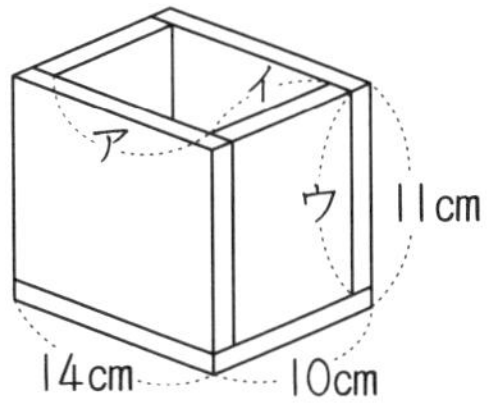

① 入れものの内側の長さ（内のり）を求めましょう。

・たての長さアは，両側の板の厚さをひくので，

14cm − □ cm = □ cm

・横の長さイも，両側の板の厚さをひくので，

10cm − □ cm = □ cm

・深さウは，底の板の厚さをひくので，

11cm − □ cm = □ cm

② 入れものの容積を求めましょう。

たて		横		深さ		容積
□（cm）	×	□（cm）	×	□（cm）	＝	□（cm^3）

答え　　　　　cm^3

2 右の入れ物の容積を求めましょう。

（長さはすべて内のりです。）

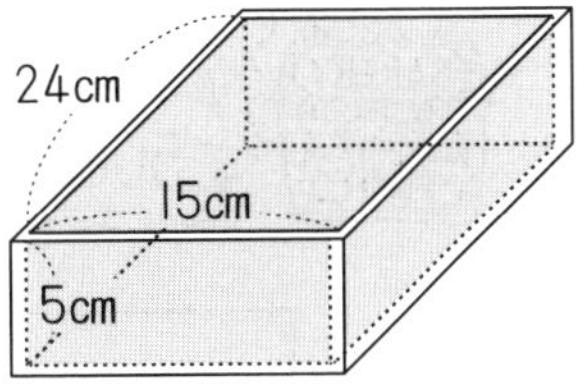

式

答え　　　　　cm^3

直方体や立方体の体積（8）

名前

1 内のりのたて，横，高さが10cmの入れ物に入る水は1Lです。1Lは何cm^3ですか。

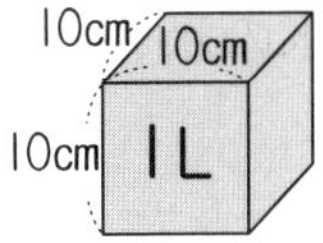

式

答え　　　　　cm^3

2 次の水そうの容積は何cm^3ですか。また，何Lの水が入りますか。

（長さはすべて内のりです。）

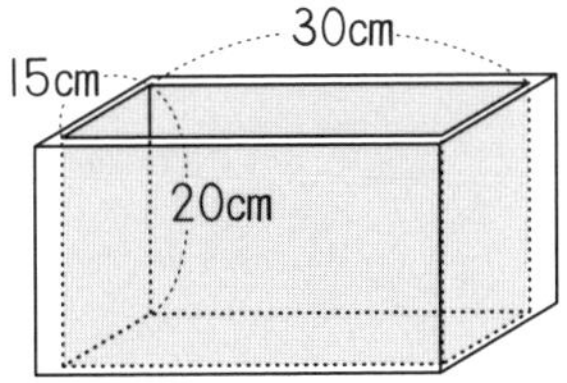

式

答え　　　　　cm^3

1L＝1000cm^3だから

答え　　　　　L

3 右の入れ物の容積は何cm^3ですか。また，何Lですか。

（長さはすべて内のりです。）

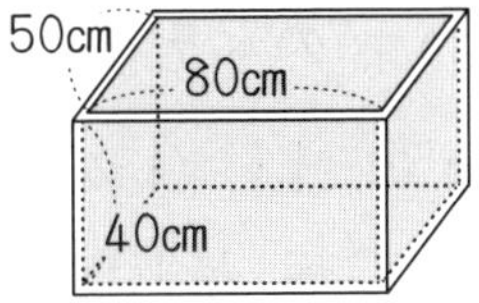

式

答え　　　　　cm^3，　　　　　L

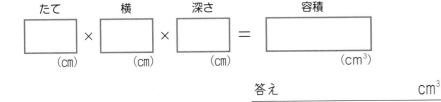

直方体や立方体の体積 (9)

名前

● 水のかさと体積の関係について，まとめましょう。

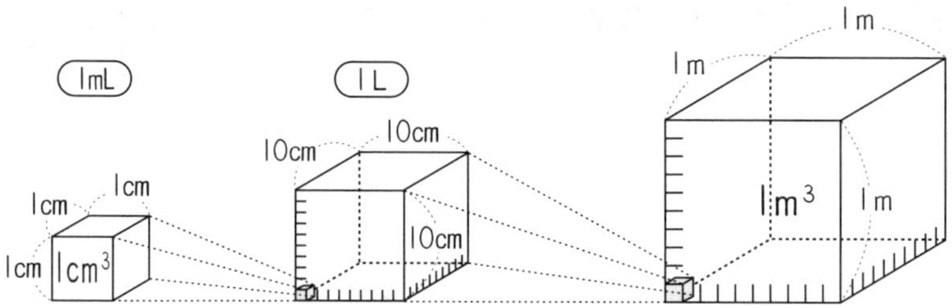

① 1L ますに入る水の体積は，何 cm³ ですか。

10 × 10 × 10 = □ cm³
(cm)　(cm)　(cm)

1L = □ cm³

② 水 1mL の体積は，何 cm³ ですか。

1L = 1000 mL

1mL = □ cm³

③ 1m³ の水そうには，何 L の水が入りますか。

1m³ に，1L（1 辺 10cm の立方体）をしきつめると，

たて 10 個《こ》，横 10 個，高さ 10 個になるので，

10 × 10 × 10 = 1000（個）

1m³ = □ L

直方体や立方体の体積 (10)

名前

● 次の（　）にあてはまる数を書きましょう。

m³						cm³
(kL)			L	dL		mL
1	0	0	0			

1m³=1000L とわかります。

① 1m³ =（　　　　）cm³

=（　　　　）L

② 1cm³ =（　　　　）mL

③ 5000000cm³ =（　　　　）m³

④ 1L =（　　　　）cm³

=（　　　　）mL

⑤ 7000cm³ =（　　　　）mL

=（　　　　）L

m³						cm³
(kL)			L	dL		mL
1	0	0	0	0	0	0

● 体積の大きい方を通ってゴールまで行きましょう。通った方の体積を下の□に書きましょう。

① □　　② □

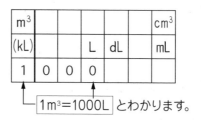

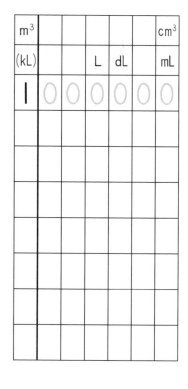

ふりかえりテスト　直方体や立方体の体積

名前

[1]　1cm^3の立方体の積み木で，次のような形を作りました。体積は何cm^3ですか。(5×3)

①

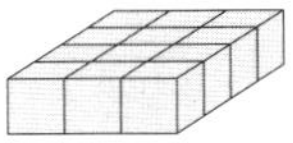

②

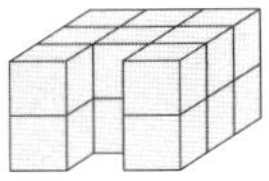

③

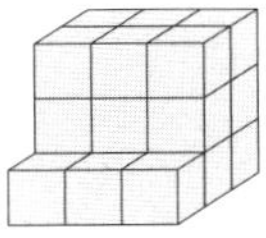

(　　　)(　　　)(　　　)

[2]　直方体や立方体の体積を求めましょう。(10×3)

①

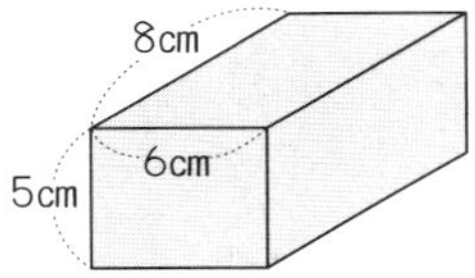

式

答え

②

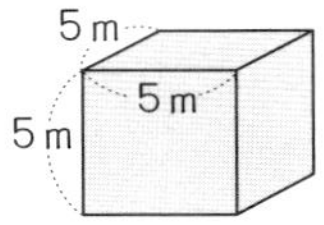

式

答え

③

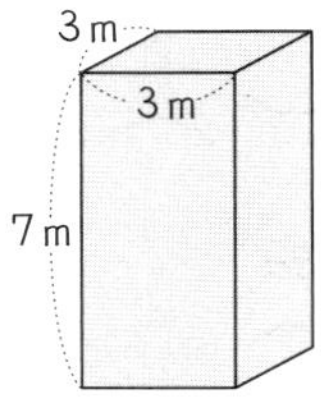

式

答え

[3]　次の立体の体積を求めましょう。(10)

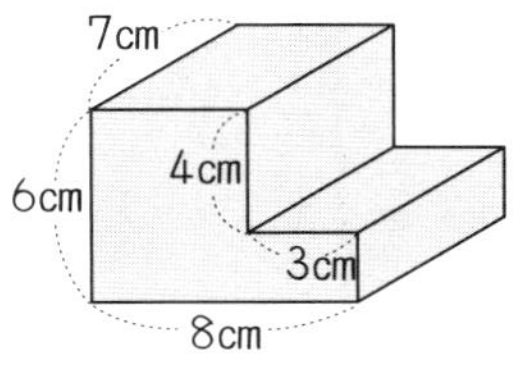

式

答え

[4]　次のてん開図を組み立ててできる直方体の体積を求めましょう。(10)

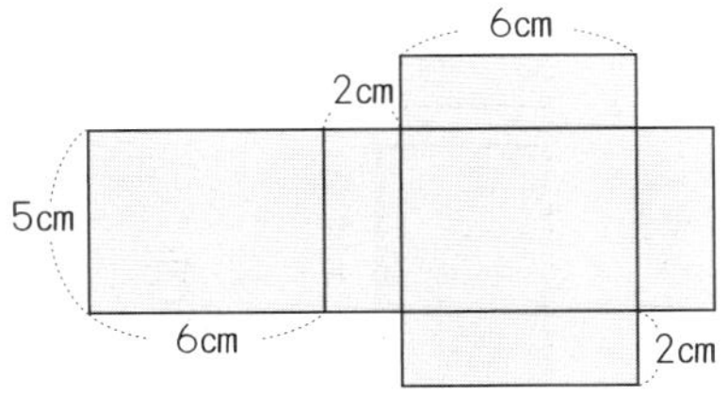

式

答え

[5]　次の(　)にあてはまる数を書きましょう。(5×4)

①　$1m^3$＝(　　　　)cm^3

②　8000000cm^3＝(　　　　)m^3

③　1L＝(　　　　)cm^3

④　$1m^3$＝(　　　　)L

[6]　次のようなガラスでできた水そうがあります。(長さは内のりです)

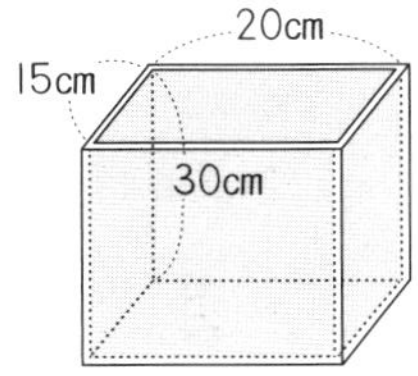

①　この水そうの容積《ようせき》を求めましょう。(10)

式

答え

②　この水そうには何Lの水が入りますか。(5)

答え

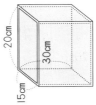

比例 (1)

名前

● 右の図のように，直方体のたて，横の長さを変えないで，高さを1cm，2cm，3cm…と変えました。体積はどのように変わるか調べましょう。

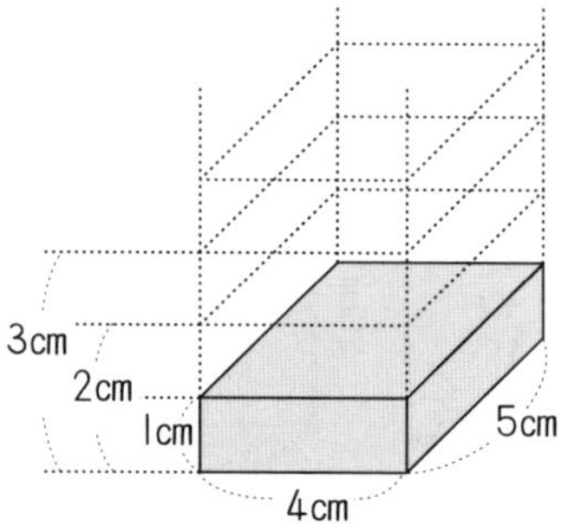

① 下の表を完成しましょう。また，□に数を書きましょう。

□倍
3倍
2倍

高さ□(cm)	1	2	3	4	5	6
体積○(cm³)	20					

□倍
□倍
2倍

② (　)にあてはまる数やことばを書きましょう。

2つの量□と○があって，□が2倍，3倍，…になると，それにともなって○も(　　　)倍，(　　　)倍，…になるとき，「○は□に(　　　　　)する」といいます。

比例 (2)

名前

● 下の図のように，長方形の横の長さが1cm，2cm，3cm，…と変わると，それにともなって面積はどう変わるか調べましょう。

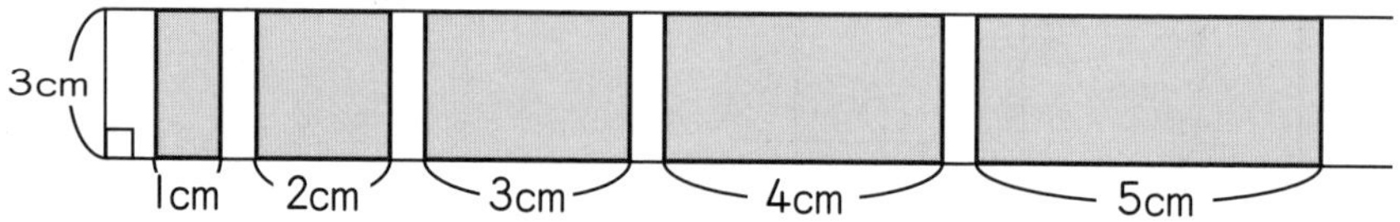

① 横の長さ□cmが1cm，2cm，3cm，…のとき，面積○ cm^2 はどう変わるか表にまとめましょう。

横の長さ□(cm)	1	2	3	4	5	6
面積○(cm²)	3					

② 横の長さ□が2倍，3倍，…になると，面積○はそれぞれどのように変わりますか。

(　　　　　　　　　　)

③ ○(面積)は□(横の長さ)に比《ひ》例《れい》していますか。

(　　　　　　　　　　)

④ □(横の長さ)と○(面積)の関係を式に表します。
□にあてはまる数を書きましょう。

ことばの式で表すと，たて × 横 = 面積

□ × □ = ○

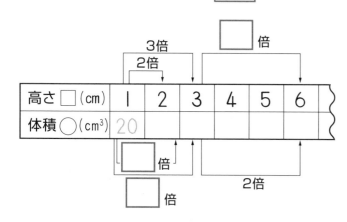

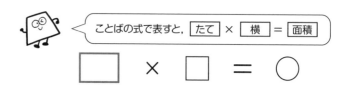

比例 (3)

名前

● 1本のねだんが50円のえん筆があります。
買う本数が1本，2本，3本，…と変わると，それにともなって代金はどのように変わるか調べましょう。

① 本数□本が増《ふ》えていくと，代金○円がどう変わっていくかを表にまとめましょう。

本数□(本)	1	2	3	4	5	6
代金○(円)						

② ○(代金)は，□(本数)に比例《ひれい》していますか。

(　　　　　　　　)

③ □(本数)と○(代金)の関係を式に表します。□にあてはまる数を書きましょう。

ことばの式で表すと，1本の代金 × 本数 = 代金

□ × □ = ○

④ えん筆を㋐9本，㋑12本買ったときの代金はそれぞれいくらになりますか。

㋐9本
式

答え ＿＿＿＿＿＿

㋑12本
式

答え ＿＿＿＿＿＿

比例 (4)

名前

● 次のともなって変わる2つの数量で，○が□に比例《ひれい》しているものはどれですか。

① 1まい7gの紙が□まいのときの重さ○g

紙のまい数□(まい)	1	2	3	4	5
紙の重さ○(g)	7	14	21	28	35

(比例している / 比例していない)

どちらか○をしよう

② まわりの長さが12cmの長方形のたての長さ□cmと横の長さ○cm

たての長さ□(cm)	1	2	3	4	5
横の長さ○(cm)	5	4	3	2	1

(比例している / 比例していない)

③ 1本50円のえん筆を□本と100円のペンを1本買うときの代金○円

えん筆の本数□(本)	1	2	3	4	5
代金○(円)	150	200	250	300	350

(比例している / 比例していない)

④ 1個《こ》25円のガムを□個買うときの代金○円

個数□(個)	1	2	3	4	5
代金○(円)	25	50	75	100	125

(比例している / 比例していない)

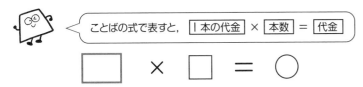

小数のかけ算（1）

名前

1 2.4 × 3.2 を筆算でしましょう。

	2	.4	…… 小数点より下のけた数（1）
×	3	.2	…… 小数点より下のけた数（1）
	4	8	
7	2		
7	.6	8	…… 小数点より下のけた数（2）

1+1=2

小数のかけ算

❶ 小数点がないものとして整数のかけ算とみて計算する。

❷ 積の小数点は，かけられる数とかける数の小数点より下のけた数の和だけ右から数えてうつ。

2

①

		4	.5	…… ①
	×	1	.3	…… ①
				②

1+1

②

		6	.4
	×	3	.7

③

		5	.2
	×	2	.9

④

		7	.3
	×	4	.4

⑤

		4	.8
	×	3	.6

小数のかけ算（2）

名前

①

		2	.4	7	…… 小数点より下のけた数（2）
	×		3	.5	…… 小数点より下のけた数（1）
	1	2	3	5	
	7	4	1		
	8	.6	4	5	…… 小数点より下のけた数（3）

2+1=3

②

		5	.7	3	…… ②
	×		7	.4	…… ①
					③

2+1

③

		4	.1	7
	×		5	.8

④

		6	.4	8
	×		6	.3

⑤

		7	.0	6
	×		4	.7

⑥

		3	.1	5
	×		8	.9

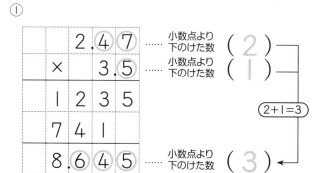

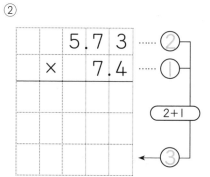

小数のかけ算（3）

名前

①

		2	.6	……①
	×	3	.5	……①
	1	3	0	
	7	8		1＋1
	9	.1	0	

②

		1	.4	8	……②
	×		2	.5	……①
		7	4	0	
	2	9	6		2＋1
	3	.7	0	0	

③

		9	.2
	×	1	.5

④

		6	.4
	×	7	.5

⑤

		3	.2	5
	×		6	.8

⑥

		5	.1	8
	×		3	.5

⑦

		2	.7	5
	×		1	.6

小数のかけ算（4）

名前

① 17.7 × 4.2

		1	7	.7
	×		4	.2

② 29.3 × 5.8

③ 22.5 × 4.6

④ 4.8 × 2.75

			4	.8
	×	2	.7	5

⑤ 3.7 × 1.89

⑥ 5.9 × 6.01

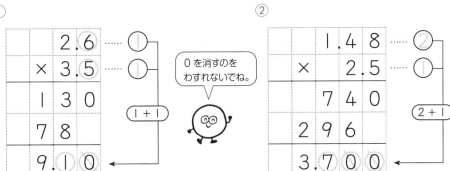

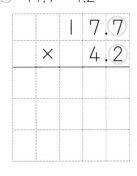

小数のかけ算（5）

名前

①

		0.	9
×		1.	2
		1	8
		9	
	1.	0	8

②

	0.	7	8
×		4.	6
	4	6	8
3	1	2	
3.	5	8	8

③

		0.	8
×		7.	5

④

		0.	6
×		3.	7

⑤

		0.	4
×		6.	8

⑥

	0.	8	3
×		2.	9

⑦

	0.	5	6
×		4.	5

小数のかけ算（6）

名前

1 ①

	7.	2
×	0.	3
2.	1	6

7.2 …… ①
0.3 …… ①
1 + 1

②

	3.	5	6
×		0.	4
1.	4	2	4

3.56 …… ②
0.4 …… ①
2 + 1

2 ① 8.7 × 0.6

② 5.4 × 0.9

③ 6.5 × 0.2

④ 7.06 × 0.5

⑤ 9.75 × 0.4

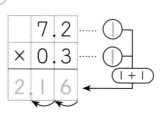

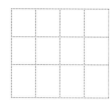

小数のかけ算（7）

名前

[1]

①

	0.	6
×	0.	8
0.	4	8

0.6 …… ①
0.8 …… ①
1 + 1

②

	1.	5	8
×		0.	5
0.	7	9	~~0~~

1.58 …… ②
0.5 …… ①
2 + 1

[2] ① 0.5 × 0.9　② 0.3 × 0.7　③ 1.2 × 0.8

④ 1.35 × 0.2　⑤ 2.24 × 0.3

小数のかけ算（8）

名前

①

		0.	⑥
×	1.	②	⑤

②

		0.	③	⑧
	×	2.	①	②

③ 0.5 × 1.08　④ 0.42 × 1.85

答えの大きい方を通ってゴールしましょう。通った答えを下の□に書きましょう。

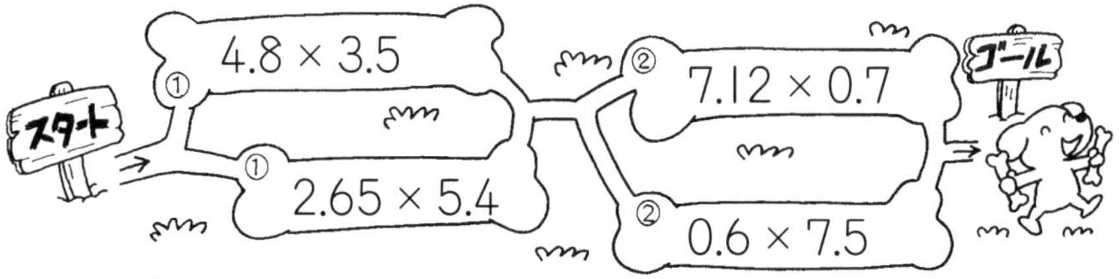

①　　　②

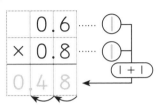

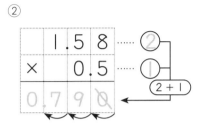

小数のかけ算（9）

名前

①

		5.	9
×	0.	0	6

小数点の位置に気をつけよう。

②

		2.	0	4
	×	0.	0	8

③　3.5 × 0.27

④　4.8 × 0.34

⑤　1.76 × 0.75

⑥　2.2 × 0.05

⑦　3.04 × 0.06

小数のかけ算（10）

名前

①

		0.	7
×	0.	0	5

小数点の位置に気をつけよう。

②

		0.	0	9
	×	0.	0	3

③　0.8 × 0.25

④　0.6 × 0.37

⑤　0.04 × 0.42

⑥　0.5 × 0.04

⑦　0.07 × 0.08

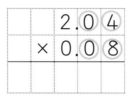

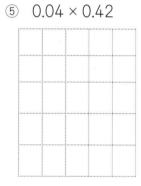

小数のかけ算（11）

名前

①

	1	8
×	0.	7

②

	2	3
×	0.	5

③

		4	5
×	0.	0	8

④

		3	6
×		4.	3

⑤

	3	0
×	1.	5

⑥

		2	7
×	0.	3	8

⑦

		4	9
×	1.	4	2

⑧

		5	0
×	0.	7	2

小数のかけ算（12）

名前

1 1辺7.6cmの正方形の紙の面積は何 cm^2 ですか。

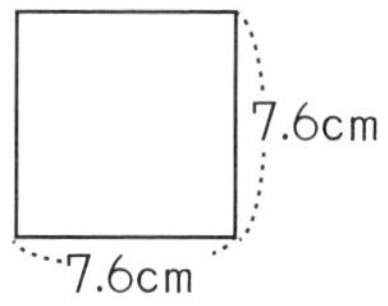

式

答え

2 たて4.8cm，横6.5cmの長方形の面積は何 cm^2 ですか。

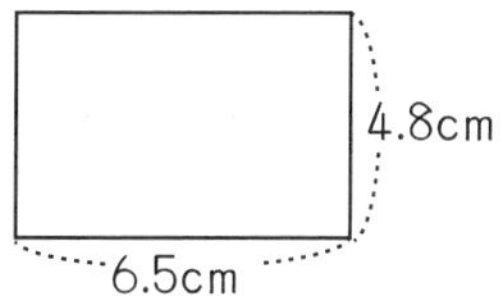

式

答え

3 たてが3.2m，横が5.7mの長方形の花だんの面積は何 m^2 ですか。

式

答え

小数のかけ算（13）

名前

1 1dLに，さとうが7.2g入っているジュースがあります。このジュース2.4dLの中には，さとうは何g入っていますか。

1あたりの数　全部の数

7.2g	□g
1dL	2.4dL

いくつ分

式

答え

2 1Lの重さが0.9kgの油があります。この油0.6Lの重さは何kgですか。

0.9kg	□kg
1L	0.6L

式

答え

3 1mが95円のテープを12.4m買いました。代金はいくらですか。

95円	□円
1m	12.4m

式

答え

小数のかけ算（14）

名前

1 1dLで4.3m^2のかべをぬることができるペンキがあります。このペンキ1.5dLでは，何m^2のかべをぬることができますか。

1あたりの数　全部の数

(　　)m^2	(　　)m^2
1dL	(　　)dL

いくつ分

式

答え

2 1辺の長さが8.4mの，正方形の花だんがあります。この花だんの面積は何m^2ですか。

式

答え

3 1mの重さが5.8gのはり金があります。このはり金0.7mの重さは何gですか。

(　　)g	(　　)g
1m	(　　)m

式

答え

ふりかえりテスト　小数のかけ算

名前

1 計算をしましょう。(8×10)

①
$$\begin{array}{r} 8.7 \\ \times\ 3.4 \\ \hline \end{array}$$

②
$$\begin{array}{r} 4.36 \\ \times\ 2.5 \\ \hline \end{array}$$

③
$$\begin{array}{r} 0.7 \\ \times\ 8.6 \\ \hline \end{array}$$

④
$$\begin{array}{r} 0.53 \\ \times\ 6.2 \\ \hline \end{array}$$

⑤
$$\begin{array}{r} 7.4 \\ \times\ 0.19 \\ \hline \end{array}$$

⑥
$$\begin{array}{r} 20 \\ \times\ 0.37 \\ \hline \end{array}$$

⑦
$$\begin{array}{r} 17.2 \\ \times\ 7.5 \\ \hline \end{array}$$

⑧
$$\begin{array}{r} 6.15 \\ \times\ 0.08 \\ \hline \end{array}$$

⑨
$$\begin{array}{r} 3.23 \\ \times\ 0.9 \\ \hline \end{array}$$

⑩
$$\begin{array}{r} 0.4 \\ \times\ 0.2 \\ \hline \end{array}$$

2 1mの重さが1.76kgの鉄のぼうがあります。このぼう0.6mの重さは何kgですか。(10)

式

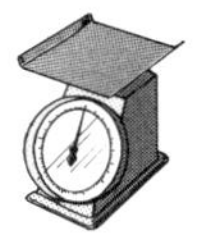

答え

3 たて2.35m，横3.8mの長方形の花だんの面積は何m^2ですか。(10)

式

答え

小数のわり算（1）

名前

1 8.64 ÷ 2.7 を筆算でしましょう。

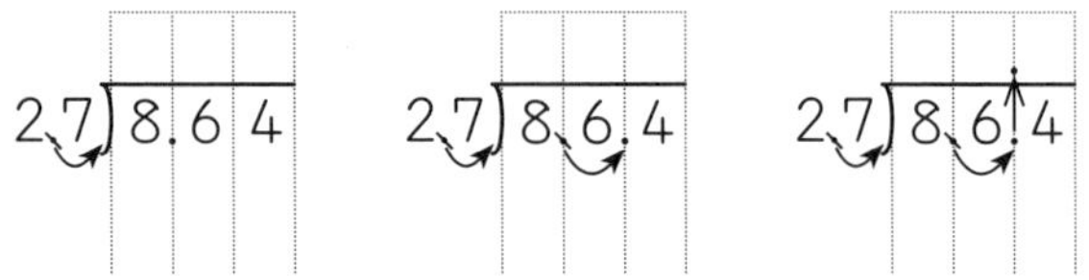

❶ わる数が整数になるように小数点を右へ移す。

❷ わられる数の小数点も❶で移した分だけ右へ移す。

❸ 商の小数点はわられる数の移した小数点にそろえてうつ。整数と同じように計算する。

2.7)8.64

2 ① 5.2)9.36　② 2.6)7.02　③ 1.7)6.63

④ 4.3)9.89　⑤ 3.7)5.92

小数のわり算（2）

名前

① 7.2 ÷ 4.5 を筆算でしましょう。

4.5)7.2

② 1.8)4.5

③ 5.5)7.7　④ 5.8)8.7　⑤ 3.5)5.6

⑥ 1.8)6.3　⑦ 1.4)4.9

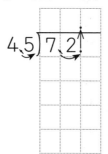

小数のわり算（3）

名前

① 32.4 ÷ 7.2 を筆算でしましょう。

7.2) 32.4

② 5.5) 46.2

③ 7.4) 40.7

④ 2.5) 15.5

⑤ 9.6) 33.6

● 答えの大きい方を通ってゴールしましょう。通った答えを下の□に書きましょう。

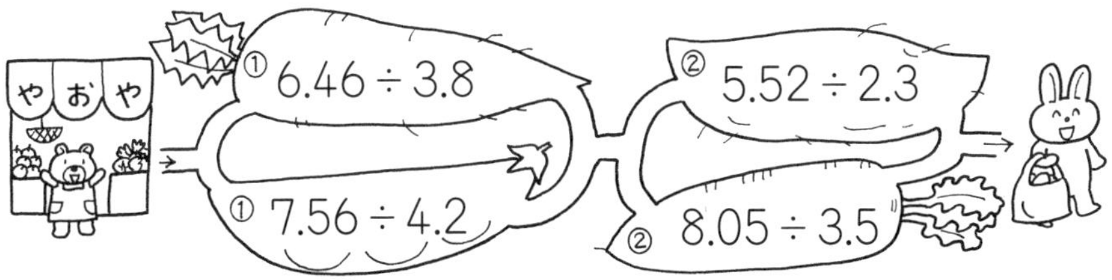

① □　② □

小数のわり算（4）

名前

① 64.5 ÷ 4.3 を筆算でしましょう。

4.3) 64.5

	1	5
4	3	
2	1	5
2	1	5
		0

② 2.6) 36.4

③ 3.5) 59.5

④ 1.9) 85.5

⑤ 5.2) 72.8

⑥ 3.7) 85.1

⑦ 2.9) 92.8

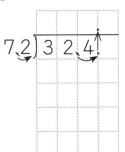

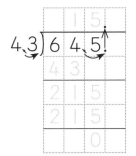

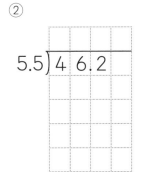

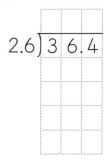

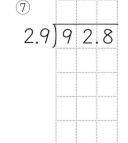

小数のわり算（5）

名前

① 6.84 ÷ 2.85 を筆算でしましょう。

2.85)6.84

② 3.42)5.13

③ 1.55)5.58

④ 7.45)8.94

⑤ 2.54)6.35

答えの大きい方を通ってゴールしましょう。通った答えを下の□に書きましょう。

① □　　② □

小数のわり算（6）

名前

① 3.68 ÷ 4.6

4.6)3.68
0.8
368
0

② 2.8 ÷ 3.5

3.5)2.80
0.8
280
0

③ 0.72 ÷ 2.4

2.4)0.72
0.3
72
0

④ 6.2)5.58

⑤ 3.15)1.89

⑥ 3.5)0.14

⑦ 5.8)2.9

⑧ 8.5)6.8

⑨ 7.6)1.9

⑩ 6.8)5.1

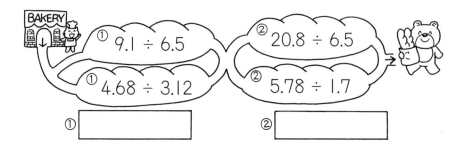

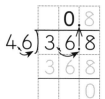

小数のわり算（7）

名前

① 9.24 ÷ 0.7 を筆算でしましょう。

```
      1 3.2
0.7)9.2 4
    7
    2 2
    2 1
      1 4
      1 4
        0
```

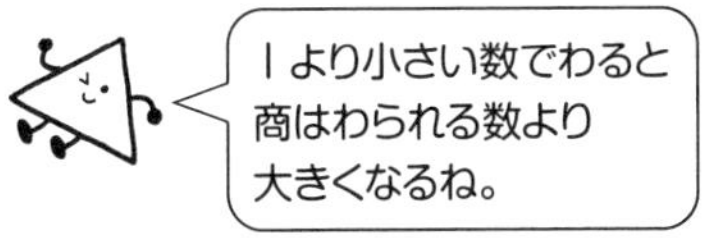

② 0.5)0.45

③ 0.4)9.36

④ 0.6)7.98

⑤ 0.24)0.84

⑥ 0.35)0.56

⑦ 0.12)0.66

小数のわり算（8）

名前

① 5.4 ÷ 0.36 を筆算でしましょう。

```
         1 5.
0.36)5 4 0
     3 6
     1 8 0
     1 8 0
         0
```

② 0.08)1.2

③ 0.5)27

④ 0.46)6.9

⑤ 0.35)7.7

⑥ 0.05)1.4

⑦ 0.8)36

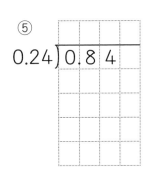

小数のわり算（9）

名前

● わり切れるまで計算しましょう。

① 3.2)4

② 0.5)7.9

③ 1.2)39

④ 0.4)9.7

⑤ 1.6)5

⑥ 7.5)5.61

小数のわり算（10）

名前

● 商を整数で求め，あまりも出しましょう。

① 34.7 ÷ 5.2

```
      6
5.2)34.7
    31 2
     3.5
```

6 あまり 3.5

たしかめ　$5.2 \times 6 + 3.5 =$ □

② 3.6)31.1

□ あまり □

③ 1.8)9.56

④ 0.4)2.85

⑤ 0.23)0.8

□ あまり □　　□ あまり □　　□ あまり □

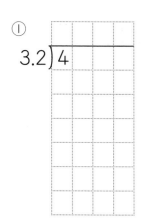

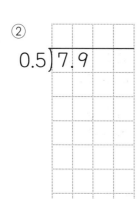

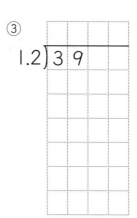

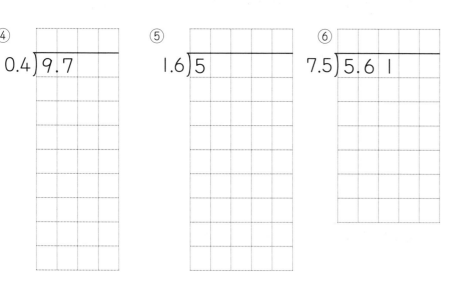

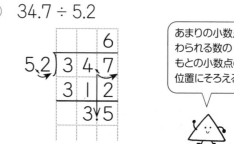

小数のわり算（11）

名前

● 商は四捨五入《ししゃごにゅう》して，上から２けたのがい数で求めましょう。

① $7.4 \div 2.8$

	2.	6	~~4~~
2.8)7.4			
5	6		
1	8	0	
1	6	8	
	1	2	0
	1	1	2
			8

約

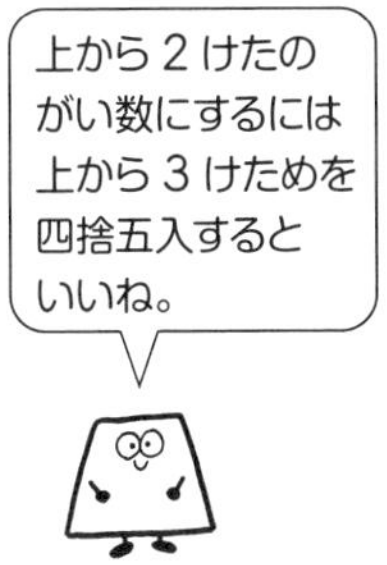

② $0.84 \overline{)5.26}$

約

③ $0.36 \overline{)0.92}$

約

④ $0.7 \overline{)8.6}$

約

⑤ $9.5 \overline{)6.34}$

約

小数のわり算（12）

名前

● 商は四捨五入《ししゃごにゅう》して，$\frac{1}{10}$の位までのがい数で求めましょう。

① $9.3 \div 4.3$

		2	
	2.	~~1~~	~~6~~
4.3)9.3			
8	6		
	7	0	
	4	3	
	2	7	0
	2	5	8
		1	2

約

② $0.6 \overline{)0.89}$

約

③ $1.5 \overline{)3.56}$

約

④ $2.4 \overline{)0.92}$

約

⑤ $5.9 \overline{)5.32}$

約

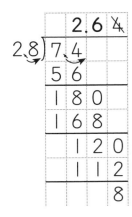

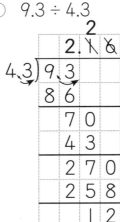

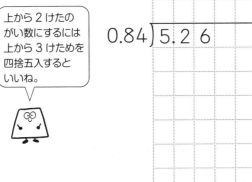

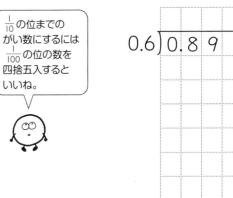

小数のわり算（13）

名前

1　5.4m² の長方形の花だんがあります。
横の長さは 3.6m です。
たての長さは何 m ですか。

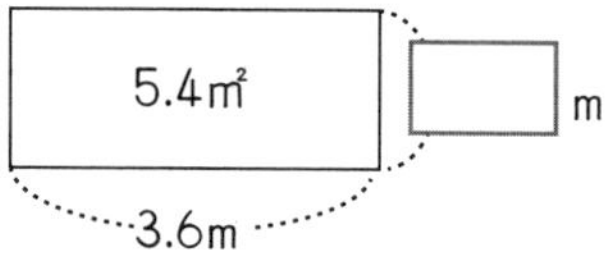

式

答え

2　ジュース 3.2L を 640 円で買いました。
このジュース 1L は何円ですか。

1あたりの数	全部の数
□円	640円
1L	3.2L

いくつ分

式

答え

3　6.95L のペンキで，2.5m² のかべをぬりました。1m² あたり何 L のペンキを使ったことになりますか。

□L	6.95L
1m²	2.5m²

式

答え

小数のわり算（14）

名前

1　19.2m のリボンを，1 本 0.8m ずつに切ります。
0.8m のリボンは何本できますか。

1あたりの数	全部の数
0.8m	19.2m
1本	□本

いくつ分

式

答え

2　82.5kg のお米があります。
5.2kg ずつふくろに分けます。
何ふくろできて，何 kg あまりますか。

(　　)kg	(　　)kg
1ふくろ	(　　)ふくろ

式

答え

3　1.7m のはり金の重さをはかると 30g でした。
このはり金 1m の重さは約何 g ですか。
$\frac{1}{10}$ の位までのがい数で求めましょう。

(　　)g	(　　)g
1m	(　　)m

式

答え

ふりかえりテスト　小数のわり算

名前

1　計算をしましょう。(8×10)

① $1.7\overline{)5.78}$

② $2.5\overline{)6.5}$

③ $4.2\overline{)31.5}$

④ $5.32\overline{)7.98}$

⑤ $2.15\overline{)1.72}$

⑥ $0.6\overline{)21}$

⑦ $0.7\overline{)9.94}$

⑧ $0.12\overline{)0.78}$

⑨ 商を整数で求め
あまりも出しましょう。

$1.4\overline{)63.6}$

あまり

⑩ 商は四捨五入して
$\frac{1}{10}$の位までのがい数
で求めましょう。

$0.7\overline{)3.19}$

約

2　38.4 mのリボンを 2.4 mずつに切ります。
2.4 mのリボンは何本できますか。(10)

式

答え

3　4.8L のジュースを 0.35L ずつコップに
入れます。0.35L 入りのコップは
何ばいできて，何 L あまりますか。(10)

式

答え

小数のかけ算・わり算 (1)

名前

□1 1L の重さが 0.72kg の油があります。
この油 1.5L の重さは何 kg ですか。

1あたりの数	全部の数
(　　)kg	(　　)kg
1L	(　　)L
	いくつ分

式

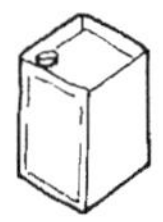

答え

□2 16.8L のしょう油があります。
0.6L ずつびんに入れます。
0.6L 入りのびんは何本できますか。

(　　)L	(　　)L
1本	(　　)本

式

答え

□3 リボンを 0.75m 買うと 210 円でした。
このリボン 1m のねだんは何円ですか。

(　　)円	(　　)円
1m	(　　)m

式

答え

小数のかけ算・わり算 (2)

名前

□1 6.72m の長いひもがあります。0.25m ずつに切り分けると，0.25m のひもが何本できて，何 m あまりますか。

1あたりの数	全部の数
(　　)m	(　　)m
1本	(　　)本
	いくつ分

式

答え

□2 たて 8.4m，横 6.7m の長方形の畑の面積を求めましょう。

式

答え

□3 1Lのガソリンで 7.85km 走る車があります。
8.4L のガソリンでは，何 km 走ることができますか。

(　　)km	(　　)km
1L	(　　)L

式

答え

小数のかけ算・わり算（3）

名前

1　たての長さが 9.6cm で，面積が $72cm^2$ の長方形があります。この長方形の横の長さを求めましょう。

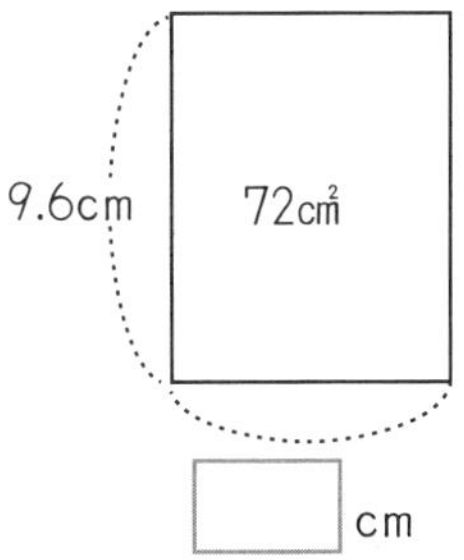

式

答え

2　1dL のペンキで，$0.56m^2$ のかべをぬることができます。このペンキ 8.5dL では，何 m^2 のかべをぬることができますか。

1あたりの数	全部の数
(　　)m^2	(　　)m^2
1dL	(　　)dL

いくつ分

式

答え

3　2.04kg のバターがあります。
　ケーキ 1 個《こ》作るのにバターを 0.03kg 使います。ケーキは何個できますか。

(　　)kg	(　　)kg
1 個	(　　)個

式

答え

小数のかけ算・わり算（4）

名前

1　$1cm^2$ の重さが 0.2g の紙があります。
この紙 $42.6cm^2$ の重さは何 g ですか。

1あたりの数	全部の数
(　　)g	(　　)g
$1cm^2$	(　　)cm^2

いくつ分

式

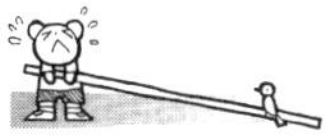

答え

2　長さ 4.6m の鉄のぼうの重さをはかると 16.1kg でした。この鉄のぼう 1m の重さは何 kg ですか。

(　　)kg	(　　)kg
1m	(　　)m

式

答え

3　1 辺が 6.2m の正方形の部屋の面積は何 m^2 ですか。

式

答え

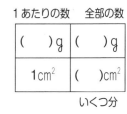

小数倍（1）

名前

● 右のような木があります。
木の高さを比《くら》べましょう。

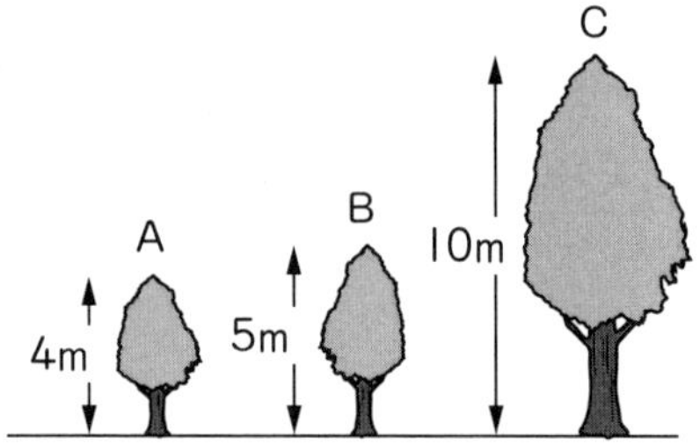

①　Cの高さは，
Bの高さの何倍ですか。

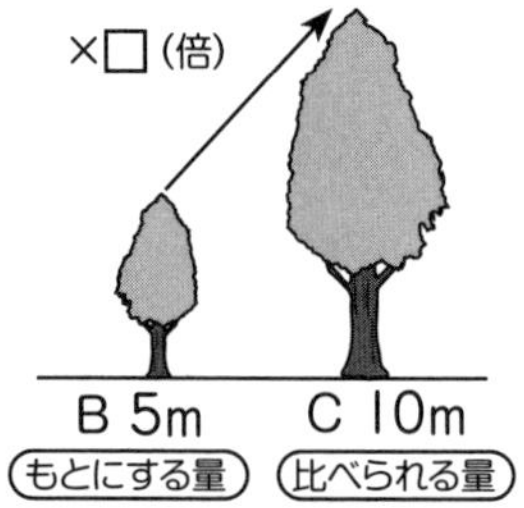

左の図を式に表すと，5×□＝10 になり，
□は 10÷5 で求められるね。

式　□ ÷ □ ＝ □

答え

②　Bの高さは，Aの高さの何倍ですか。

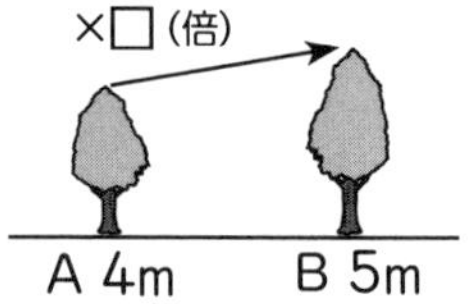

4×□＝5 だから……。

式　□ ÷ □ ＝ □

答え

③　Aの高さは，Cの高さの何倍ですか。

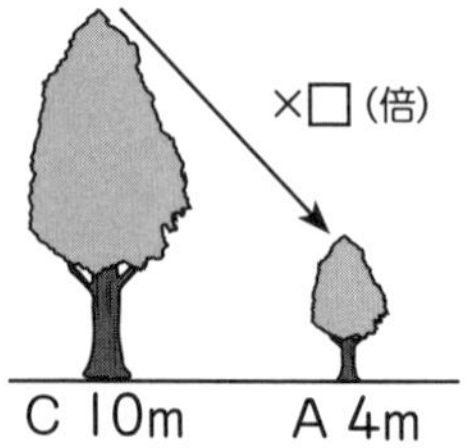

10×□＝4 だから……。

式　□ ÷ □ ＝ □

答え

小数倍（2）

名前

どちらが「もとにする量」でどちらが「比《くら》べられる量」かな。

● 長さのちがう赤と白のリボンがあります。

赤	0.6m
白	1.5m

①　白のリボンの長さは，赤のリボンの
何倍ですか。

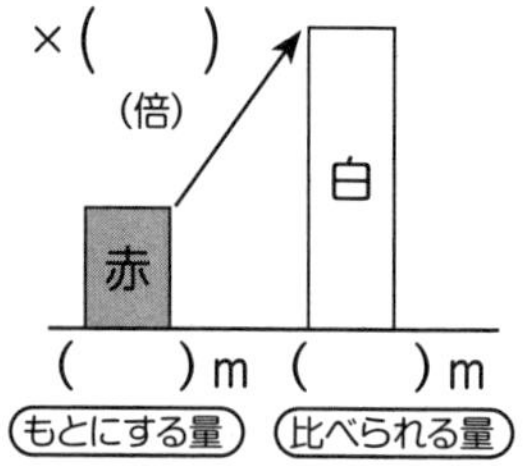

式

答え

②　赤のリボンの長さは，白のリボンの
何倍ですか。

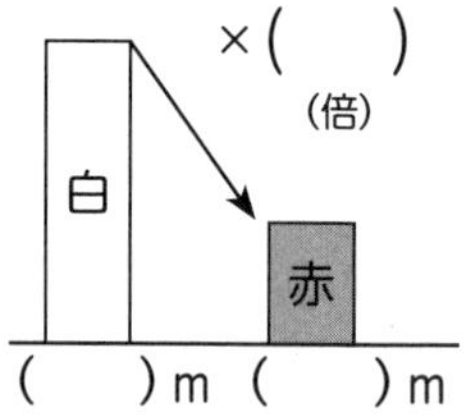

式

答え

③　青のリボンの長さは，赤のリボンの
3.5 倍の長さです。
青のリボンは何mですか。

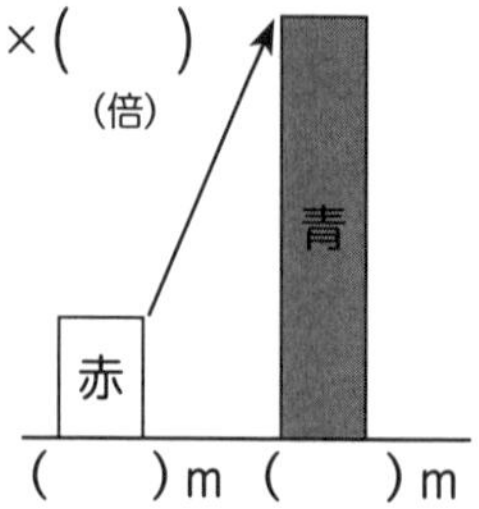

式

答え

小数倍（3）

名前

① 白いリボンの長さは 12m で，緑のリボンの長さの 0.75 倍です。
緑のリボンは何 m ですか。

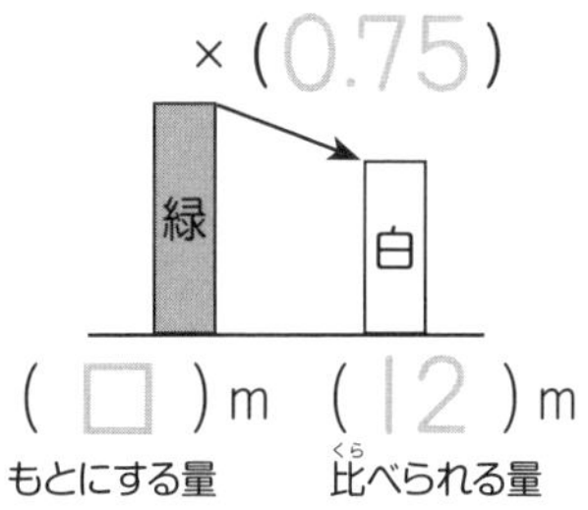

式

答え ＿＿＿＿＿＿＿＿

② 田中さんの畑の面積は 175m^2 で，中村さんの畑の面積の 1.25 倍です。
中村さんの畑の面積は何 m^2 ですか。

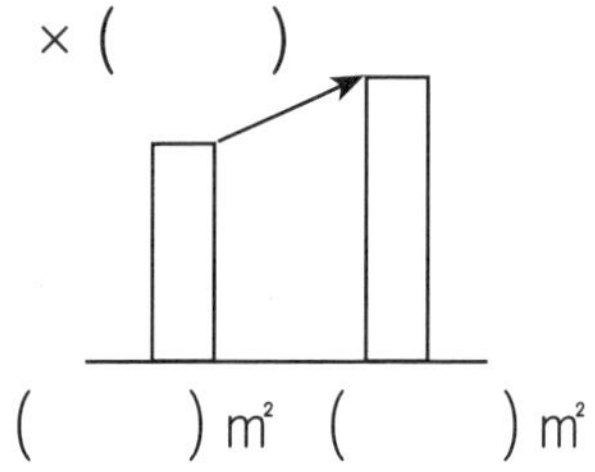

式

答え ＿＿＿＿＿＿＿＿

③ お兄さんの体重は 71.5kg です。これはさとしさんの体重の 2.2 倍です。
さとしさんの体重は何 kg ですか。

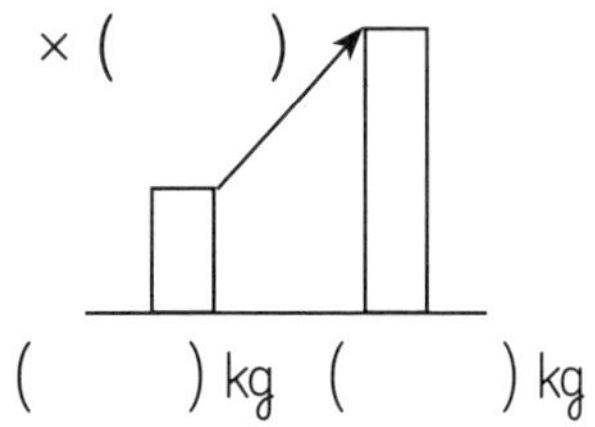

式

答え ＿＿＿＿＿＿＿＿

小数倍（4）

名前

① 親子のキリンがいます。子どものキリンの身長は 2.4m で，親のキリンの身長は 4.2m です。
親のキリンの身長は子どもの何倍ですか。

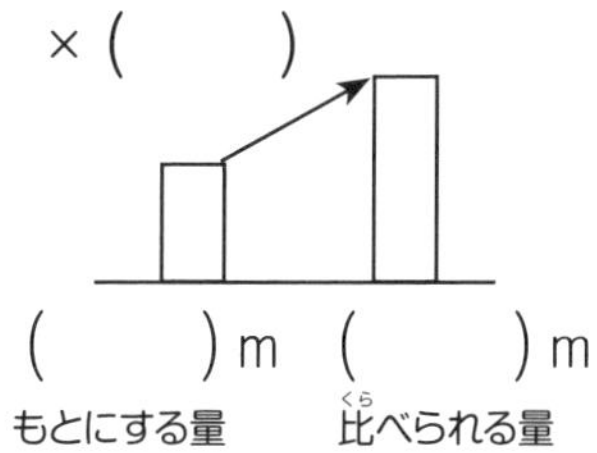

式

答え ＿＿＿＿＿＿＿＿

② りんご 1 個《こ》のねだんは 250 円です。
メロン 1 個のねだんは，りんごのねだんの 3.2 倍です。
メロンのねだんはいくらですか。

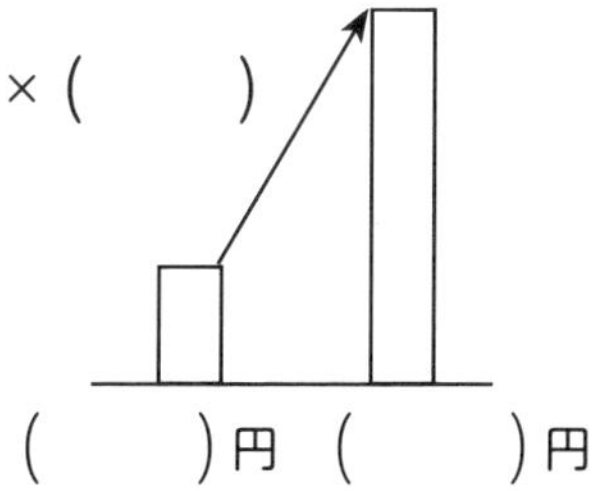

式

答え ＿＿＿＿＿＿＿＿

③ A市にあるタワーの高さは 52m で，B市にあるタワーの 0.8 倍の高さです。
B市のタワーの高さは何 m ですか。

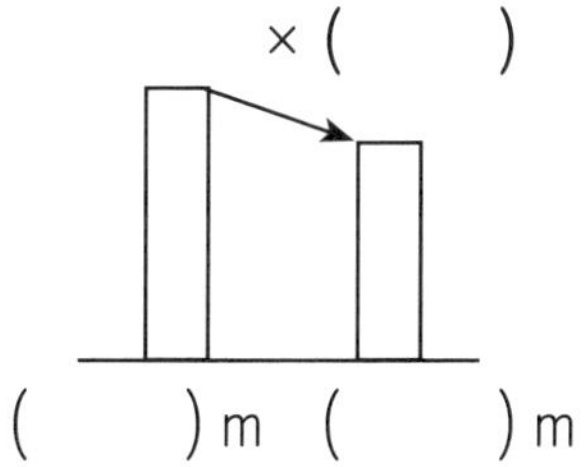

式

答え ＿＿＿＿＿＿＿＿

合同な図形（1）

名前

□1 ㋐の三角形と合同な三角形を選び，記号に○をつけましょう。

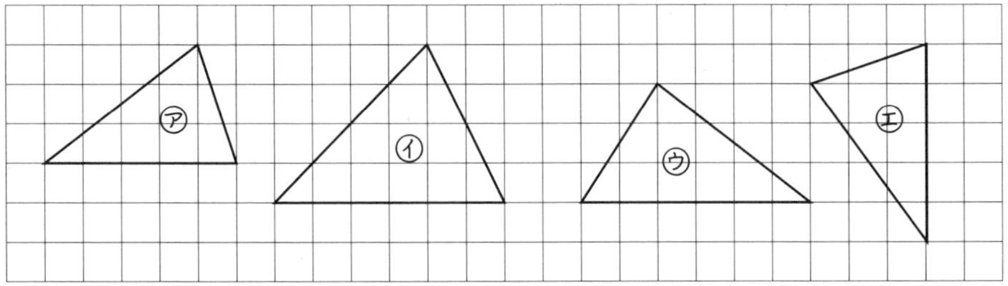

□2 下の（　）に合うことばを［　　］から選んで書きましょう。

① 合同な図形で，重なり合う頂点《ちょうてん》，重なり合う辺，重なり合う角を，それぞれ対応《たいおう》する（　　　　），対応する（　　　　），対応する（　　　　）といいます。

② 合同な図形では，対応する（　　　　）の長さは等しく，また，対応する（　　　　）の大きさも等しくなります。

③ うら返して重なる図形も（　　　　）になります。

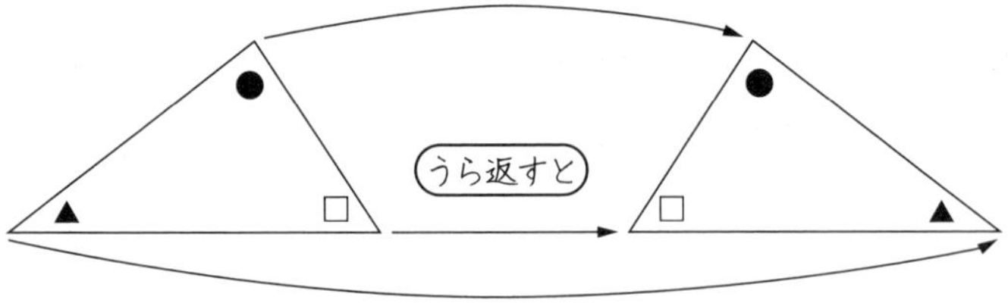

三角形　　合同　　頂点　　辺　　角

合同な図形（2）

名前

● 下の２つの三角形は合同です。２つをぴったり重ねたとき，次のことを調べましょう。

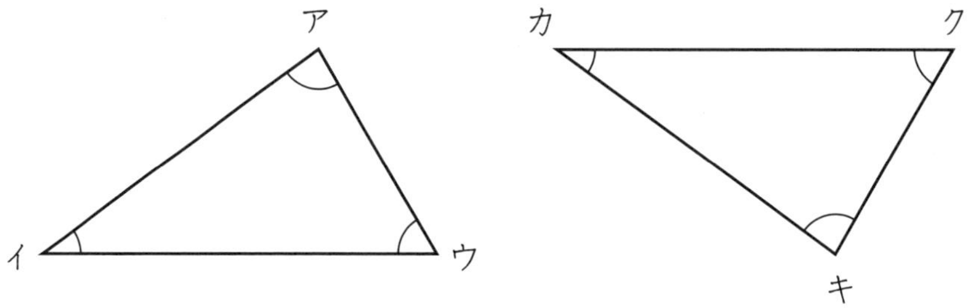

① 対応《たいおう》する頂点《ちょうてん》を書きましょう。

頂点ア と 頂点（　　　　）

頂点イ と 頂点（　　　　）

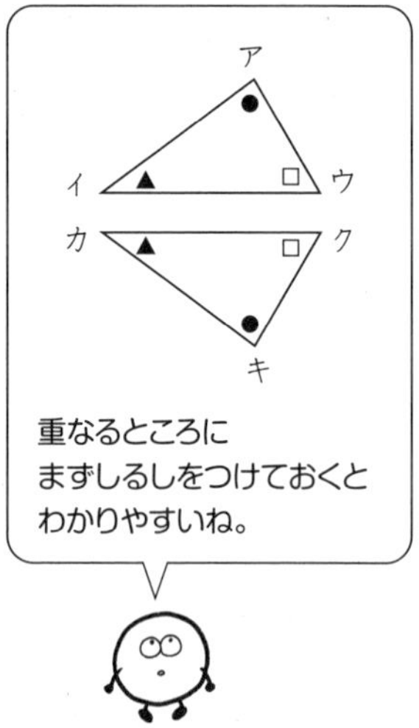

② 対応する角を書きましょう。

角イ と 角（　　　　）

角ウ と 角（　　　　）

③ 対応する辺を書きましょう。

辺アイ と 辺（　　　　）

辺ウア と 辺（　　　　）

合同な図形（3）

名前

1　下の２つの四角形は合同です。対応《たいおう》する頂点《ちょうてん》，辺，角を調べましょう。

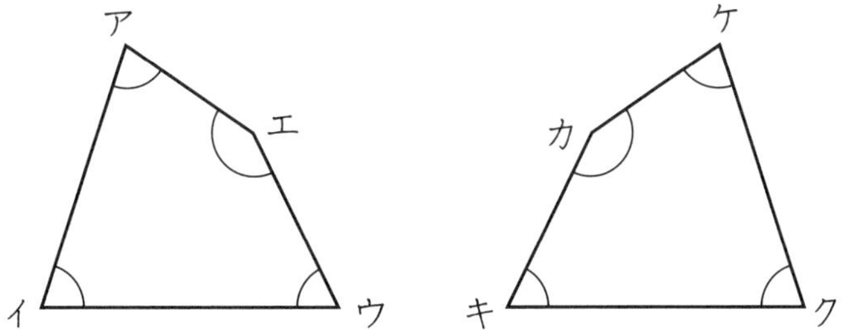

①　対応する頂点を書きましょう。

頂点ア と 頂点（　　　）　頂点イ と 頂点（　　　）

②　対応する角を書きましょう。

角ウ と 角（　　　）　角エ と 角（　　　）

③　対応する辺を書きましょう。

辺アイ と 辺（　　　）　辺エウ と 辺（　　　）

2　下の２つの四角形は合同です。（　）にあてはまる数を書きましょう。

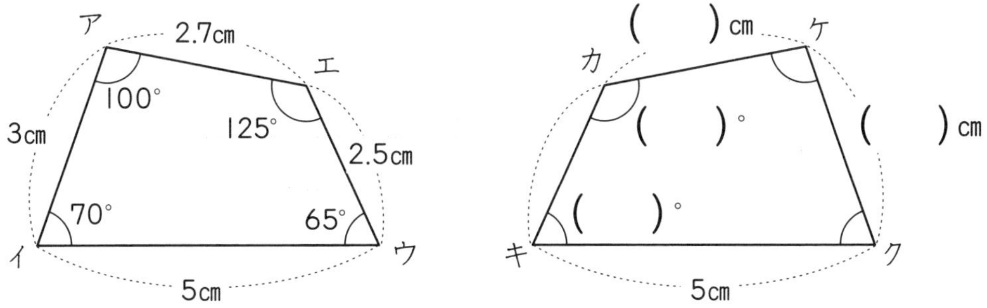

合同な図形（4）

名前

次の四角形に１本の対角線をひいてできる三角形は合同ですか。合同ならば（　）に○をしましょう。

①　台形

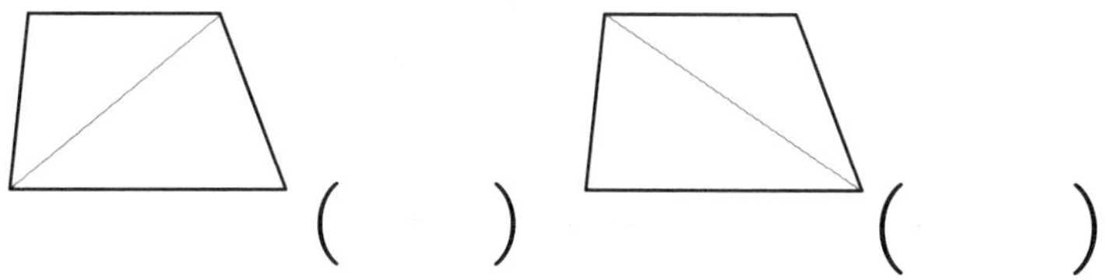

②　平行四辺形

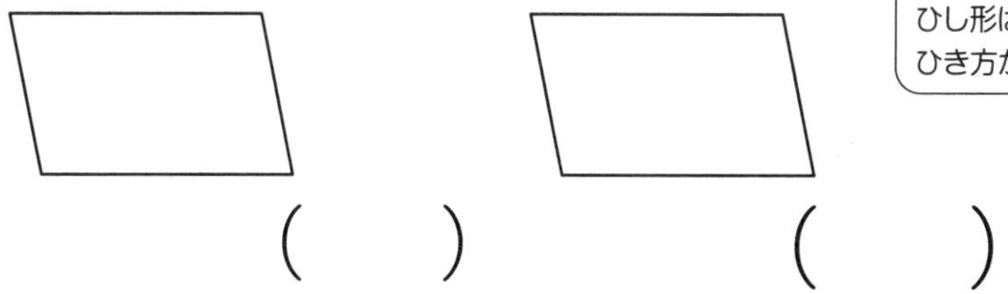

③　ひし形

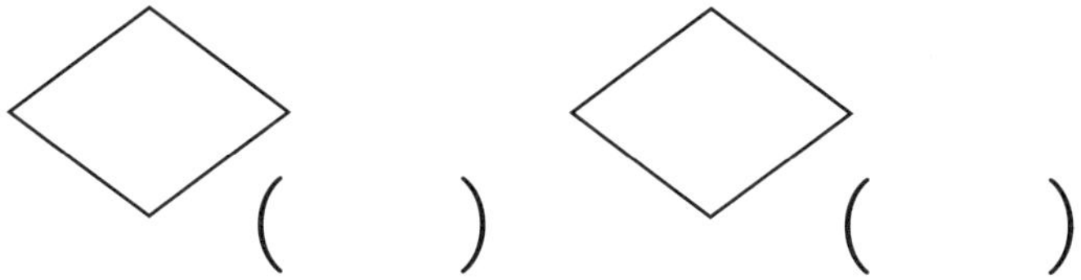

④　長方形

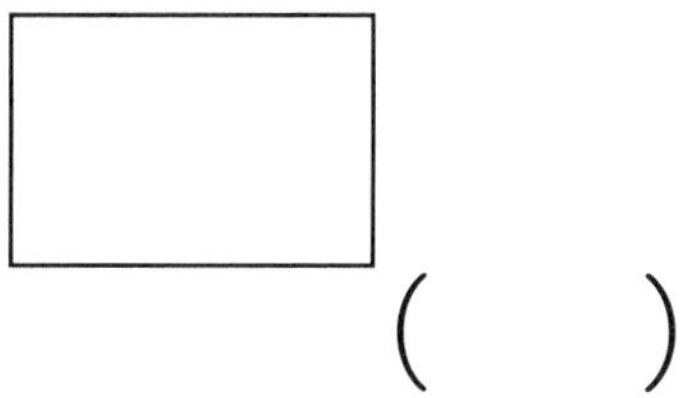

⑤　正方形

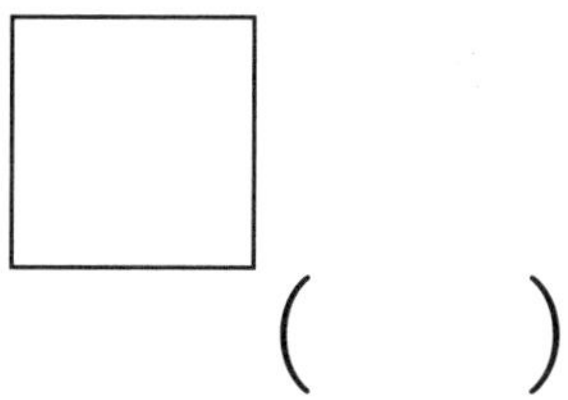

合同な図形（5）

名前

● 下の三角形と合同な三角形を，つぎの㋐～㋒の方法でかきましょう。

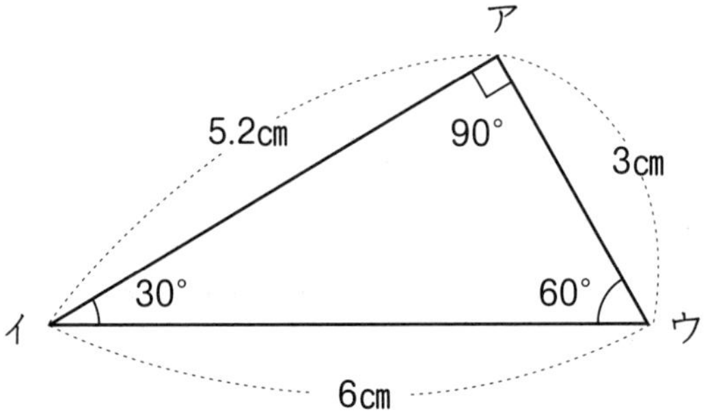

㋐ 3つの辺の長さをコンパスで
うつしとってかきましょう。

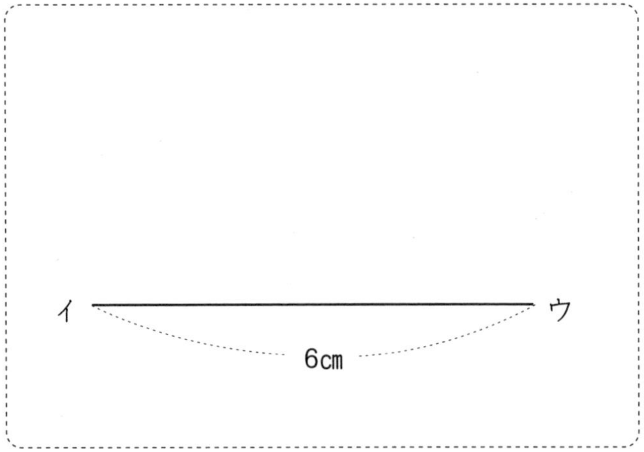

㋑ 辺アイ・辺イウの長さと，
その間の角イの大きさをはかってかきましょう。

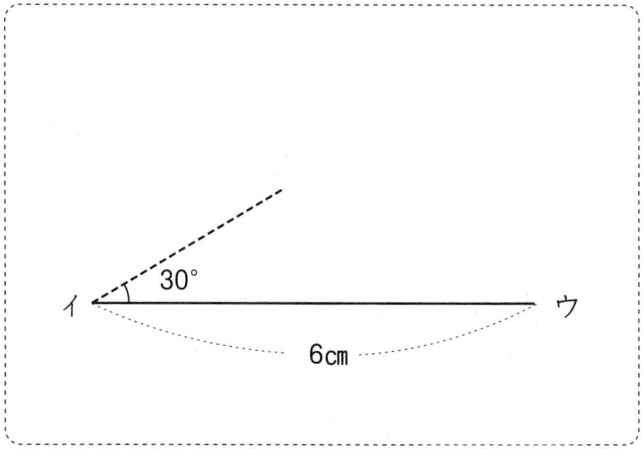

㋒ 1つの辺イウの長さと，
その両はしの角イ・角ウの大きさをはかってかきましょう。

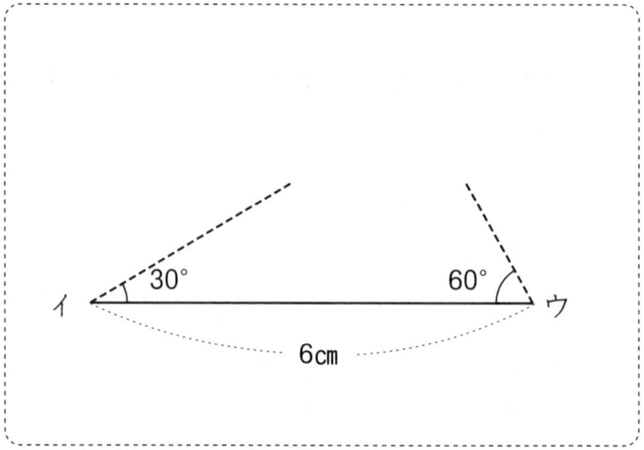

合同な図形（6）

名前

下の三角形と合同な三角形をかきましょう。

①

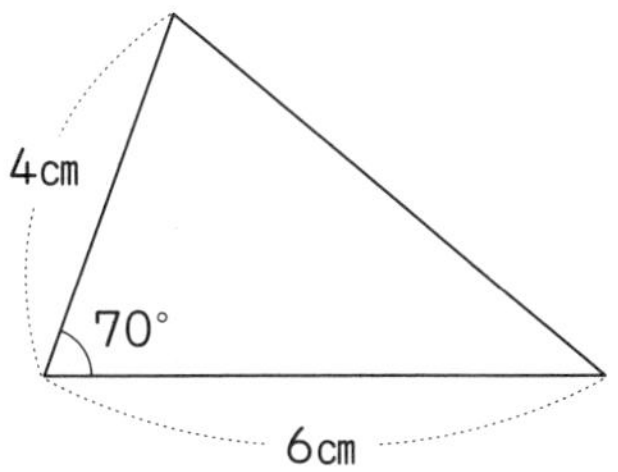

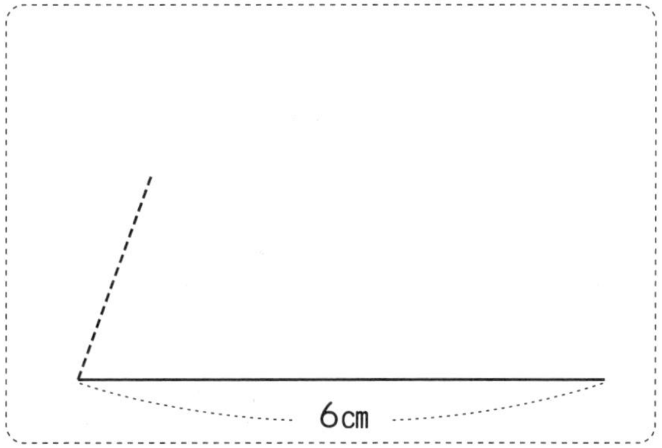

②

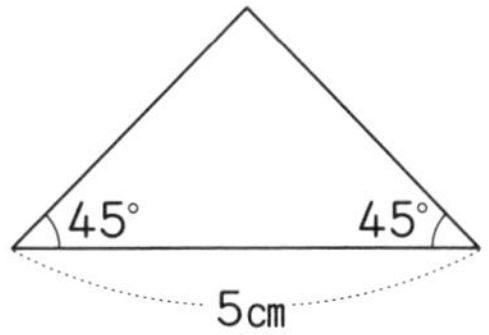

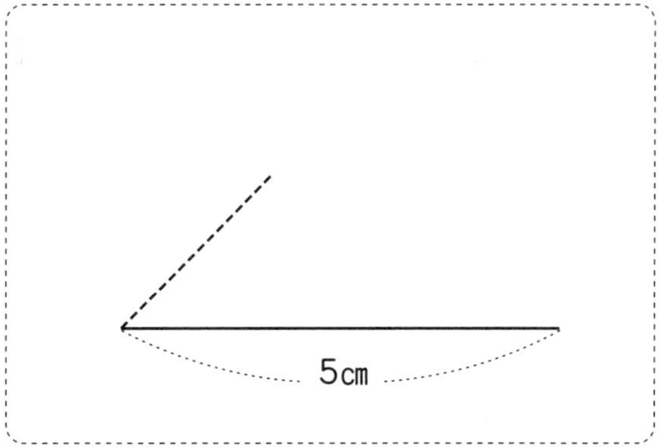

③

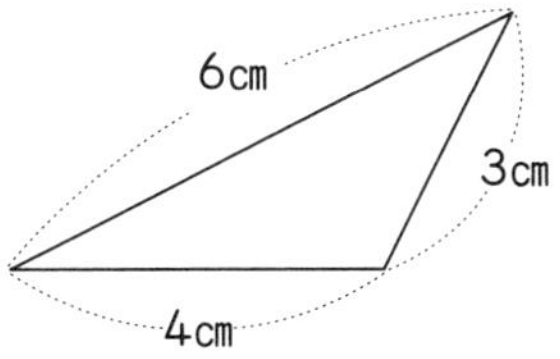

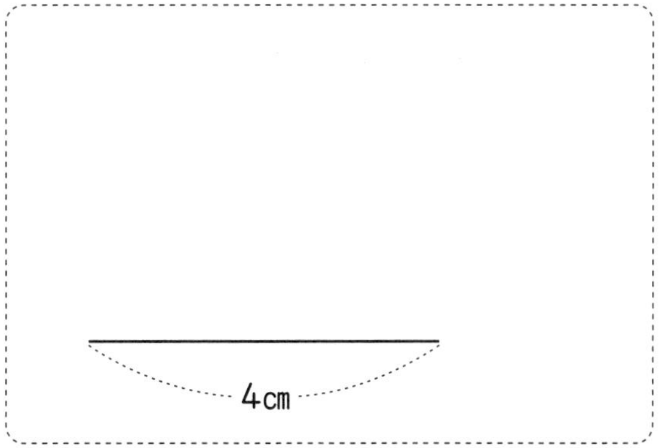

合同な図形（7）

名前

次の四角形と合同な四角形をかきましょう。

① 対角線アウの長さを使ってかく。

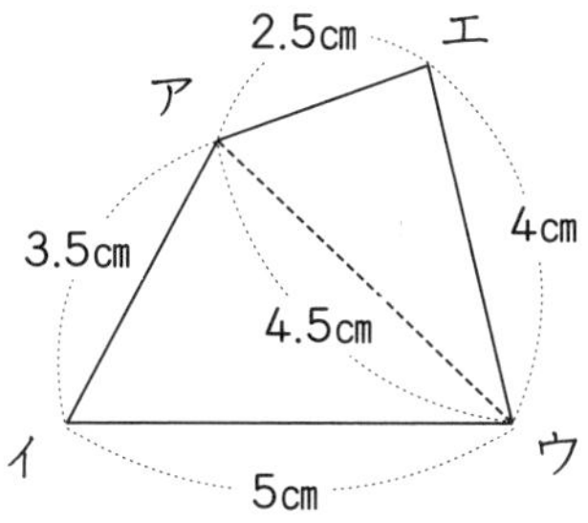

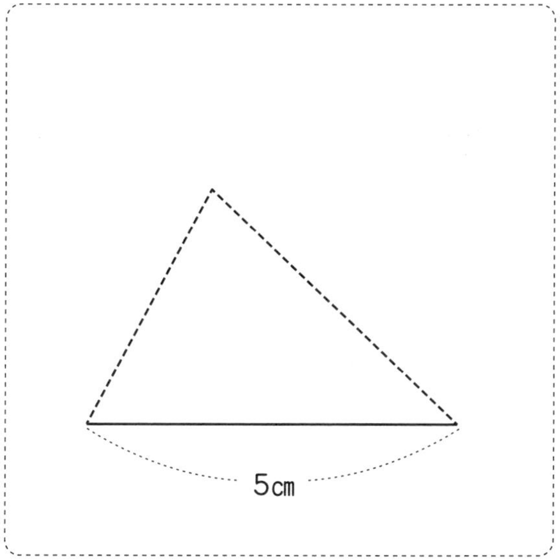

② 角アと角ウの角度を使ってかく。

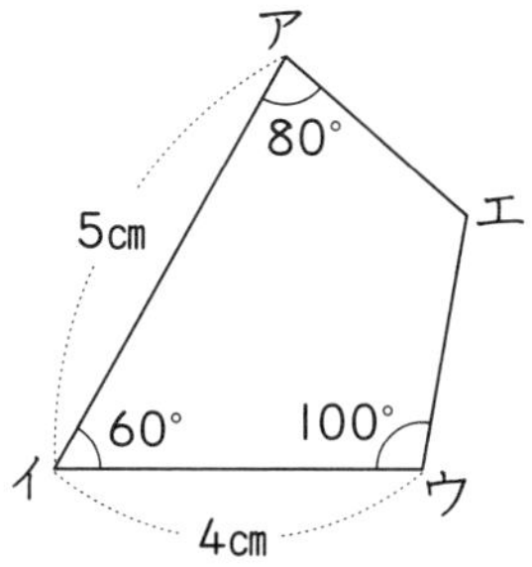

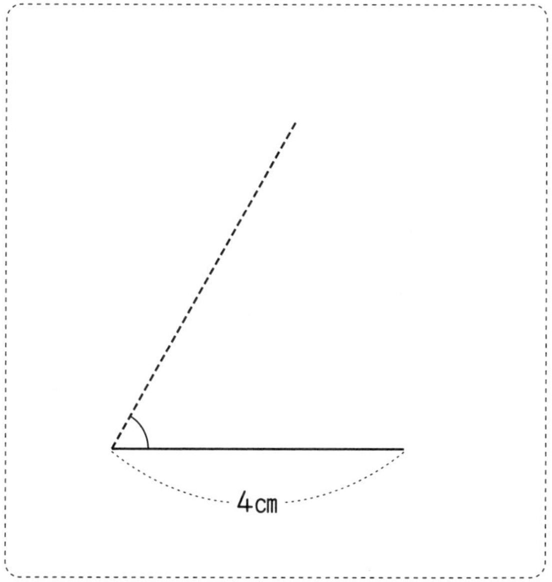

図形の角（1）

名前

三角形の 3 つの角の大きさの和は 180° です。

次の三角形の㋐, ㋑, ㋒の角度は何度ですか。計算で求めましょう。

①

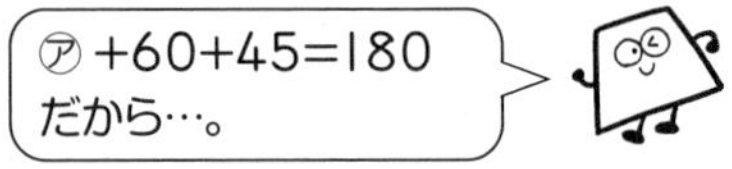

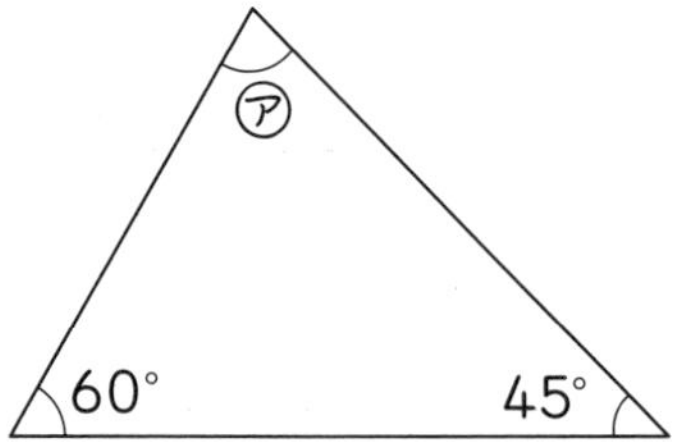

式

答え

②

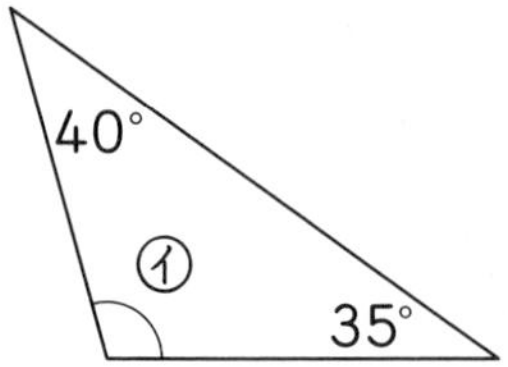

式

答え

③ 二等辺三角形

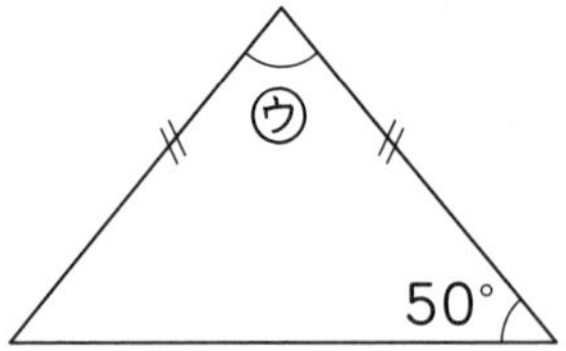

式

答え

図形の角（2）

名前

次の㋐, ㋑, ㋒の角度は何度ですか。計算で求めましょう。

①

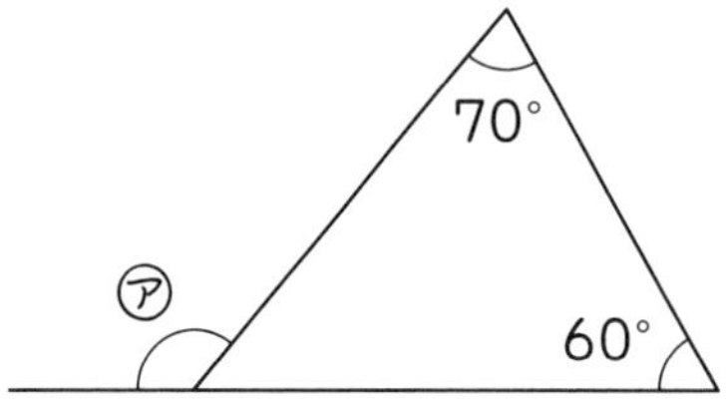

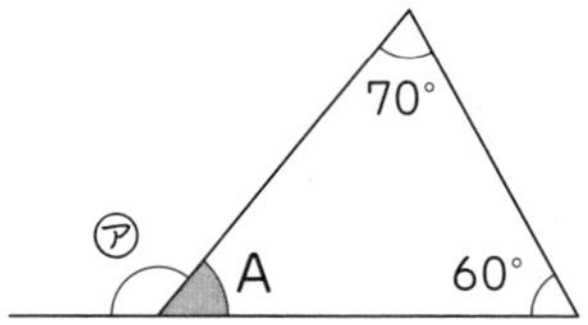

㋐は 180° − Aの角度

式　Aは　180 − (70 + 60) = □

㋐は　180 − □ = (　　　　)

答え

②

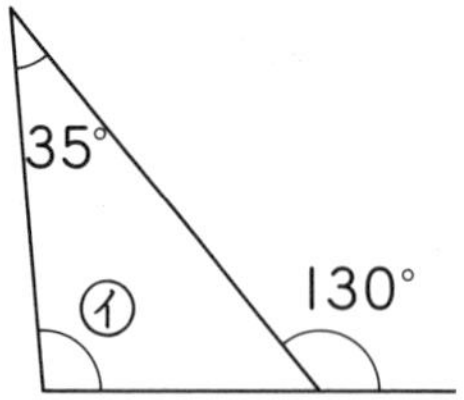

式

答え

③

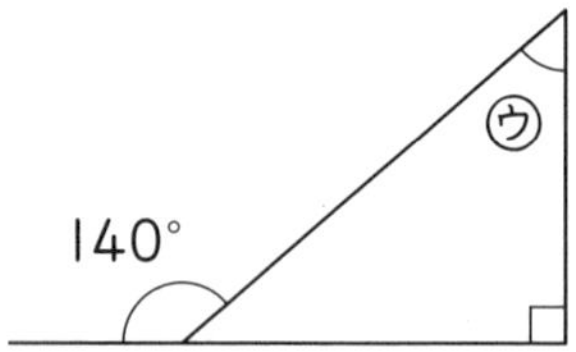

式

答え

図形の角（3）

名前

1 □にあてはまる数を書きましょう。

四角形を対角線で２つに分けると，三角形が２つできます。三角形の３つの角の和は180°なので，四角形の４つの角の和は

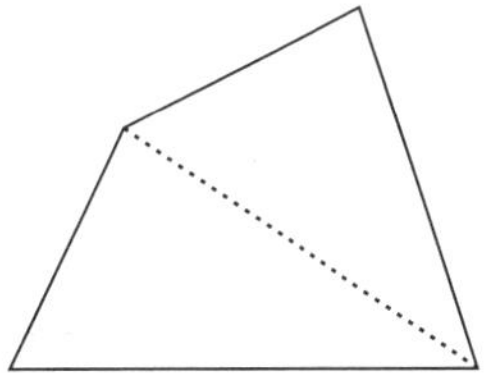

□°× 2 ＝ □°

2 次の四角形の㋐，㋑，㋒の角度は何度ですか。計算で求めましょう。

①

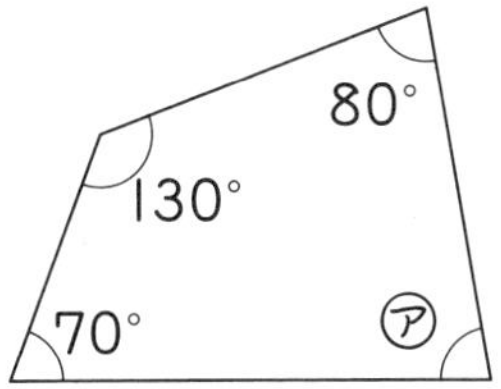

130＋70＋80＋㋐＝360

式

答え

②

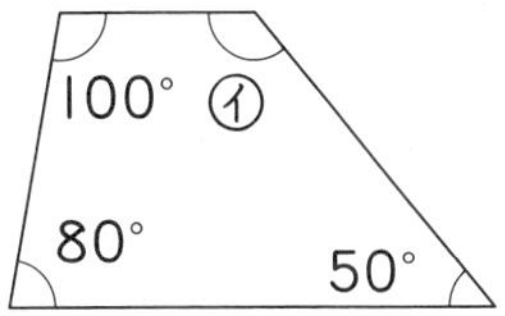

式

答え

③

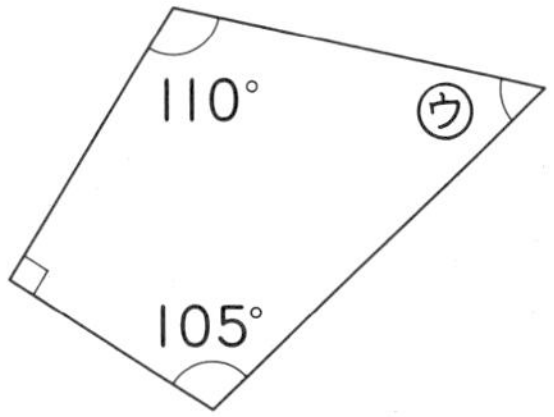

式

答え

図形の角（4）

名前

次の㋐，㋑，㋒の角度は何度ですか。計算で求めましょう。

①

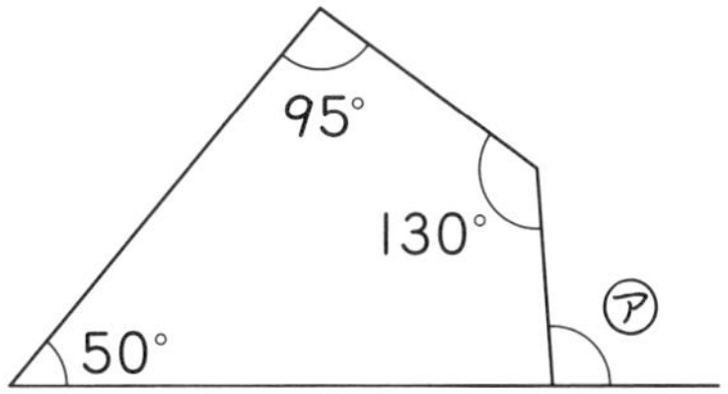

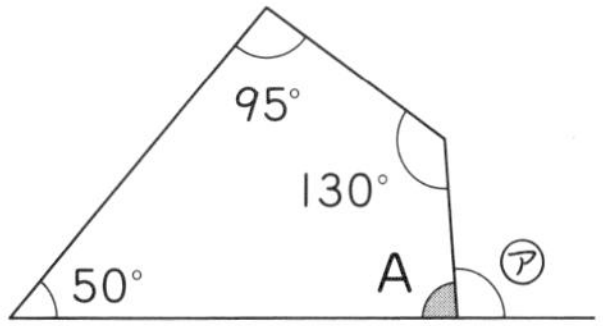

㋐は180°－Aの角度

式　Aは　360－(95＋50＋130)＝□

㋐は　180－□　＝（　　　　）

答え

②

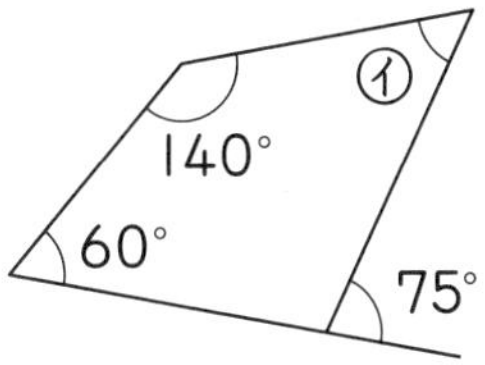

式

答え

③ 平行四辺形

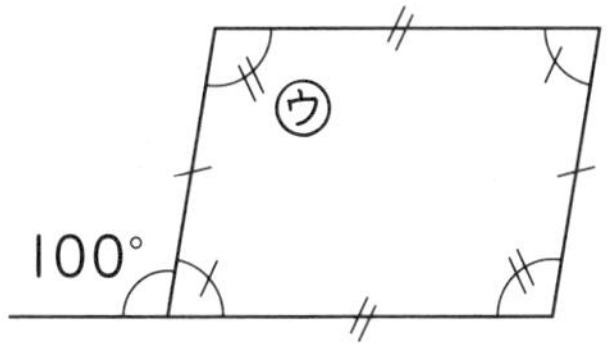

平行四辺形は，向かい合う角の大きさは同じだったね。

式

答え

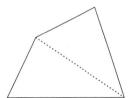

図形の角（5）

名前

三角形，四角形，五角形，六角形などのように
直線で囲まれた図形を 多角形《たかくけい》 といいます。

① 五角形の５つの角の大きさの和について調べましょう。

① 右のように，１つの頂点《ちょうてん》から対角線をひくと，三角形がいくつできますか。

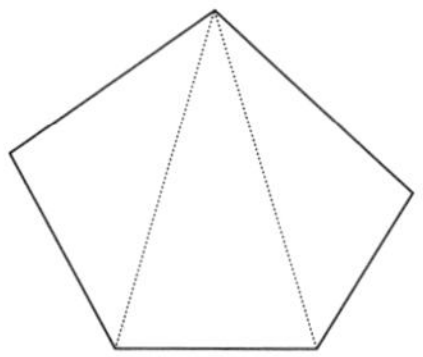

（ 3 ）つ

② 三角形の３つの角の大きさの和を使って，五角形の角の大きさの和を求めましょう。

式　（ 180 ）× 3 ＝（　　　）

答え ＿＿＿＿＿＿

② 六角形の６つの角の大きさの和について調べましょう。

① １つの頂点から対角線をひくと，三角形がいくつできますか。

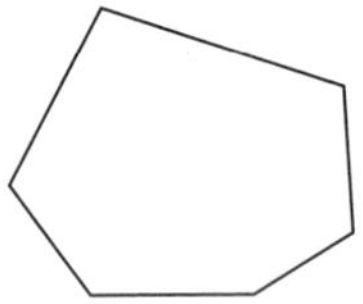

（　　）つ

② 六角形の角の大きさの和を求めましょう。

式　（　　　）×（　　　）＝（　　　）

答え ＿＿＿＿＿＿

図形の角（6）

名前

① 七角形と八角形の角の大きさの和をそれぞれ求めましょう。

七角形

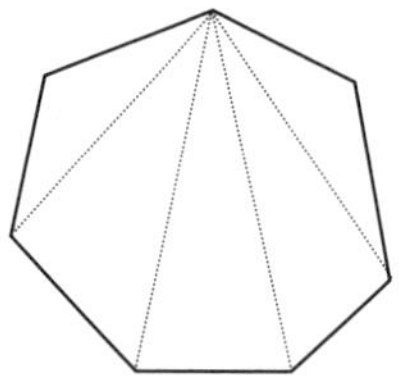

１つの頂点《ちょうてん》からひいた対角線で分けられる三角形の数

（　　）つ

式

三角形の３つの角の和　三角形の数

（　　）×（　　）＝（　　）

答え ＿＿＿＿＿＿

八角形

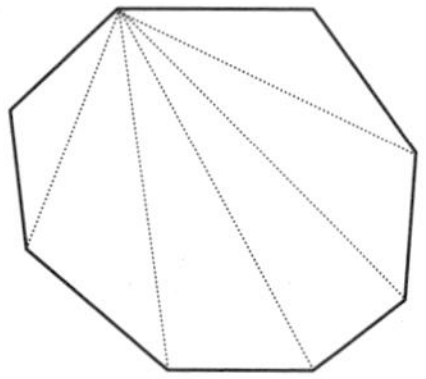

１つの頂点からひいた対角線で分けられる三角形の数

（　　）つ

式

（　　）×（　　）＝（　　）

答え ＿＿＿＿＿＿

② 多角形の角の大きさの和について表にまとめましょう。

多角形の名前	三角形	四角形	五角形	六角形	七角形	八角形
1つの頂点からひいた対角線で分けられる三角形の数		2				
角の大きさ	180°	360°				

ふりかえりテスト　合同な図形・図形の角

名前

1　あと合同な三角形を２つ選び，（　）に記号を書きましょう。(6×2)

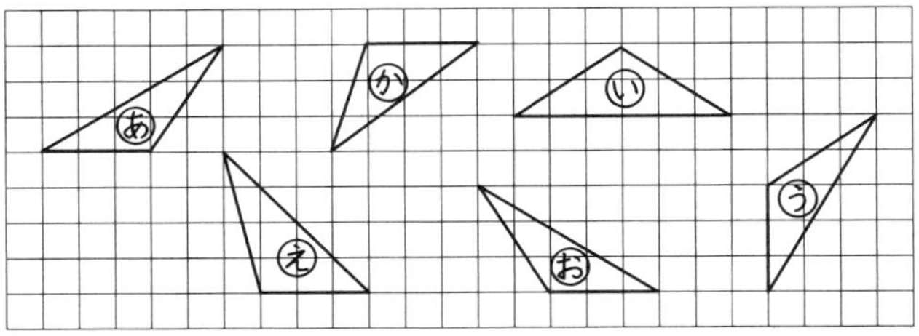

（　　）と（　　）

2　下の２つの四角形は合同です。（　）に文字や数を入れましょう。(8×3)

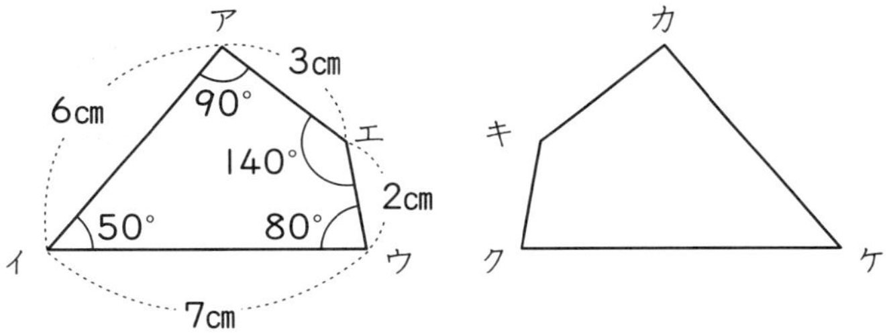

①　頂点《ちょうてん》アと対応《たいおう》するのは，頂点（　　）です。

②　辺カケの長さは，（　　）cmです。

③　角キの大きさは，（　　）度です。

3　２つの辺の長さが7cmと5cmで，その間の角度が50°の三角形をかきましょう。(12)

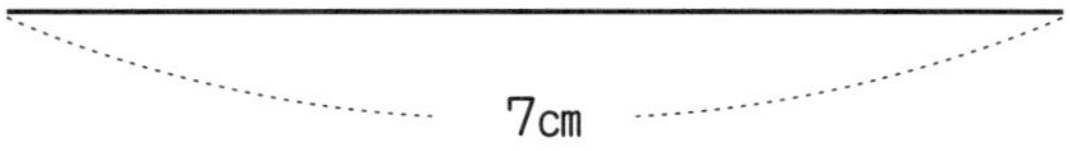

4　次のア～ウの角度を計算で求めましょう。(10×3)

①

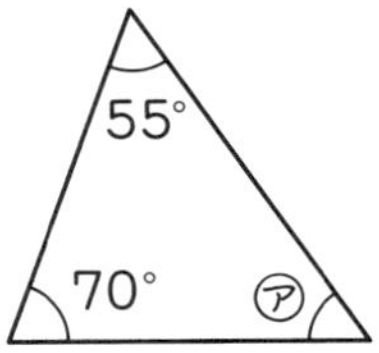

式

答え

②

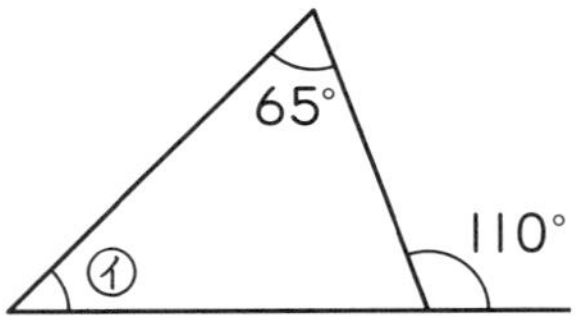

式

答え

③

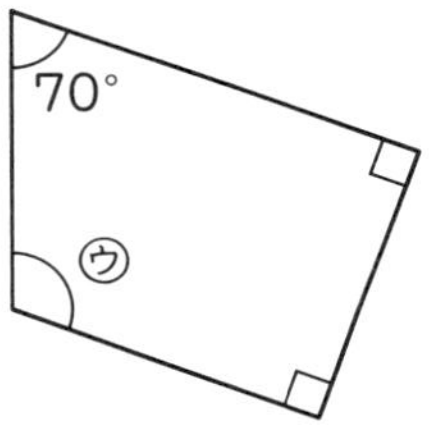

式

答え

5　次の多角形の角の大きさの和を考えます。

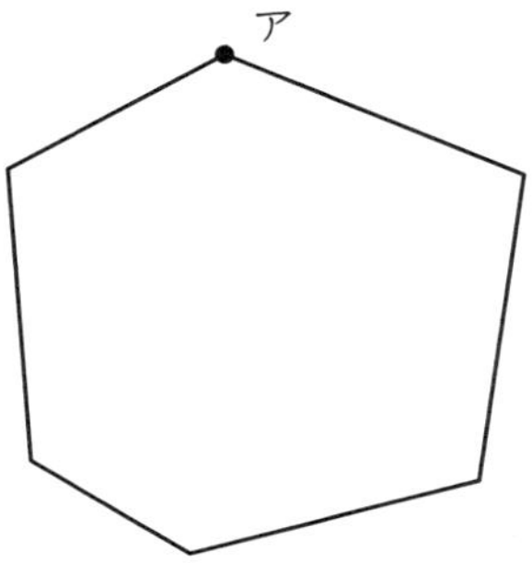

①　この多角形の名前を書きましょう。(6)

（　　　　）

②　点アから対角線をひいて，三角形に分けると，三角形はいくつできますか。(6)

（　　）つ

③　この多角形の角の大きさの和を求めましょう。(10)

式

答え

偶数と奇数・倍数と約数（1）

偶数・奇数

名前

□1 （　）に偶数《ぐうすう》か奇数《きすう》を書きましょう。

① 2でわり切れる整数は（　　　　　）です。

② 2でわり切れない整数は（　　　　　）です。

③ 0は（　　　　　）です。

④ 5 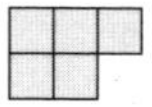 （　　　　　）

⑤ 8 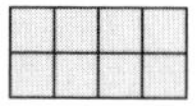 （　　　　　）

□2 次の数直線で偶数には○を，奇数には□を書きましょう。

0　1　2　3　4　5　6　7　8　9　10

11　12　13　14　15　16　17　18　19　20　21

● 偶数を通ってゴールまで行きましょう。通った数を□に書きましょう。

① □　② □　③ □　④ □　⑤ □

偶数と奇数・倍数と約数（2）

偶数・奇数

名前

□1 次の数直線で偶数《ぐうすう》には○を，奇数《きすう》には□を書きましょう。

52　53　54　55　56　57　58　59　60　61

107　108　109　110　111　112　113　114　115　116

□2 下の数を，偶数・奇数に分けて書きましょう。

0　1　5　8　10　13　16　23　25

30　79　93　100　107　214　800

偶数（　　　　　　　　　　　　　　）

奇数（　　　　　　　　　　　　　　）

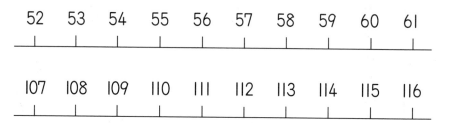

偶数と奇数・倍数と約数（3）
倍数

名前

オレンジを３個《こ》ずつふくろに入れます。ふくろの数が１ふくろ，２ふくろ，……のときのオレンジの数を調べましょう。

① ふくろの数が次のときのオレンジの個数を求めましょう。

㋐ ５ふくろ

式 □ ×５＝（　　　）

答え

㋑ ８ふくろ

式 □ ×（　　　）＝（　　　）

答え

② 表にまとめましょう。

ふくろの数（ふくろ）	1	2	3	4	5	6	7	8
オレンジの数（個）	3	6						

３に整数をかけてできる数を，３の倍数《ばいすう》といいます。
０は，倍数には入れません。

③ 下の数直線で，３の倍数にあたる数を○で囲みましょう。

0 1 2 3 4 5 6 7 8 9 10 11 12 13 14 15 16 17 18 19 20 21 22 23 24 25 26 27 28 29 30

偶数と奇数・倍数と約数（4）
倍数

名前

1 次の倍数を○で囲みましょう。

① ２の倍数

0 1 2 3 4 5 6 7 8 9 10 11 12 13 14 15 16 17 18 19 20 21 22 23 24 25 26 27 28 29 30

② ５の倍数

0 1 2 3 4 5 6 7 8 9 10 11 12 13 14 15 16 17 18 19 20 21 22 23 24 25 26 27 28 29 30

③ ６の倍数

0 1 2 3 4 5 6 7 8 9 10 11 12 13 14 15 16 17 18 19 20 21 22 23 24 25 26 27 28 29 30

2 次の数の倍数を小さい方からじゅんに５つ書きましょう。

① ４の倍数 □，□，□，□，□

② ７の倍数 □，□，□，□，□

３の倍数を通ってゴールまで行きましょう。通った数を□に書きましょう。

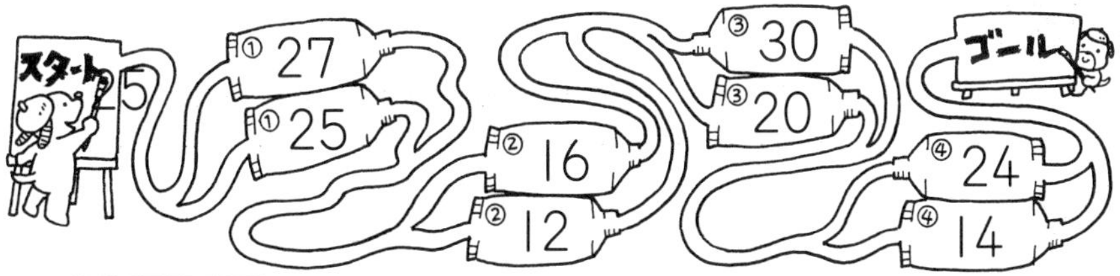

① □　② □　③ □　④ □

偶数と奇数・倍数と約数（5）

公倍数・最小公倍数

名前

● 2と3の倍数について調べましょう。

① 下の数直線で2と3の倍数にあたる数をそれぞれ○で囲みましょう。

② 下の数直線で2の倍数にも3の倍数にもなっている数を赤丸で囲みましょう。

> 2の倍数にも3の倍数にもなっている数を，2と3の **公倍数《こうばいすう》** といいます。公倍数のうち，いちばん小さい数を **最小公倍数《さいしょうこうばいすう》** といいます。

③ 1から30までの整数で2と3の公倍数を書きましょう。

（　　），（　　），（　　），（　　），（　　）

④ 2と3の最小公倍数を書きましょう。（　　）

2の倍数

0 1 2 3 4 5 6 7 8 9 10 11 12 13 14 15 16 17 18 19 20 21 22 23 24 25 26 27 28 29 30

3の倍数

0 1 2 3 4 5 6 7 8 9 10 11 12 13 14 15 16 17 18 19 20 21 22 23 24 25 26 27 28 29 30

偶数と奇数・倍数と約数（6）

公倍数・最小公倍数

名前

1 3と4の公倍数，最小公倍数を見つけましょう。

① 3と4の倍数を小さい順に書きましょう。

3 □ □ □ □ □ □ □ □ ……

4 □ □ □ □ □ □ □ □ ……

② 3と4の公倍数を小さい順に2つ書きましょう。

（　　），（　　）

③ 3と4の最小公倍数を書きましょう。（　　）

2 5と10の公倍数，最小公倍数を見つけましょう。

① 5と10の倍数を小さい順に書きましょう。

5 □ □ □ □ □ □ □ □ ……

10 □ □ □ □ □ □ □ □ ……

② 5と10の公倍数を小さい順に2つ書きましょう。

（　　），（　　）

③ 5と10の最小公倍数を書きましょう。（　　）

偶数と奇数・倍数と約数 (7)

公倍数・最小公倍数

名前

1 次の２つの数の公倍数を小さい順に３つ書きましょう。
また，最小公倍数を○で囲みましょう。

① ４と６　（ ⑫ ）（ 24 ）（ 36 ）

② ６と９　（　　），（　　），（　　）

③ ８と12　（　　），（　　），（　　）

2 ２と３と４の公倍数，最小公倍数を見つけましょう。

① ２と３と４の倍数を小さい順に書きましょう。

２の倍数	2							……
３の倍数	3							……
４の倍数	4							……

② ２と３と４の公倍数を小さい順に２つ書きましょう。

（　　），（　　）

③ ２と３と４の最小公倍数を書きましょう。　（　　）

偶数と奇数・倍数と約数 (8)

公倍数・最小公倍数

名前

高さが3cmの箱と，高さが7cmの箱があります。それぞれ積んでいき，はじめに高さが等しくなるときを調べましょう。

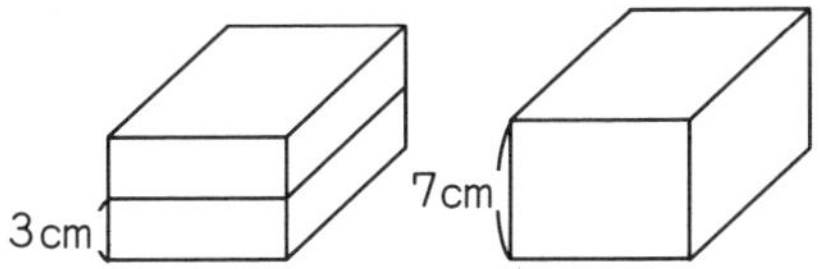

① 高さ３cmの箱を積んでいくと，高さはどのように変わっていきますか。数直線に○をつけましょう。

0　1　2　③　4　5　6　7　8　9　10　11　12　13　14　15　16　17　18　19　20　21 (cm)

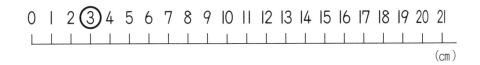

② 高さ７cmの箱を積んでいくと，高さはどのように変わっていきますか。数直線に○をつけましょう。

0　1　2　3　4　5　6　7　8　9　10　11　12　13　14　15　16　17　18　19　20　21 (cm)

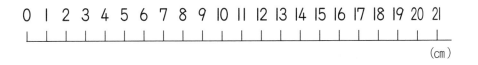

③ ２種類の箱の高さがはじめて同じになるのは，何cmのときですか。また，そのとき，箱はそれぞれ何個ですか。

高さは　（　　）cm

3cmの箱は（　　）個

7cmの箱は（　　）個

偶数と奇数・倍数と約数（9）

名前

約数

12 個《こ》のドーナツを同じ数ずつ子どもに分けます。
あまりが出ないように分けられるのは，子どもが何人のときですか。

① 子どもの人数が 1 人のときから順に調べ表にまとめましょう。

人数（人）	1	2	3	4	5	6	7	8	9	10	11	12
あまりなし…○ あまりあり…×	○											

② あまりが出ないように分けられるのは，何人のときですか。

（　　　　　　　　　　　　　　　　　　）

12 をわり切ることのできる整数を，12 の 約数《やくすう》 といいます。
1 と もとの整数も約数に入れます。

③ 12 の約数を□に書きましょう。

1　2　3　4　6　12

12 の約数は，
1 と 12，2 と 6，
3 と 4 のペアになっているね。

偶数と奇数・倍数と約数（10）

名前

約数

1 次の数の約数に○をつけましょう。

① 8 の約数　0 1 2 3 4 5 6 7 8

② 15 の約数　0 1 2 3 4 5 6 7 8 9 10 11 12 13 14 15

③ 20 の約数　0 1 2 3 4 5 6 7 8 9 10 11 12 13 14 15 16 17 18 19 20

2 次の数の約数をすべて書きましょう。

① 18 の約数

1　□　□　□　□　18

② 9 の約数

□　□　□

ペアでさがしていくと
わかりやすいよ。

③ 24 の約数

□　□　□　□　□　□　□　□

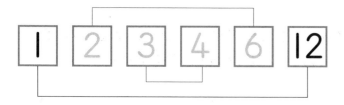

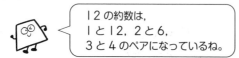

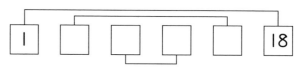

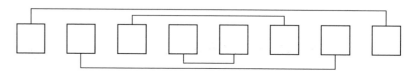

偶数と奇数・倍数と約数（11）

名前

公約数・最大公約数

12の約数にも18の約数にもなっている数を調べましょう。

① 下の数直線でそれぞれの約数にあたる数を○で囲みましょう。

② 下の数直線で12の約数にも18の約数にもなっている数を赤丸で囲みましょう。

> 12の約数にも18の約数にもなっている数を，12と18の **公約数《こうやくすう》** といいます。公約数のうち，いちばん大きい数を **最大公約数《さいだいこうやくすう》** といいます。

③ 12と18の公約数を書きましょう。

（　　），（　　），（　　），（　　）

④ 12と18の最大公約数を書きましょう。（　　）

12の約数

0 1 2 3 4 5 6 7 8 9 10 11 12

18の約数

0 1 2 3 4 5 6 7 8 9 10 11 12 13 14 15 16 17 18

偶数と奇数・倍数と約数（12）

名前

公約数・最大公約数

1 15と10の公約数をすべて書きましょう。
また，最大公約数を○で囲みましょう。

15の約数　0 1 2 3 4 5 6 7 8 9 10 11 12 13 14 15

10の約数　0 1 2 3 4 5 6 7 8 9 10

15と10の公約数　（　　），（　　）

2 次の2つの数の公約数をすべて書きましょう。
また，最大公約数を○で囲みましょう。

① 8と12

8の約数　（　　　　）

12の約数　（　　　　）

8と12の公約数　（　　　　）

② 36と48

36の約数　（　　　　）

48の約数　（　　　　）

36と48の公約数　（　　　　）

偶数と奇数・倍数と約数（13）

名前

公約数・最大公約数

1 9と12と15の公約数と最大公約数を調べましょう。

① それぞれの数の約数を書きましょう。

9 （ 1，3，9 ）

12 （ ）

15 （ ）

② 3つの数の公約数を書きましょう。

（ ），（ ）

③ 最大公約数を書きましょう。（ ）

2 次の数の公約数を全部求めましょう。また，最大公約数に○をつけましょう。

① 6と9 （ ）

② 14と21 （ ）

③ 15と20 （ ）

④ 18と24と30 （ ）

偶数と奇数・倍数と約数（14）

名前

公約数・最大公約数

● たて16m，横12mの長方形の花だんがあります。この花だんを同じ広さの正方形に区切ります。

正方形の1辺を何mにすればよいですか。

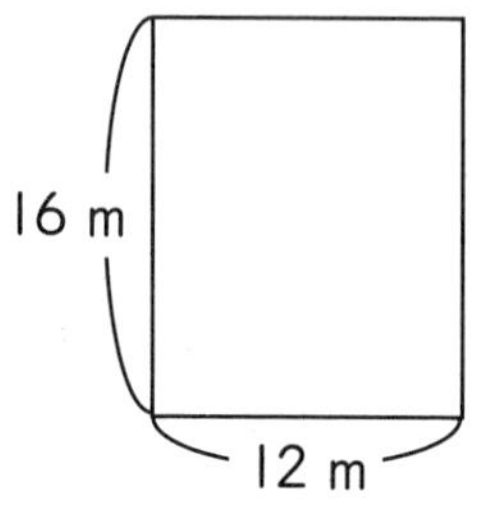

① たて16mをあまりなく区切ることができるのは何mのときですか。

（ ）m，（ ）m，（ ）m，

（ ）m，（ ）m

② 横12mをあまりなく区切ることができるのは何mのときですか。

（ ）m，（ ）m，（ ）m，

（ ）m，（ ）m，（ ）m

③ 正方形に区切ることができる1辺の長さは何mのときですか。

（ ）m，（ ）m，（ ）m

④ いちばん大きな正方形は1辺が何mですか。

（ ）m

ふりかえりテスト　偶数と奇数・倍数と約数

名前

1　次の数を偶数《ぐうすう》と奇数《きすう》に分けて書きましょう。(6)

0, 1, 3, 4, 6, 17, 22, 49, 85, 100

偶数　(　　　　　　　　)

奇数　(　　　　　　　　)

2　次の数の倍数を，小さい順に３つ書きましょう。(7 × 2)

① 7　(　　　　　　　　)

② 10　(　　　　　　　　)

3　次の２つの数の公倍数を小さい順に３つ書きましょう。また，最小公倍数を求めましょう。(7 × 3, 4 × 3)

① (4, 5)

(　　　　　　　　)　最小公倍数 (　　　)

② (6, 8)

(　　　　　　　　)　(　　　)

③ (12, 9)

(　　　　　　　　)　(　　　)

4　次の数の約数をすべて書きましょう。(7 × 2)

① 36　(　　　　　　　　)

② 25　(　　　　　　　　)

5　次の２つの数の公約数をすべて書きましょう。また，最大公約数を求めましょう。(7 × 3, 4 × 3)

① (24, 32)

(　　　　　　　　)　最大公約数 (　　　)

② (16, 40)

(　　　　　　　　)　(　　　)

③ (18, 27)

(　　　　　　　　)　(　　　)

● 18 と 30 と 36 の公約数を通ってゴールまで行きましょう。通った方の数を□に書きましょう。

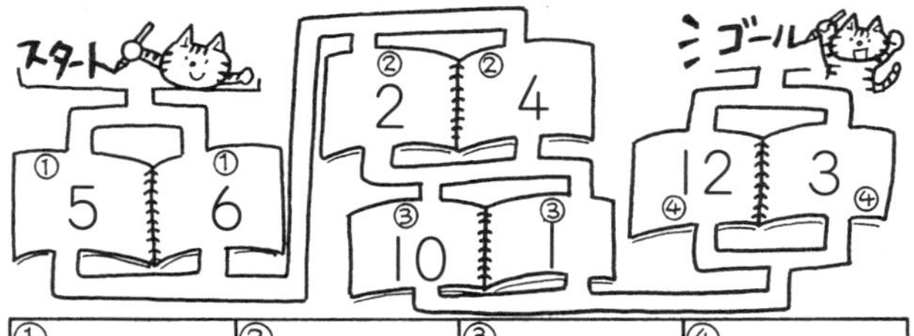

①	②	③	④

分数と小数，整数の関係（1）

名前

1　2Lのジュースを3人で等分すると1人分は何Lになりますか。
答えは分数で表しましょう。

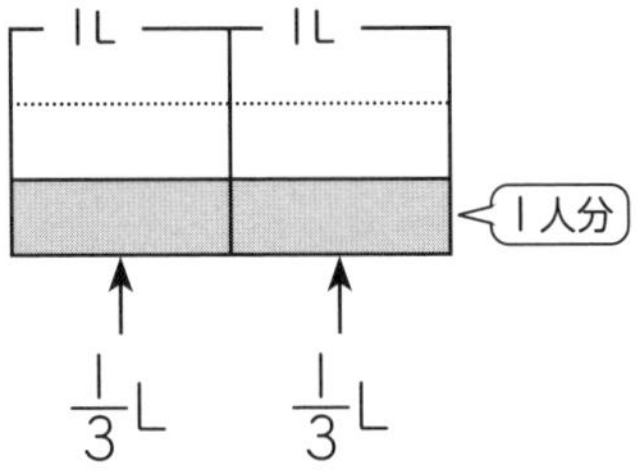

式　$2 \div 3 = \boxed{\frac{2}{3}}$

答え　$\square$ L

わり算の商は，分数で表すことができます。　$\blacksquare \div \bullet = \frac{\blacksquare}{\bullet}$

2　わり算の商を分数で表しましょう。

① $5 \div 8 = \frac{\square}{\square}$　　② $7 \div 5 = \frac{\square}{\square}$

③ $4 \div 9 = \frac{\square}{\square}$　　④ $11 \div 13 = \frac{\square}{\square}$

3　□にあてはまる数を書きましょう。

① $\frac{3}{4} = 3 \div \square$　　② $\frac{1}{7} = \square \div 7$

③ $\frac{5}{6} = \square \div \square$　　④ $\frac{2}{9} = \square \div \square$

分数と小数，整数の関係（2）

名前

1　$\frac{3}{2}$を小数で表しましょう。

$\frac{3}{2} = \boxed{3} \div \boxed{2}$

$= \square$

2)3

2　次の分数を小数や整数で表しましょう。

① $\frac{1}{4} = \square \div \square$
$= \square$

② $\frac{5}{8} = \square \div \square$
$= \square$

③ $2\frac{2}{5} = \boxed{\frac{12}{5}}$
$= \square \div \square$
$= \square$

④ $1\frac{7}{25} = \square$
$= \square \div \square$
$= \square$

⑤ $\frac{72}{8} = \square \div \square$
$= \square$

⑥ $\frac{21}{7} = \square \div \square$
$= \square$

⑦ $3\frac{1}{2} = \square$
$= \square \div \square$
$= \square$

⑧ $\frac{6}{5} = \square \div \square$
$= \square$

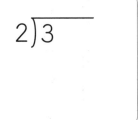

分数と小数，整数の関係（3）

名前

1 次の小数を，それぞれ分数になおしましょう。

① $0.7=\frac{\square}{10}$

② $3.4=\frac{\square}{10}$

③ $0.18=\frac{\square}{100}$

$0.1=\frac{1}{10}$
$0.01=\frac{1}{100}$ だったね。

2 次の小数を，分数で表しましょう。

① $0.3=\frac{\square}{\square}$　② $1.9=\frac{\square}{\square}$

③ $0.05=\frac{\square}{\square}$　④ $2.43=\frac{\square}{\square}$

⑤ $0.61=\frac{\square}{\square}$

3 次の整数を，分数で表しましょう。

① $8=\frac{\square}{1}$　② $9=\frac{\square}{\square}$　③ $12=\frac{\square}{\square}$

分数と小数，整数の関係（4）

名前

● 数の大小を比《くら》べて，□に不等号を書きましょう。

① $0.7\ \square\ \frac{3}{4}$　$3\div4=\square$

② $\frac{19}{25}\ \square\ 0.72$　$19\div25=\square$

③ $2\frac{3}{4}\ \square\ 2.7$　$11\div4=\square$

④ $3.9\ \square\ \frac{19}{5}$　$19\div5=\square$

⑤ $1.3\ \square\ \frac{11}{8}$　$11\div8=\square$

分数を小数に
なおすと
比べられるね。

● 分数を小数で表し，大きい方の数を通ってゴールしましょう。□に通った方の小数を書きましょう。

①	②	③

分数と小数，整数の関係（5）

分数倍

名前

□1 右の表のような長さのリボンがあります。
Aのリボンの長さ 3m をもとにすると，
B，Cのリボンの長さはそれぞれ何倍になりますか。

	長さ (m)
A	3
B	5
C	2

B

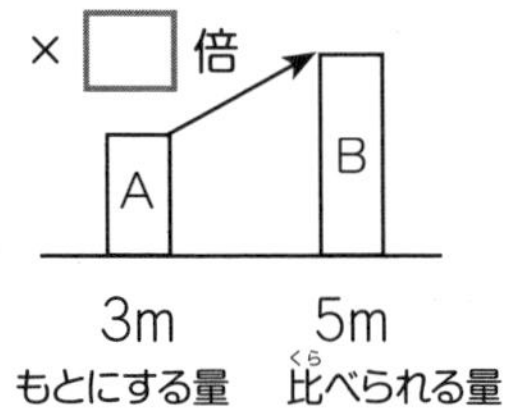

$5 \div 3 = \frac{\square}{\square}$

BはAの $= \frac{\square}{\square}$ 倍

C

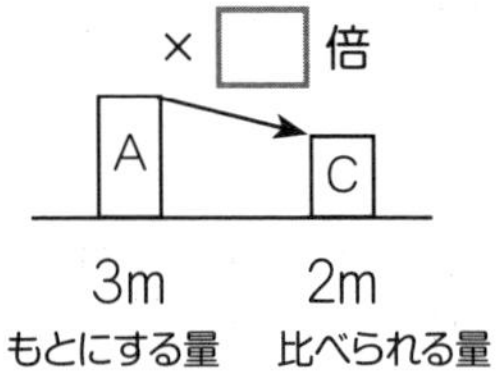

$\square \div 3 = \frac{\square}{\square}$

CはAの $= \frac{\square}{\square}$ 倍

□2 Aのやかんには 4L，Bのやかんには 7L の水が入っています。
Bのやかんは Aのやかんの何倍の水が入っていますか。

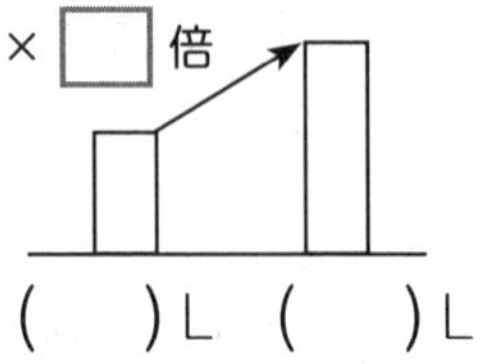

式

答え

ふりかえりシート

分数と小数，整数の関係

名前

□1 わり算の商を分数で表しましょう。

① $3 \div 8 = \frac{\square}{\square}$　② $9 \div 5 = \frac{\square}{\square}$　③ $13 \div 7 = \frac{\square}{\square}$

□2 □にあてはまる数を書きましょう。

① $\frac{1}{5} = \square \div \square$　② $\frac{17}{12} = \square \div \square$

□3 次の分数を小数や整数で表しましょう。

① $\frac{15}{4}$ (　　　)　② $1\frac{3}{5}$ (　　　)　③ $\frac{54}{9}$ (　　　)

□4 次の小数や整数を分数で表しましょう。

① 0.9 (　　　)　② 2.71 (　　　)　③ 0.39 (　　　)

④ 5 (　　　)　⑤ 17 (　　　)

□5 数の大小を比《くら》べて，□に不等号を書きましょう。

① $\frac{1}{8}$ □ 0.12　② 3.17 □ $3\frac{1}{5}$

分数（1）

名前

大きさの等しい分数をつくります。□にあてはまる数を書きましょう。

①

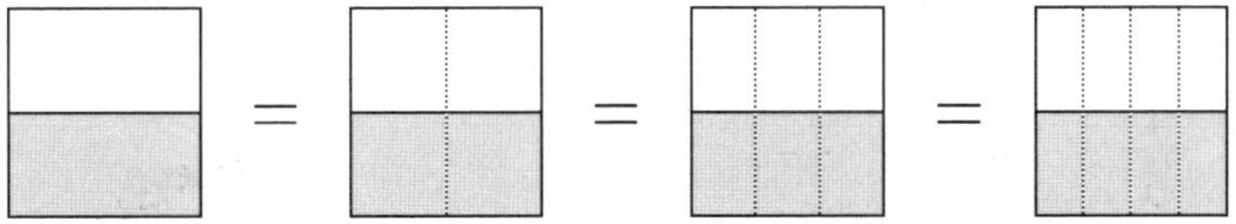

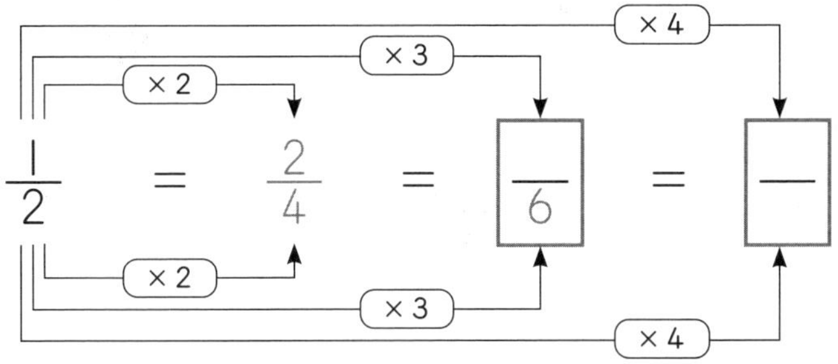

$\frac{1}{2} = \frac{2}{4} = \frac{\square}{6} = \frac{\square}{\square}$

②

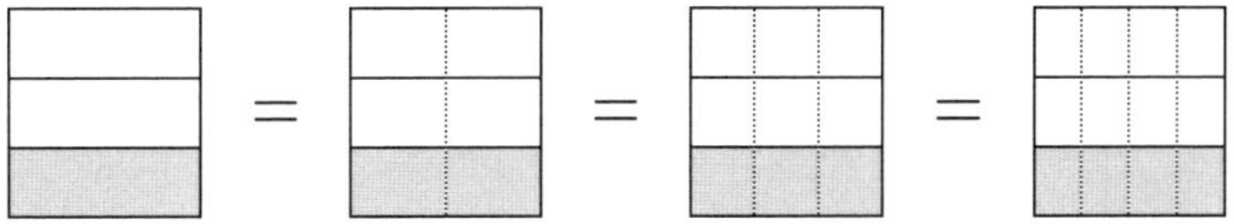

$\frac{1}{3} = \frac{\square}{6} = \frac{\square}{\square} = \frac{\square}{\square}$

③

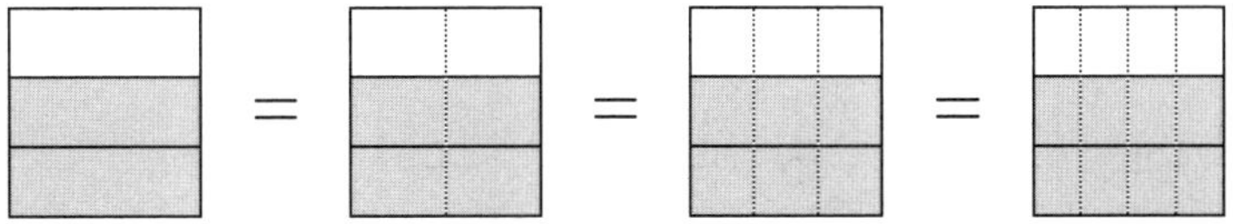

$\frac{2}{3} = \frac{\square}{\square} = \frac{\square}{\square} = \frac{\square}{\square}$

分数（2）

名前

大きさの等しい分数をつくります。□にあてはまる数を書きましょう。

①

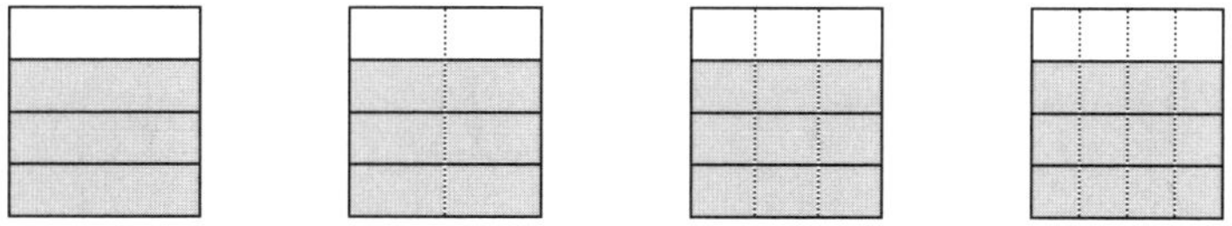

$\frac{3}{4} = \frac{\square}{\square} = \frac{\square}{\square} = \frac{\square}{\square}$

② $\frac{2}{5} = \frac{\square}{10} = \frac{\square}{15} = \frac{\square}{20}$

③ $\frac{1}{6} = \frac{2}{12} = \frac{3}{\square} = \frac{4}{\square}$

④ $\frac{3}{5} = \frac{\square}{10} = \frac{9}{\square} = \frac{\square}{20}$

⑤ $\frac{4}{7} = \frac{8}{\square} = \frac{\square}{21} = \frac{16}{\square}$

分数（3）

名前

● 大きさの等しい分数をつくります。□にあてはまる数を書きましょう。

① $\frac{6}{12} = \frac{3}{6} = \frac{\square}{4} = \frac{\square}{\square}$

（÷2、÷3、÷6）

② $\frac{12}{18} = \frac{\square}{3}$　（÷6）

③ $\frac{15}{25} = \frac{\square}{5}$　（÷5）

④ $\frac{14}{16} = \frac{7}{\square}$

⑤ $\frac{12}{24} = \frac{6}{\square} = \frac{\square}{8}$

⑥ $\frac{18}{30} = \frac{\square}{15} = \frac{6}{\square} = \frac{3}{\square}$

分数（4）

約分

名前

1 次の分数を約分《やくぶん》しましょう。

$\frac{\cancel{4}\,2}{\cancel{8}\,4}$ → まだ約分できるよ。 $\frac{\cancel{4}\,\cancel{2}\,1}{\cancel{8}\,\cancel{4}\,2}$

① $\frac{4}{8} = \frac{1}{2}$　（÷4）

② $\frac{5}{10} = \square$　③ $\frac{9}{18} = \square$　④ $\frac{36}{48} = \square$

⑤ $\frac{14}{35} = \square$　⑥ $\frac{32}{40} = \square$

2 次の分数を約分して，$\frac{2}{3}$ と等しい大きさの分数を見つけましょう。

㋐ $\frac{16}{24} = \square$　㋑ $\frac{18}{24} = \square$　㋒ $\frac{12}{18} = \square$

㋓ $\frac{20}{30} = \square$　㋔ $\frac{16}{20} = \square$

（　　　　　　　　）

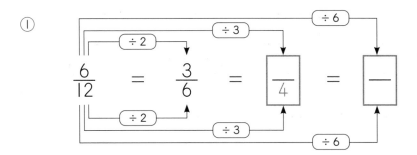

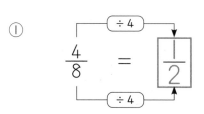

分数（5）

通分

名前

● 次の分数を通分《つうぶん》しましょう。

① $\left(\frac{1}{2},\ \frac{2}{3}\right)$ ──→ 分母が同じ分数になおす　($\frac{□}{□}$, $\frac{□}{□}$)

$\frac{1}{2}$ に等しい分数　$\frac{1}{2}$, $\frac{2}{4}$, $\frac{3}{6}$ …

$\frac{2}{3}$ に等しい分数　$\frac{2}{3}$, $\frac{4}{6}$, $\frac{6}{9}$ …

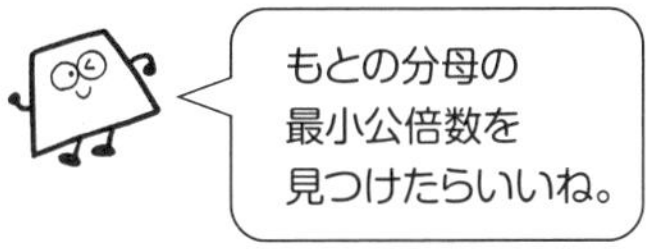

② $\left(\frac{1}{3},\ \frac{2}{9}\right)$ → ($\frac{□}{□}$, $\frac{□}{□}$)

3 の倍数…（3, 6, 9, 12, …）

9 の倍数…（9, 18, …）

③ $\left(\frac{4}{9},\ \frac{5}{6}\right)$ → ($\frac{□}{□}$, $\frac{□}{□}$)

9 の倍数…（□, □, …）

6 の倍数…（□, □, □, …）

④ $\left(\frac{3}{10},\ \frac{2}{15}\right)$ → ($\frac{□}{□}$, $\frac{□}{□}$)

10 の倍数…（□, □, □, …）

15 の倍数…（□, □, …）

分数（6）

通分

名前

● （　）の中の分数を通分《つうぶん》して大きさを比《くら》べ，□に不等号で表しましょう。

① $\left(\frac{3}{8},\ \frac{5}{6}\right)$　8 と 6 の最小公倍数 □

$\frac{3}{8} = \frac{□}{□}$, $\frac{5}{6} = \frac{□}{□}$　　$\frac{3}{8}$ □ $\frac{5}{6}$

② $\left(\frac{3}{4},\ \frac{7}{10}\right)$　4 と 10 の最小公倍数 □

$\frac{3}{4} = \frac{□}{□}$, $\frac{7}{10} = \frac{□}{□}$　　$\frac{3}{4}$ □ $\frac{7}{10}$

③ $\left(\frac{11}{12},\ \frac{5}{9}\right)$　12 と 9 の最小公倍数 □

$\frac{11}{12} = \frac{□}{□}$, $\frac{5}{9} = \frac{□}{□}$　　$\frac{11}{12}$ □ $\frac{5}{9}$

● 2 つの分数を通分して大きい方の分数を通ってゴールしましょう。□に通った分数を通分した形で書きましょう。

① □　② □　③ □

分数のたし算ひき算（1）

分数のたし算（約分なし）

名前

● 次の計算をしましょう。

① $\frac{1}{2}+\frac{1}{3}=\frac{3}{⑥}+\frac{2}{⑥}$

$=\frac{\square}{\square}$

2と3の最小公倍数

分母がちがう分数どうしの計算は通分《つうぶん》してから計算しよう。

② $\frac{1}{3}+\frac{1}{4}=\frac{\square}{\square}+\frac{\square}{\square}$

$=\frac{\square}{\square}$

3と4の最小公倍数 □

③ $\frac{1}{6}+\frac{3}{4}=\frac{\square}{\square}+\frac{\square}{\square}$

$=\frac{\square}{\square}$

6と4の最小公倍数 □

④ $\frac{4}{15}+\frac{7}{10}$

⑤ $\frac{3}{8}+\frac{7}{12}$

⑥ $\frac{2}{9}+\frac{2}{3}$

⑦ $\frac{4}{5}+\frac{1}{8}$

分数のたし算ひき算（2）

分数のたし算（約分あり）

名前

● 次の計算をしましょう。

① $\frac{3}{4}+\frac{1}{12}=\frac{9}{12}+\frac{1}{12}$

$=\frac{\cancel{10}\ 5}{\cancel{12}\ 6}$

$=\frac{\square}{\square}$

約分できるときはわすれずに約分しよう。

② $\frac{5}{6}+\frac{7}{15}=\frac{25}{30}+\frac{14}{30}$

$=\frac{\cancel{39}\ \square}{\cancel{30}\ \square}$

約分をしよう。

$=\frac{\square}{\square}\ \left(\square\frac{\square}{\square}\right)$

③ $\frac{3}{5}+\frac{9}{10}$

④ $\frac{4}{3}+\frac{7}{6}$

⑤ $\frac{9}{20}+\frac{3}{4}$

⑥ $\frac{2}{21}+\frac{1}{14}$

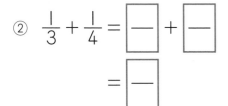

分数のたし算ひき算 (3)

帯分数のたし算（くり上がりなし）

名前 ＿＿＿＿＿＿＿＿＿＿＿＿＿＿＿＿

● 次の計算をしましょう。

① $1\frac{1}{4} + 1\frac{3}{5} = 1\frac{5}{20} + 1\frac{12}{20}$

$= \boxed{2}\boxed{\frac{17}{20}}$

整数どうし
分数どうしを
計算するよ。

② $1\frac{1}{5} + \frac{5}{7}$

③ $1\frac{5}{12} + 2\frac{1}{4}$

④ $1\frac{3}{8} + \frac{2}{5}$

⑤ $1\frac{3}{4} + 1\frac{1}{6}$

⑥ $2\frac{1}{9} + 1\frac{5}{6}$

⑦ $1\frac{1}{21} + 2\frac{1}{42}$

分数のたし算ひき算 (4)

帯分数のたし算（くり上がりあり）

名前 ＿＿＿＿＿＿＿＿＿＿＿＿＿＿＿＿

● 次の計算をしましょう。

① $1\frac{3}{4} + 1\frac{1}{2} = 1\frac{3}{4} + 1\frac{2}{4}$

$= 2\frac{5}{4}$

$= \boxed{3}\boxed{\frac{1}{4}}$

$\frac{5}{4}$ は $1\frac{1}{4}$ だから
2と$1\frac{1}{4}$で…

② $1\frac{4}{5} + 2\frac{7}{10} = \boxed{}\boxed{\frac{}{}} + \boxed{}\boxed{\frac{}{}}$

$= \boxed{}\boxed{\frac{}{}}$

$= \boxed{}\boxed{\frac{}{}}$ 　約分をしよう。

$= \boxed{}\boxed{\frac{}{}}$

③ $\frac{2}{3} + 2\frac{4}{9}$

④ $1\frac{5}{8} + 1\frac{7}{12}$

分数のたし算ひき算（5）

分数のたし算

名前

● 次の計算をしましょう。

① $\frac{4}{9}+\frac{2}{3}$

② $\frac{4}{5}+1\frac{3}{20}$

③ $\frac{5}{14}+\frac{8}{7}$

④ $\frac{7}{6}+\frac{5}{18}$

⑤ $1\frac{1}{9}+\frac{7}{12}$

⑥ $1\frac{3}{10}+1\frac{7}{8}$

⑦ $2\frac{5}{8}+1\frac{3}{4}$

⑧ $\frac{11}{20}+2\frac{5}{12}$

分数のたし算ひき算（6）

分数のたし算

名前

● 次の計算をしましょう。

① $\frac{3}{8}+\frac{1}{4}$

② $\frac{7}{12}+\frac{1}{6}$

③ $1\frac{6}{7}+1\frac{9}{14}$

④ $1\frac{2}{15}+\frac{1}{9}$

⑤ $1\frac{1}{3}+2\frac{13}{15}$

● 答えの大きい方を通ってゴールまで行きましょう。通った答えを□に書きましょう。

① □　② □

分数のたし算ひき算（7）

分数のひき算（約分なし）

名前

次の計算をしましょう。

① $\frac{4}{5}-\frac{1}{2}=\frac{8}{10}-\frac{5}{10}$

$=\boxed{\frac{}{}}$

5と2の最小公倍数

ひき算も同じように通分《つうぶん》してから分母をそろえて計算しよう。

② $\frac{7}{8}-\frac{5}{6}$

③ $\frac{4}{5}-\frac{1}{6}$

④ $\frac{3}{5}-\frac{2}{7}$

⑤ $\frac{11}{6}-\frac{9}{7}$

⑥ $\frac{8}{9}-\frac{2}{3}$

⑦ $\frac{9}{10}-\frac{3}{4}$

⑧ $\frac{1}{3}-\frac{1}{8}$

分数のたし算ひき算（8）

分数のひき算（約分あり）

名前

次の計算をしましょう。

① $\frac{9}{10}-\frac{2}{5}=\frac{9}{10}-\frac{4}{10}$

$=\frac{\cancel{5}\ 1}{\cancel{10}\ 2}$

$=\boxed{\frac{}{}}$

約分できるときはわすれずに約分しよう。

② $\frac{2}{3}-\frac{1}{6}$

③ $\frac{7}{15}-\frac{3}{10}$

④ $\frac{3}{4}-\frac{9}{20}$

⑤ $\frac{7}{12}-\frac{4}{21}$

⑥ $\frac{3}{2}-\frac{7}{6}$

⑦ $\frac{3}{14}-\frac{1}{10}$

分数のたし算ひき算 (9)　名前

帯分数のひき算（くり下がりなし）

次の計算をしましょう。

① $2\frac{1}{2} - 1\frac{1}{4} = 2\frac{2}{4} - 1\frac{1}{4}$

$= \boxed{1}\ \boxed{\frac{1}{4}}$

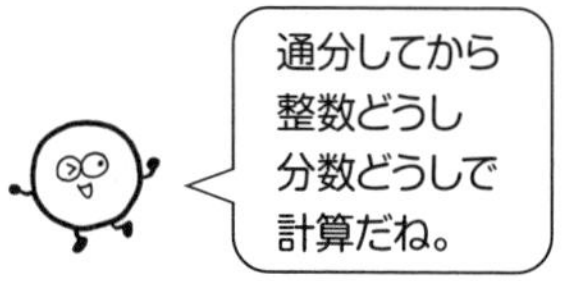

② $2\frac{7}{12} - 1\frac{1}{8}$

③ $1\frac{2}{3} - 1\frac{1}{4}$

④ $3\frac{5}{6} - 2\frac{2}{5}$

⑤ $2\frac{19}{20} - \frac{3}{4}$

⑥ $1\frac{5}{8} - \frac{1}{5}$

⑦ $3\frac{1}{10} - 3\frac{2}{35}$

分数のたし算ひき算 (10)　名前

帯分数のひき算（くり下がりあり）

1 $3\frac{1}{6} - 1\frac{1}{3}$ を計算しましょう。

$3\frac{1}{6} - 1\frac{1}{3} = \boxed{3\frac{1}{6}} - 1\frac{2}{6}$

1くり下げる　$= \boxed{2\frac{7}{6}} - 1\frac{2}{6}$

$= \square\ \boxed{\frac{\square}{\square}}$

$3\frac{1}{6} - 1\frac{1}{3} = \frac{\boxed{19}}{6} - \frac{\boxed{4}}{3}$

$= \frac{\square}{6} - \frac{\square}{6}$

$= \frac{\square}{6}\ (\square\ \boxed{\frac{\square}{\square}}$

2 次の計算をしましょう。

① $3\frac{1}{4} - 1\frac{1}{2}$

② $2\frac{7}{15} - 1\frac{5}{9}$

③ $1\frac{1}{5} - \frac{7}{10}$

④ $3\frac{5}{6} - \frac{23}{24}$

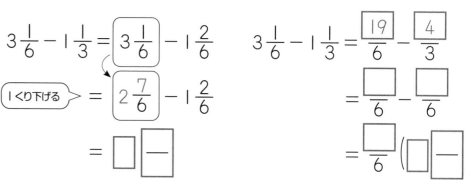

分数のたし算ひき算（11）
分数のひき算

名前

● 次の計算をしましょう。

① $\frac{7}{6}-\frac{9}{8}$

② $\frac{9}{10}-\frac{13}{20}$

③ $\frac{11}{12}-\frac{4}{15}$

④ $\frac{5}{6}-\frac{5}{14}$

⑤ $3\frac{1}{3}-2\frac{1}{12}$

⑥ $1\frac{8}{15}-\frac{7}{9}$

⑦ $1\frac{7}{12}-1\frac{1}{4}$

⑧ $1\frac{1}{6}-\frac{1}{2}$

分数のたし算ひき算（12）
分数のひき算

名前

● 次の計算をしましょう。

① $\frac{2}{9}-\frac{1}{6}$

② $\frac{11}{12}-\frac{5}{8}$

③ $\frac{13}{9}-\frac{7}{6}$

④ $2\frac{1}{6}-1\frac{8}{15}$

⑤ $1\frac{3}{10}-\frac{4}{5}$

● 答えの大きい方を通ってゴールまで行きましょう。通った答えを□に書きましょう。

① □　② □

分数のたし算ひき算（13）

3つの分数のたし算・ひき算

名前

● 次の計算をしましょう。

① $\frac{1}{2}+\frac{1}{3}-\frac{1}{4}=\frac{\square}{12}+\frac{\square}{12}-\frac{\square}{12}$

$=\frac{\square}{\square}$

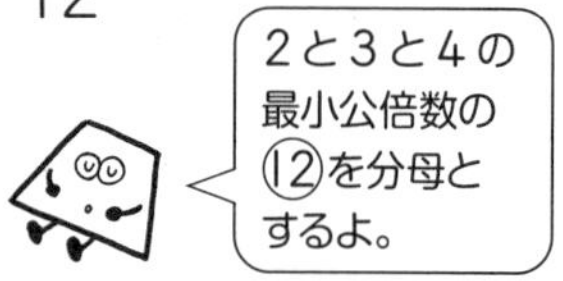
2と3と4の最小公倍数の⑫を分母とするよ。

② $\frac{3}{4}-\frac{1}{3}+\frac{1}{6}$

③ $\frac{2}{3}+\frac{1}{2}-\frac{7}{8}$

④ $\frac{5}{9}+\frac{3}{4}-\frac{11}{12}$

⑤ $\frac{7}{8}-\frac{1}{6}+\frac{5}{3}$

⑥ $\frac{2}{3}-\frac{1}{5}-\frac{1}{4}$

分数のたし算ひき算（14）

小数と分数のまじった計算

名前

1 $0.2+\frac{2}{5}$ を計算しましょう。

分数にそろえて計算

$0.2+\frac{2}{5}=\frac{2}{10}+\frac{2}{5}$

$=\frac{2}{10}+\frac{4}{10}$

$=\frac{\cancel{6}\,3}{\cancel{10}\,5}$

$=\frac{3}{5}$

小数にそろえて計算

$0.2+\frac{2}{5}=0.2+0.4$

$=0.6$

答え $\frac{\square}{\square}$, □

2 次の計算をしましょう。

① $\frac{1}{3}+0.4$

② $0.25+\frac{4}{5}$

③ $\frac{5}{8}+0.7$

④ $0.9-\frac{1}{6}$

⑤ $\frac{2}{3}-0.35$

⑥ $0.15-\frac{1}{10}$

分数のたし算ひき算（15）

名前

1　やかんには $\frac{3}{4}$ L，ペットボトルには $\frac{2}{3}$ L のお茶が入っています。

① 2つのお茶を合わせると，何 L になりますか。

式

答え

② 2つのお茶の量のちがいは，何 L になりますか。

式

答え

2　$1\frac{1}{2}$ kg のなしを $\frac{1}{5}$ kg のかごに入れると，全体の重さは何 kg になりますか。

式

答え

分数のたし算ひき算（16）

名前

1　大きな箱にはじゃがいもが $3\frac{2}{9}$ kg，小さな箱にはじゃがいもが $1\frac{5}{6}$ kg 入っています。合わせると何 kg になりますか。

式

答え

2　あゆさんは，テープを $\frac{7}{12}$ m 持っていましたが，工作で $\frac{1}{3}$ m 使いました。残りは何 m になりましたか。

式

答え

3　家から駅までは $2\frac{3}{5}$ km あります。さとしさんは，家から $\frac{9}{10}$ km のところまで歩きました。駅まであと何 km ありますか。

式

答え

ふりかえりテスト　分数・分数のたし算ひき算

名前＿＿＿＿＿＿＿＿

□1　次の分数を約分しましょう。(5 × 2)

①　$\frac{24}{32} = \boxed{\frac{}{}}$　　②　$\frac{18}{45} = \boxed{\frac{}{}}$

□2　次の分数を通分して大きさを比《くら》べ，（　）に不等号で表しましょう。(7 × 2)

①　$\frac{5}{8}$（　　）$\frac{5}{6}$

②　$\frac{5}{12}$（　　）$\frac{11}{36}$

□3　次のたし算をしましょう。(7 × 4)

①　$\frac{3}{4} + \frac{3}{10}$

②　$\frac{1}{6} + \frac{5}{18}$

③　$1\frac{4}{9} + 2\frac{1}{3}$

④　$\frac{5}{8} + 1\frac{5}{12}$

□4　次のひき算をしましょう。(7 × 4)

①　$\frac{5}{6} - \frac{1}{4}$

②　$\frac{9}{10} - \frac{1}{2}$

③　$2\frac{3}{8} - 1\frac{1}{6}$

④　$1\frac{2}{15} - \frac{5}{9}$

□5　赤いテープは$\frac{5}{6}$mです。

青いテープは$\frac{7}{9}$mです。

①　2本のテープをつなぐと何mになりますか。
(つなぎ目の長さは考えません)(10)

式

答え＿＿＿＿＿＿＿＿

②　2本のテープの長さのちがいは何mですか。(10)

式

答え＿＿＿＿＿＿＿＿

平均 (1)

名前 ＿＿＿＿＿＿＿＿＿＿

ジュースが3つのコップに入っています。
3つのジュースの量を同じにするにはどうしたらよいですか。

㋐ 6dL　　㋑ 5dL　　㋒ 7dL

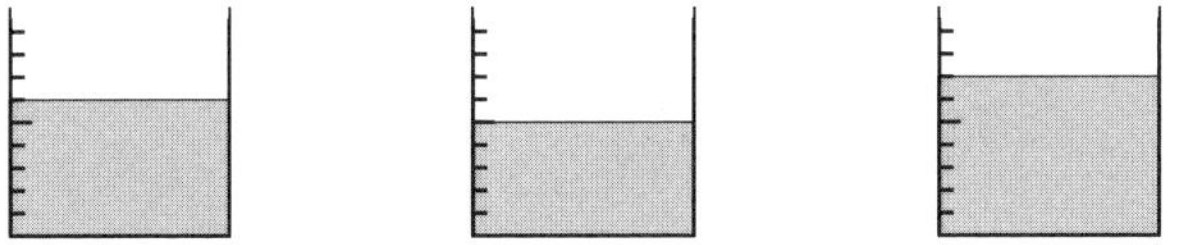

① ジュースは全部で何dLありますか。

□ ＋ □ ＋ □ ＝ □

＿＿＿＿＿＿ dL

② 全部の量を3つのコップに等しく分けると，1つ分は何dLですか。

□ ÷ □ ＝ □

＿＿＿＿＿＿ dL

③ ①，②を1つの式に表しましょう。

(□ ＋ □ ＋ □) ÷ □ ＝ □

いくつかの数や量を同じ大きさになるようにならしたものを**平均《へいきん》**といいます。　**全体の量 ÷ 個数 ＝ 平均**

平均 (2)

名前 ＿＿＿＿＿＿＿＿＿＿

1 次の魚の長さの平均《へいきん》を求めましょう。

19cm　18cm　20cm　15cm

式

(□ ＋ □ ＋ □ ＋ □) ÷ □ ＝ □

答え ＿＿＿＿＿＿

2 けいたさんは，毎日公園を走っています。この5日間を平均すると，1日何周走ったことになりますか。

けいたさんの走った周数

曜　日	日	月	火	水	木
走った数 (周)	4	1	2	3	4

式

(□ ＋ □ ＋ □ ＋ □ ＋ □) ÷ □ ＝ □

答え ＿＿＿＿＿＿

3 下の表は，ゆかさんのクラスの先週の欠席者の人数です。
1日平均何人欠席したことになりますか。

欠席者の人数

曜　日	月	火	水	木	金
人数 (人)	2	1	0	2	3

式

(□ ＋ □ ＋ 0 ＋ □ ＋ □) ÷ □ ＝ □

答え ＿＿＿＿＿＿

平均 (3)

名前

下の表は，Aさんと Bさんの 50 m走の記録です。
Aさん，Bさんそれぞれの平均《へいきん》の記録を求めましょう。

50m 走の記録 (秒)

回　数	1回目	2回目	3回目
Aさん	8.6	8.4	8.5
Bさん	8.3	8.6	8.6

Aさん

式

答え

Bさん

式

答え

次の数の平均を求めて，数の大きい方を通りましょう。通った方の平均を下の□に書きましょう。

① □　　② □

平均 (4)

名前

たまごが 30 個《こ》あります。そのうち，5 個を取り出して重さをはかりました。

① たまご 1 個の平均《へいきん》は何 g ですか。

式

答え

② たまご 30 個では何 g になると考えられますか。

式 □ × □ = □

（1個の平均の重さ）（個数）（全体の重さ）

答え

③ たまご何個分で重さが 2700 g になると考えられますか。

式 □ ÷ □ = □

（全体の重さ）（1個の平均の重さ）（個数）

答え

平均（5）

名前

□1 けんとさんの歩はばの平均《へいきん》は，0.64m です。

① けんとさんが 50 歩あるいたら約何 m ですか。

式 □ × □ ＝ □

（歩はば）（歩数）（道のり）

答え 約

② 家から駅までの道のりは 480m あります。
けんとさんの歩はばで約何歩になりますか。

式 □ ÷ □ ＝ □

（道のり）（歩はば）（歩数）

答え 約

□2 オレンジ 1 個《こ》から平均して 70mL のジュースをしぼることができました。このオレンジ 50 個では，何 mL のジュースができると考えられますか。

式

答え

ふりかえりシート  平均

名前

□1 下の表は，けいとさんのバスケットボールの試合でのシュート数の記録です。1 試合平均何本シュートしたことになりますか。

シュートした数

試合	1 試合目	2 試合目	3 試合目	4 試合目	5 試合目
シュートした数（本）	4	2	3	1	2

式

答え

□2 下の表は，5 人が魚つりでつった魚の数です。
1 人平均何びきつったことになりますか。

つった魚の数

名前	たくと	としや	ようすけ	かなこ	みさき
魚の数（ひき）	6	5	9	5	0

式

答え

□3 1 日に平均 1.2km ずつ走ると，1 ヶ月（30 日）間では，全部で何 km 走ることになりますか。

式

答え

単位量あたりの大きさ（1）

名前

マットの上に人が乗っています。
1ぱん，2はん，3ぱんでは どのマットがいちばんこんでいますか。

マットのまい数と人数

	マットの数（まい）	人数（人）
1ぱん	5	8
2はん	4	8
3ぱん	4	6

① 1ぱんと2はんでは，どちらがこんでいますか。

マットの数が（多い・少ない）ので □

どちらかに○をしよう

② 2はんと3ぱんでは，どちらがこんでいますか。

人数が（多い・少ない）ので □

③ 1ぱんと3ぱんのマット1まいあたりの人数をそれぞれ求めましょう。

1ぱん　8 ÷ 5 = □　□ 人

人数　まい数　1まいあたりの人数

3ぱん　□ ÷ □ = □　□ 人

④ 1ぱんと3ぱんでは，どちらがこんでいますか。

□

単位量あたりの大きさ（2）

名前

1 A電車は，5両で380人乗っていました。
B電車は，6両で453人乗っていました。
どちらの電車がこんでいるといえますか。

式　A電車　380 ÷ 5 = □

人数　車両の数　1両あたりの人数

B電車　□ ÷ □ = □

1両あたりの人数で比べるよ。

答え（　　）電車の方がこんでいる。

2 林間学校でバンガローにとまりました。
広さ18m²のAバンガローに9人，広さ25m²のBバンガローには13人がとまりました。どちらがこんでいるといえますか。

式　Aバンガロー　□ ÷ □ = □

人数　広さ　1m²あたりの人数

Bバンガロー　□ ÷ □ = □

1m²あたりの人数で比べるよ。

答え（　　）バンガローの方がこんでいる。

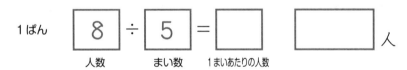

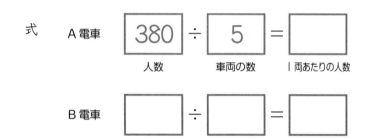

単位量あたりの大きさ（3）　名前

1　バスで遠足に行きます。2台に69人が乗っている5年生のバスと，3台に105人が乗っている6年生のバスとでは，どちらがこんでいるといえますか。

式　5年生

6年生

答え ＿＿＿＿＿＿＿＿

2　Aプールは，広さが $300m^2$ で120人がいます。
Bプールは，広さが $120m^2$ で45人がいます。
どちらのプールがこんでいるといえますか。

式　Aプール

Bプール

答え ＿＿＿＿＿＿＿＿

単位量あたりの大きさ（4）　名前

1　A町の面積は $75km^2$ で，人口は11550人です。
$1km^2$ あたり平均《へいきん》何人住んでいるといえますか。

式　[11550] ÷ [75] = [　　]
人口　面積　$1km^2$ あたりの人口

答え ＿＿＿＿＿＿＿＿

2　右の表は，B町とC町の面積と人口を表したものです。
どちらの人口密度が高いですか。

面積と人口

	面積（km^2）	人口（人）
B町	96	22560
C町	35	8680

式　B町　[　　] ÷ [　　] = [　　]
人口　面積　$1km^2$ あたりの人口

C町　[　　] ÷ [　　] = [　　]

答え ＿＿＿＿＿＿＿＿

単位量あたりの大きさ (5)

名前 ________________

1 学校でいもほりをしました。1組の畑 $5m^2$ からは 32.5kg のいもがとれ，2組の畑 $7m^2$ からは 47.6kg のいもがとれました。
どちらの畑がよくとれたといえますか。

式

1組　[32.5] ÷ [5] = [　　　]

とれた量（重さ）　面積　1㎡あたりのとれた量（重さ）

2組　[　　　] ÷ [　　　] = [　　　]

答え ________________

2 右の表は，Aの田とBの田の面積ととれたお米の重さを表したものです。
どちらの田がよくとれたといえますか。
答えは四捨五入して，上から2けたのがい数で表しましょう。

田の面積ととれた米の重さ

	面積 (a)	とれた重さ (kg)
A	16	870
B	14	736

式

A　[　　　] ÷ [　　　] = [　　　]

とれた量（重さ）　面積　1aあたりのとれた量（重さ）

B　[　　　] ÷ [　　　] = [　　　]

答え ________________

単位量あたりの大きさ (6)

名前 ________________

1 お店でえん筆を買います。12本で780円のえん筆と15本で1020円のえん筆があります。
1本あたりのねだんは，どちらが高いといえますか。

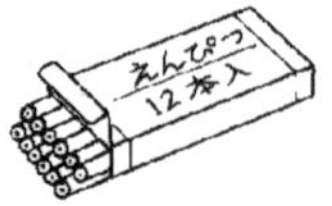

式

12本　[780] ÷ [12] = [　　　]

全体のねだん　本数　1本あたりのねだん

15本　[　　　] ÷ [　　　] = [　　　]

答え ________________

2 スーパーでチョコレートを買います。24個《こ》入りで432円のチョコレートと，36個入りで630円のチョコレートがあります。
1個あたりのねだんは，どちらが高いといえますか。

式

24個入り　[　　　] ÷ [　　　] = [　　　]

36個入り　[　　　] ÷ [　　　] = [　　　]

答え ________________

単位量あたりの大きさ（7）

名前

1　A車はガソリン25Lで450km走ることができます。B車は30Lで510km走ることができます。どちらの車が燃費《ねんぴ》（1Lのガソリンで走る道のり）がよいといえますか。

式	A車	450	÷	25	=	
		道のり		燃料（L）		1L あたりの道のり
	B車		÷		=	

答え

2　C車はガソリン50Lで950km走ることができます。D車はガソリン45Lで900km走ることができます。どちらの車が燃費がよいといえますか。

式	C車		÷		=	
	D車		÷		=	

答え

単位量あたりの大きさ（8）

名前

1　A印刷機は10分間に320まいの印刷ができます。B印刷機は8分間に248まいの印刷ができます。1分間あたりの印刷できるまい数は，どちらが多いといえますか。

式	A		÷		=	
		印刷まい数		時間		1分間あたりの印刷まい数
	B		÷		=	

答え

2　長さが15mで210gのAのはり金と，長さが12mで162gのBのはり金があります。1mあたりの重さはどちらが重いといえますか。

式	A		÷		=	
		はり金の重さ		長さ		1m あたりの重さ
	B		÷		=	

答え

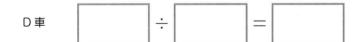

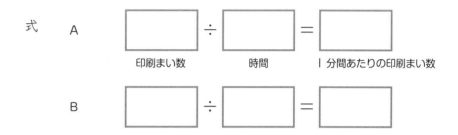

単位量あたりの大きさ（9）

名前

1 Aのトラクターは３時間で630m^2 耕《たがや》し，Bのトラクターは２時間で410m^2 耕しました。１時間あたりどちらのトラクターがよく耕したといえますか。

式

A □ ÷ □ ＝ □

面積　時間　１時間あたりの面積

B □ ÷ □ ＝ □

答え

2 Aのポンプは，20分間で700Lの水をくみ出します。
Bのポンプは，15分間で540Lの水をくみ出します。
１分間あたりの水をくみ出す量は，どちらが多いといえますか。

式

A □ ÷ □ ＝ □

水の量　時間　１分間あたりの水の量

B □ ÷ □ ＝ □

答え

単位量あたりの大きさ（10）

「1 あたり分」「いくつ分」「全体の量」を求める

名前

次の㋐～㋒の問題を表に整理して考えましょう。

㋐ Aさんの畑では，7aで175kgのきゅうりがとれました。
１aあたり何kgのきゅうりがとれたといえますか。

１あたり分	全体の量
□kg	175kg
1a	7a

いくつ分

式 □ ÷ □ ＝ □

全体の量　いくつ分　１あたり分

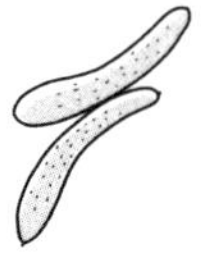

答え

㋑ 1mの重さが280gのホースがあります。このホース12mの重さは何gになりますか。

１あたり分	全体の量
280g	□g
1m	12m

いくつ分

式 □ × □ ＝ □

１あたり分　いくつ分　全体の量

答え

㋒ ガソリン1Lあたり16km走る自動車があります。
400km走るには何Lのガソリンが必要ですか。

１あたり分	全体の量
16km	400km
1L	□L

いくつ分

式 □ ÷ □ ＝ □

全体の量　１あたり分　いくつ分

答え

単位量あたりの大きさ（11）

名前＿＿＿＿＿＿＿＿＿＿＿＿

次の問題は，前ページの㋐～㋒のどれと同じタイプの問題かな。

1　ガソリン 1L あたり 18.5km 走る自動車があります。
ガソリン 40L では，何 km 走れますか。

式

(　　)km	(　　)km
1L	(　　)L

答え＿＿＿＿＿＿＿＿

2　1m の重さが 3.5g のはり金があります。
このはり金 56g だと，はり金の長さは何 m になりますか。

式

(　　)g	(　　)g
1m	(　　)m

答え＿＿＿＿＿＿＿＿

3　面積が $500m^2$ で 7250g の金属の板があります。
この金属の板 $1m^2$ あたりの重さは何 g ですか。

式

(　　)g	(　　)g
$1m^2$	(　　)m^2

答え＿＿＿＿＿＿＿＿

単位量あたりの大きさ（12）

名前＿＿＿＿＿＿＿＿＿＿＿＿

● 5m の重さが 375g のはり金があります。

① このはり金 1m あたりの重さは何 g ですか。

式

答え＿＿＿＿＿＿＿＿

② このはり金 12m では，何 g になりますか。

式

答え＿＿＿＿＿＿＿＿

③ このはり金が 4200g あるとき，長さは何 m ですか。

式

答え＿＿＿＿＿＿＿＿

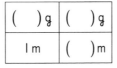

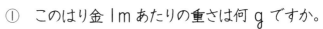

ふりかえりテスト　単位量あたりの大きさ

名前

1 上りの電車は７両で574人乗っていました。
下りの電車は４両で316人乗っていました。
どちらの電車がこんでいるといえますか。(15)

式　上り

下り

答え

2 南町の面積は45km² で人口は8640人です。
北町の面積は70km² で人口は14280人です。
どちらの人口密度が高いですか。(15)

式　南町

北町

答え

3 Aの田では，20a で1120kgのお米がとれました。
Bの田では，18a で990kgのお米がとれました。
どちらの田がよくとれたといえますか。(15)

式　A

B

答え

4 Aのノートは12さつで1140円です。
Bのノートは15さつで1380円です。
どちらのノートが高いといえますか。(15)

式　A

B

答え

5 Aの車は36L で774km走ります。
Bの車は22L で550km走ります。
どちらの車が燃費がよいといえますか。(15)

式　A

B

答え

6 20mの重さが640g のはり金があります。

① このはり金1mあたりの重さは，何g ですか。(10)

式

答え

② このはり金15mの重さは何g になりますか。(15)

式

答え

速さ (1)

速さを求める

名前

右の表は，A，B，Cのミニカーが走った道のりとかかった時間を表しています。
どのミニカーがいちばん速く走ったといえますか。

	道のり (m)	時間 (秒)
A	12	5
B	10	5
C	10	4

① AとBでは，どちらが速いですか。(かかった時間は同じ)

答え

② BとCでは，どちらが速いですか。(走った道のりは同じ)

答え

③ AとCでは，どちらが速いですか。1秒間あたりに走った道のりを求めて比べましょう。

式 A　[12] ÷ [5] ＝ [　] (m)

道のり　時間　1秒間あたりの道のり

C　[　] ÷ [　] ＝ [　] (m)

速さは，1秒間あたりの進む道のり (秒速) で比べられるよ。

答え

速さ (2)

速さを求める

名前

速さ＝道のり÷時間

1 ゆうたさんは，1200m を 15 分間で歩きました。
えみさんは，900m を 12 分間で歩きました。
ゆうたさんとえみさんでは，どちらが速いですか。

1分間あたりに進む道のり (分速) で比べよう。

式

ゆうたさん　[　] ÷ [　] ＝ [　]　分速 (　　) m

えみさん　[　] ÷ [　] ＝ [　]　分速 (　　) m

答え

2 Aの自動車は，300km を 5 時間で走りました。
Bの自動車は，195km を 3 時間で走りました。
AとBの自動車では，どちらが速いですか。

1時間あたりに進む道のり (時速) で比べよう。

式

Aの自動車　[　] ÷ [　] ＝ [　]　時速 (　　) km

Bの自動車　[　] ÷ [　] ＝ [　]　時速 (　　) km

答え

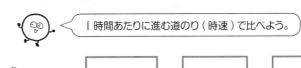

速さ (3)
時速・分速・秒速

名前 ＿＿＿＿＿＿＿＿＿＿

1　時速 900km で飛ぶジェット機があります。

①　このジェット機は，1 分間あたり何 km 進みますか。

式　[900] ÷ [60] = [15]

（1 時間＝60 分）

答え　分速（　　　　）km

②　このジェット機は，1 秒間あたり何 km 進みますか。

式　[15] ÷ [60] = [　　]

（1 分＝60 秒）

答え　秒速（　　　　）km

時速 —÷60→ 分速 —÷60→ 秒速

2　時速 72km で走る自動車があります。

①　分速何 m ですか。

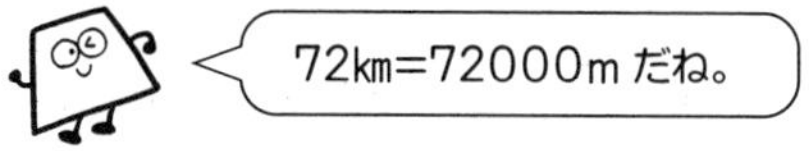
72km=72000m だね。

式

答え　分速（　　　　）m

②　秒速何 m ですか。

式

答え　秒速（　　　　）m

速さ (4)
時速・分速・秒速

名前 ＿＿＿＿＿＿＿＿＿＿

1　秒速 10 m で走るモノレールがあります。

①　このモノレールは，1 分間あたり何 m 走りますか。

式　[10] × [60] = [600]

答え　分速（　　　　）m

②　このモノレールは，1 時間あたり何 km 走りますか。

式　[600] × [60] = [　　]

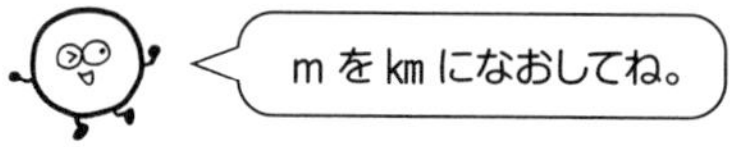
m を km になおしてね。

答え　時速（　　　　）km

時速 ←×60— 分速 ←×60— 秒速

2　秒速 25 m で走る馬がいます。

①　分速何 m ですか。

式

答え　分速（　　　　）m

②　時速何 km ですか。

式

答え　時速（　　　　）km

速さ（5）

時速・分速・秒速

名前

1　時速 60km で走るシマウマと，分速 900m で走るキリンとでは，どちらが速いですか。

①　時速 60km は，分速何 m ですか。

式

答え　分速（　　　　　）m

②　分速 900m は，時速何 km ですか。

式

答え　時速（　　　　　）km

③　シマウマとキリンとでは，どちらが速いですか。

答え

2　秒速 7m で走る自動車Ａと，分速 500m で走る自転車Ｂとでは，どちらが速いですか。

式

秒速，分速どちらかにそろえて比べてみよう。

答え

速さ（6）

道のりを求める

名前

道のり＝速さ×時間

1　時速 55km で走る自動車が，同じ速さで 3 時間走ると何 km 進みますか。

1時間に55km
だから……。

式　55 × 3 ＝ □

速さ（時速）　時間　道のり

答え

2　分速 80m で歩く人が，同じ速さで 25 分間歩くと何 km 歩くことができますか。

式　□ × □ ＝ □

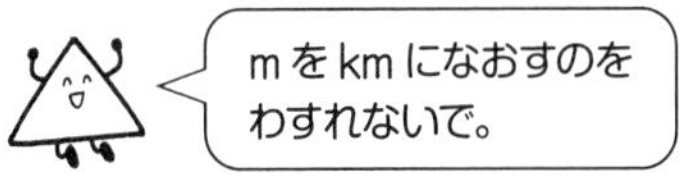
m を km になおすのを
わすれないで。

答え

3　秒速 120m で飛ぶヘリコプターが，同じ速さで 40 秒間飛ぶと何 km 進みますか。

式　□ × □ ＝ □

答え

速さ (7)

時間を求める

名前

時間＝道のり÷速さ

1 時速 42km のバスが，同じ速さで 294km の道のりを走るには何時間かかりますか。

式

294	÷	42	＝	
道のり		速さ		時間

答え ＿＿＿＿

2 まさとさんは，分速 210m で 7350m はなれたおじいさんの家に自転車でむかいます。おじいさんの家まで何分かかりますか。

式 □ ÷ □ ＝ □

答え ＿＿＿＿

3 秒速 32m で走る特急電車が，9.6km 走るには，何秒かかりますか。

式 9.6km ＝ □ m

□ ÷ □ ＝ □

答え ＿＿＿＿

速さ (8)

名前

1 8 時間で 320km 進むフェリーの時速は何 km ですか。

式

答え ＿＿＿＿

2 分速 2.5km で走る電車が 3 時間で進む道のりは何 km ですか。

（分速を時速になおして求めましょう。）

式

答え ＿＿＿＿

3 分速 18km で飛ぶジェット機があります。

① 同じ速さで 720km 進むには何分かかりますか。

式

答え ＿＿＿＿

② 同じ速さで 16200km 進むには何時間かかりますか。

（分速を時速になおして求めましょう。）

式

答え ＿＿＿＿

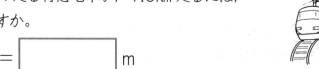

ふりかえりテスト　速さ

名前

1　Aの電車は，525kmを3時間で走ります。
Bの電車は，425kmを2.5時間で走ります。
どちらの電車が速いですか。（15）

式

答え

2　あるランナーは，3時間で43.2km走りました。

①　時速何kmで走りましたか。（10）

式

答え

②　分速になおすと何mですか。（15）

式

答え

③　秒速になおすと何mですか。（15）

式

答え

3　分速700mで走るオートバイと，時速36kmで走るスクーターとでは，どちらが速いですか。（15）

式

答え

4　時速240kmで走る新幹線が，同じ速さで3.5時間進む道のりは何kmですか。（15）

式

答え

5　たけるさんは，分速180mで6300mはなれた駅へ自転車で行きます。
何分かかるでしょうか。（15）

式

答え

四角形と三角形の面積（1）

名前

平行四辺形の面積

1　次の平行四辺形の高さは㋐，㋑のどちらですか。

①

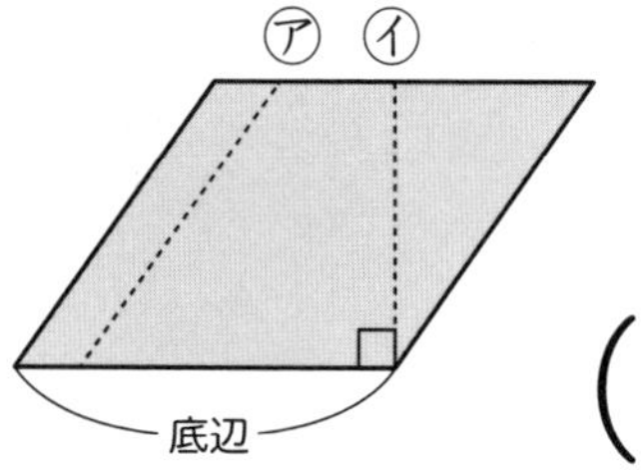

（　　　）

②

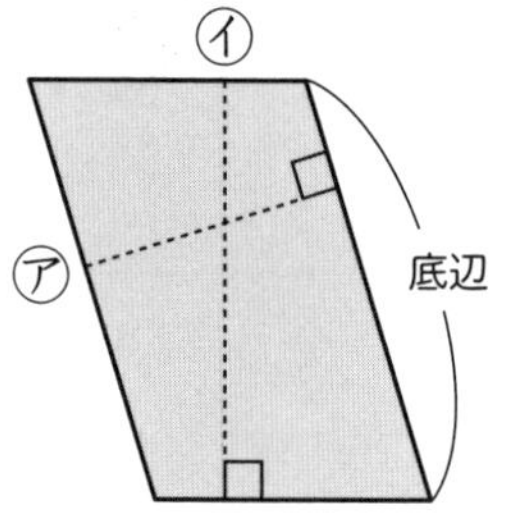

（　　　）

③

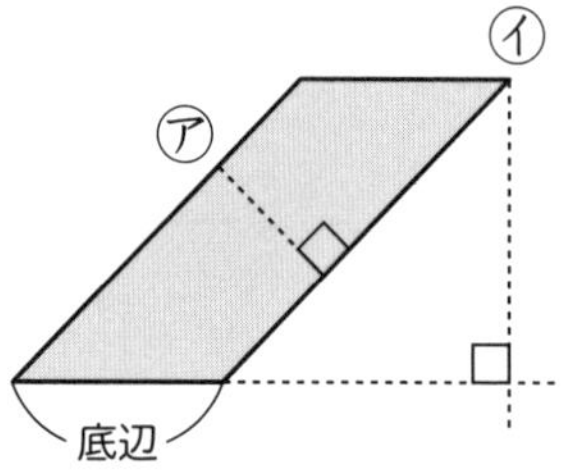

（　　　）

2　次の平行四辺形の高さを書き入れましょう。

①

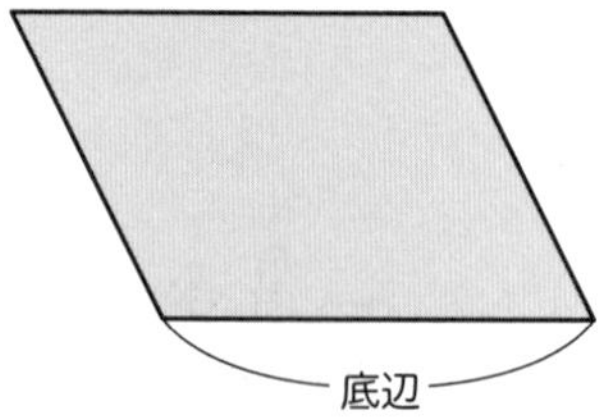

②

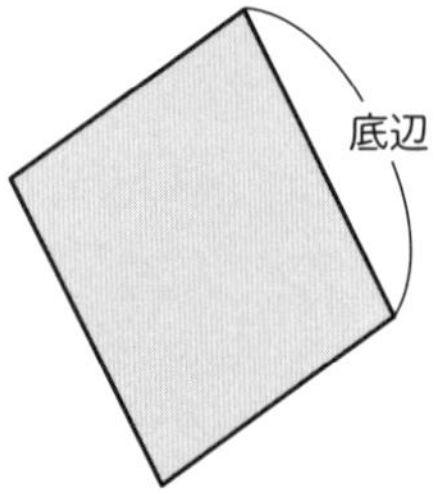

四角形と三角形の面積（2）

名前

平行四辺形の面積

1　平行四辺形の面積を求める公式を書きましょう。

平行四辺形の面積　＝　□　×　□

2　次の平行四辺形の面積を求めましょう。

①

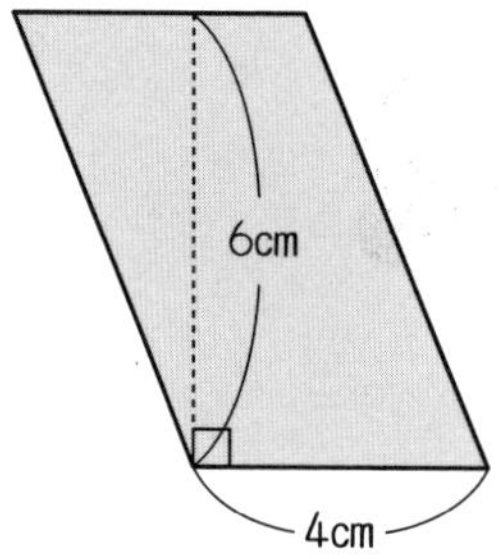

式　4　×　6　＝　□

答え ＿＿＿＿＿＿

②

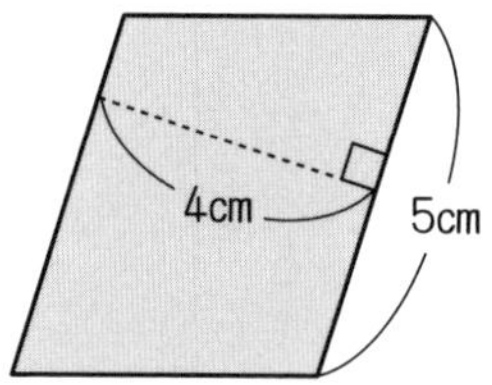

式　□　×　□　＝　□

答え ＿＿＿＿＿＿

③

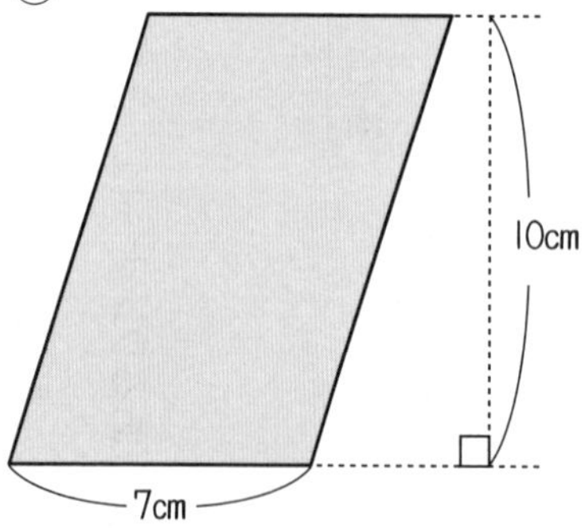

式　□　×　□　＝　□

答え ＿＿＿＿＿＿

四角形と三角形の面積（3）

名前

平行四辺形の面積

次の平行四辺形の面積を求めましょう。

①

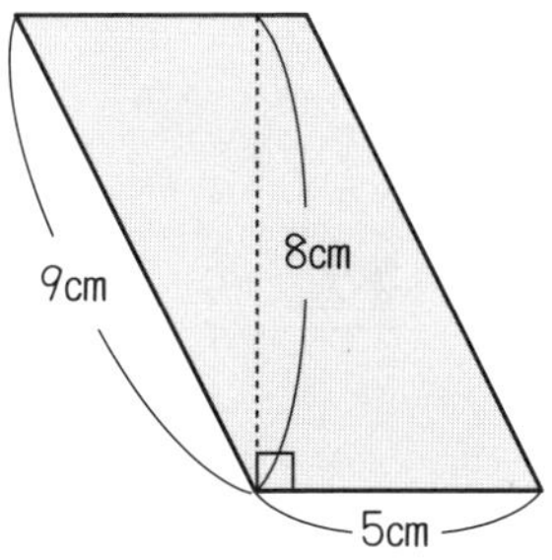

式

答え

②

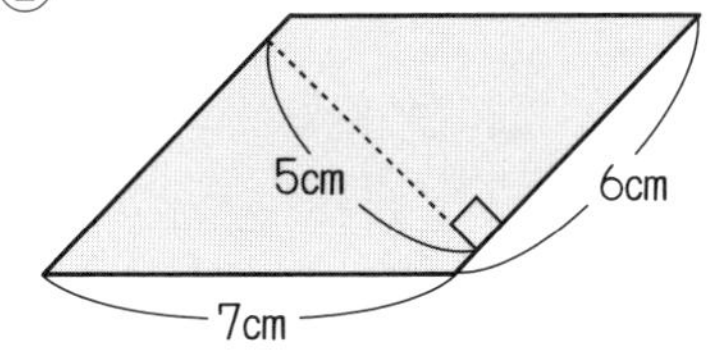

式

答え

③

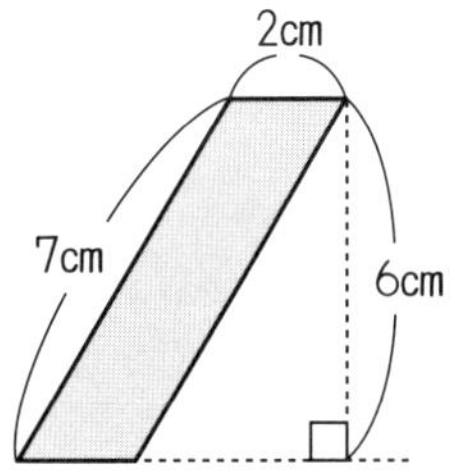

式

答え

四角形と三角形の面積（4）

名前

平行四辺形の面積

1 平行四辺形㋐と㋑の面積は等しいですか。正しい方に○をつけて，その理由を書きましょう。

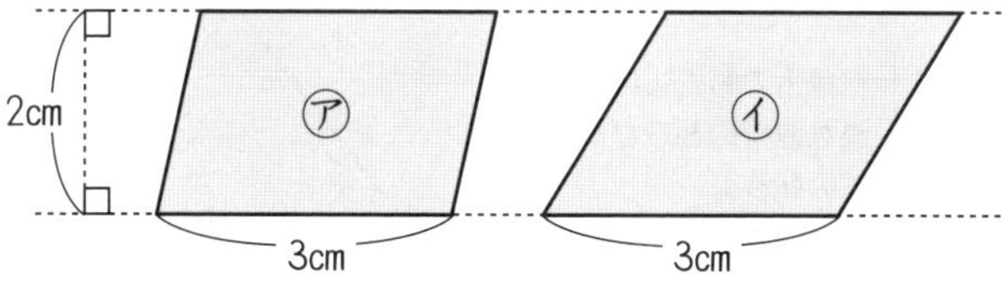

（ 等しい ／ 等しくない ）

理由　㋐も㋑も（　　　）と（　　　）が同じだから

2 次の㋐～㋒の面積を求めましょう。

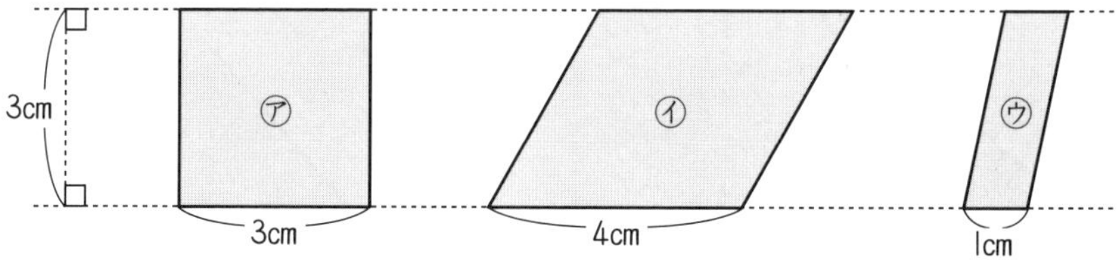

（　　　）　（　　　）　（　　　）

3 次の平行四辺形の底辺や高さを求めましょう。

① $35cm^2$

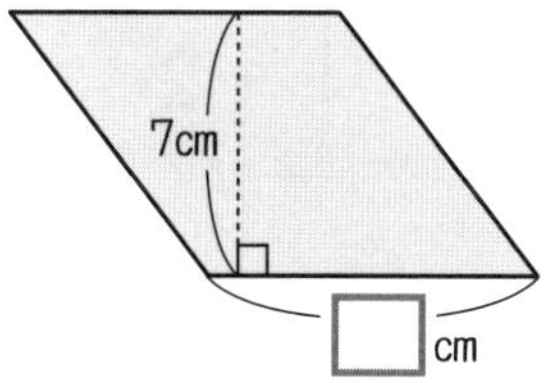

式

答え

② $50cm^2$

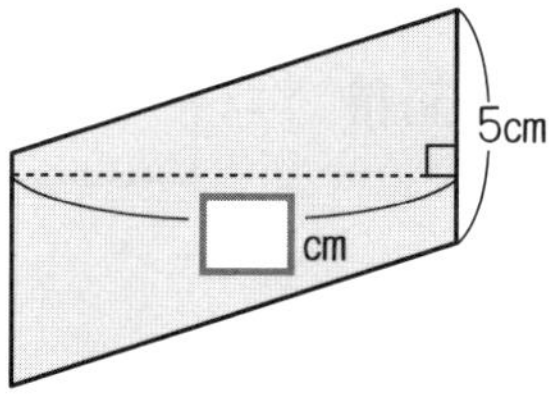

式

答え

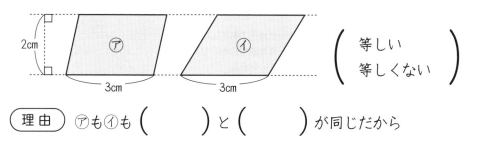

四角形と三角形の面積（5）

名前

三角形の面積

□1 次の三角形の高さは㋐，㋑のどちらですか。

①

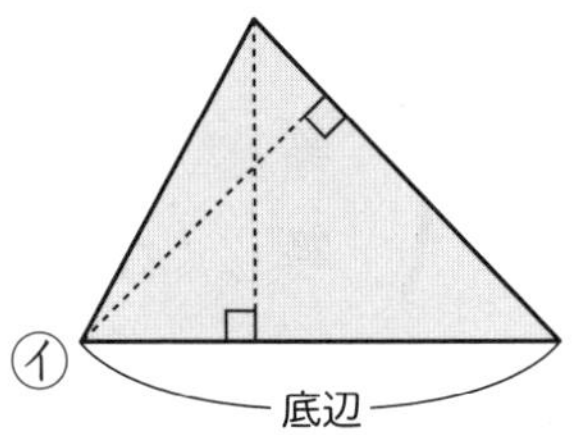

（　　　　）

②

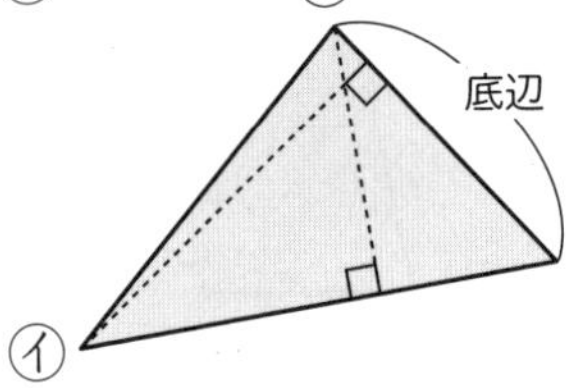

（　　　　）

③

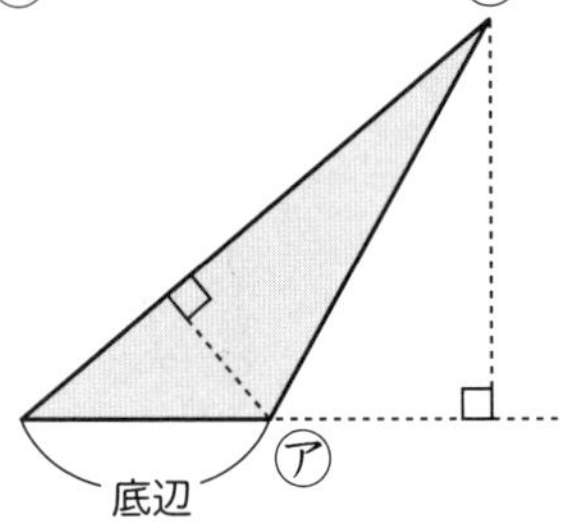

（　　　　）

④

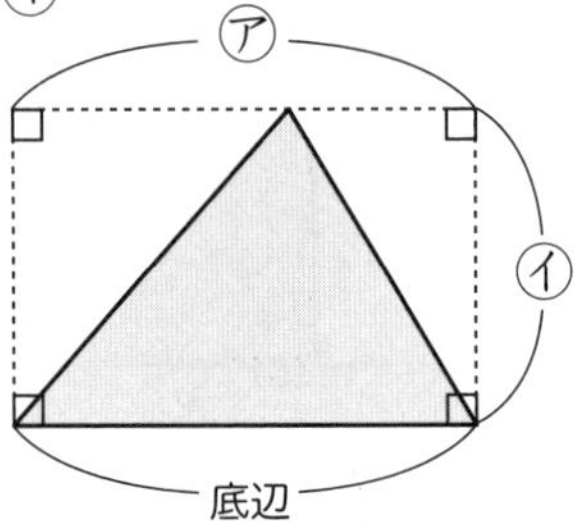

（　　　　）

□2 三角形の面積を求める公式を書きましょう。また，面積を求めましょう。

三角形の面積 ＝ □ × □ ÷ 2

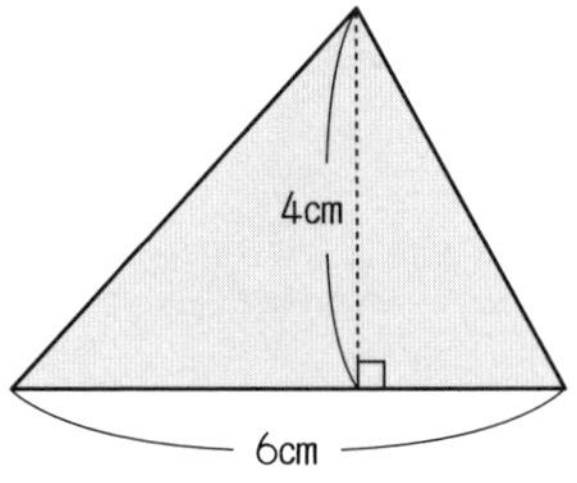

式

□ × □ ÷ 2

答え ＿＿＿＿＿＿

四角形と三角形の面積（6）

名前

三角形の面積

● 次の三角形の面積を求めましょう。

①

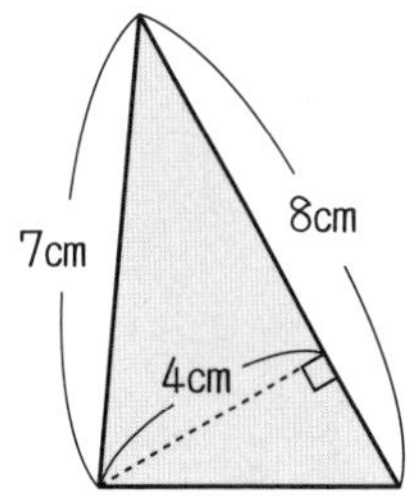

式

答え ＿＿＿＿＿＿

②

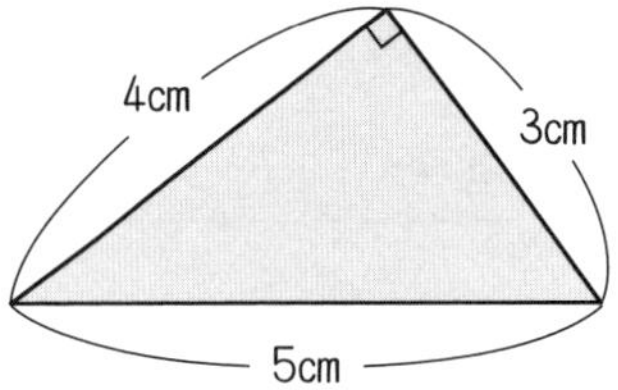

式

答え ＿＿＿＿＿＿

③

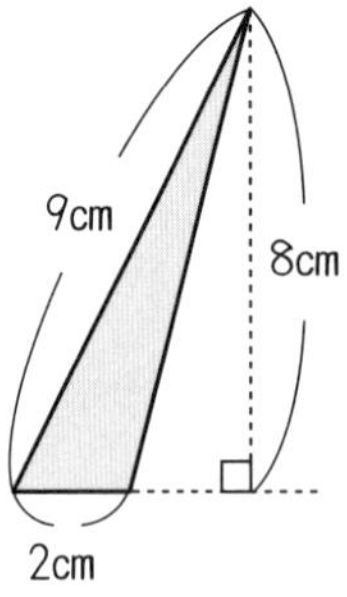

式

答え ＿＿＿＿＿＿

④

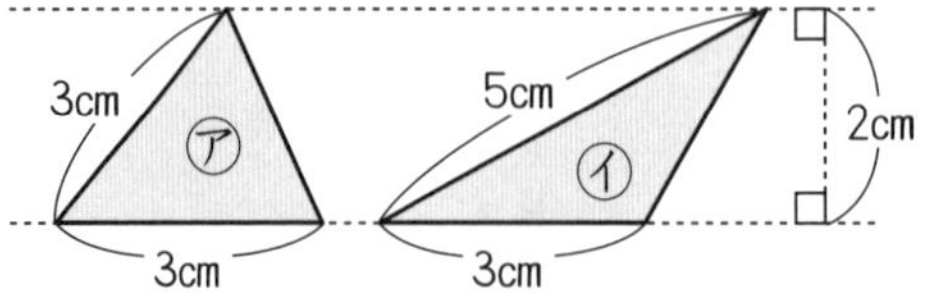

㋐ 式

答え ＿＿＿＿＿＿

㋑ 式

答え ＿＿＿＿＿＿

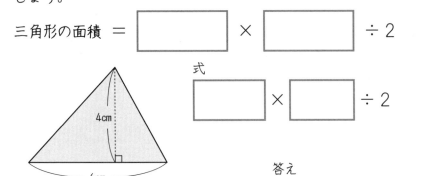

四角形と三角形の面積（7） 名前

台形の面積

1　台形の面積を求める公式を書きましょう。また，面積を求めましょう。

台形の面積　＝（ □ ＋ □ ）× □ ÷ 2

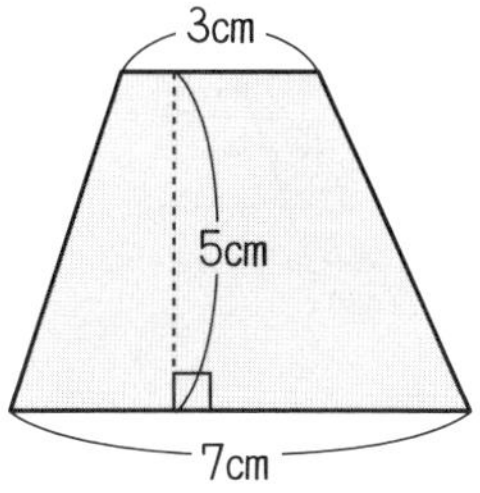

式

（ 3 ＋ 7 ）× 5 ÷ 2

答え ＿＿＿＿＿＿

2　次の台形の面積を求めましょう。

①

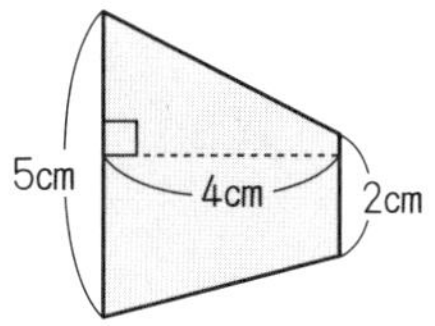

②

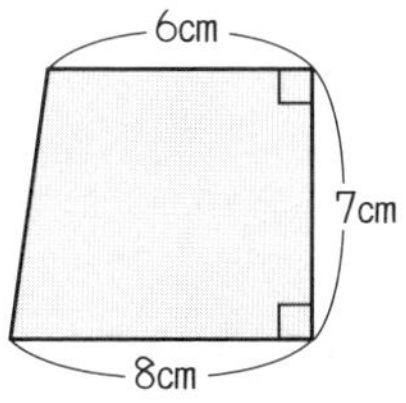

③

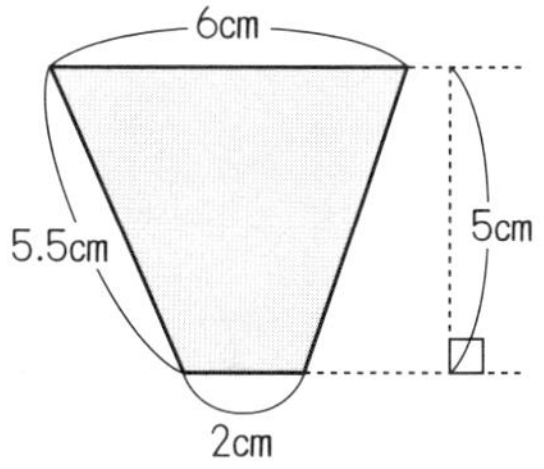

式

式

式

答え ＿＿＿＿＿＿　答え ＿＿＿＿＿＿　答え ＿＿＿＿＿＿

四角形と三角形の面積（8） 名前

ひし形の面積

1　ひし形の面積を求める公式を書きましょう。また，面積を求めましょう。

ひし形の面積　＝ □ × □ ÷ 2

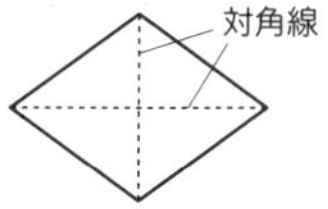

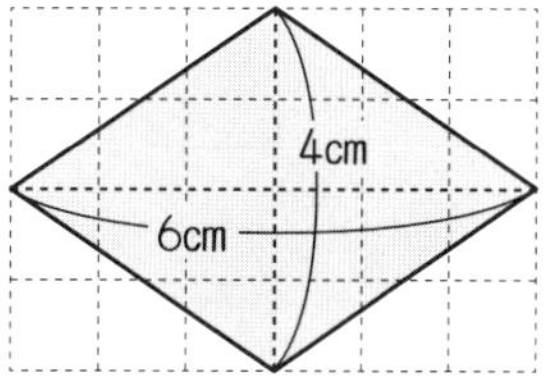

式

4 × 6 ÷ 2

答え ＿＿＿＿＿＿

2　次のひし形の面積を求めましょう。

①

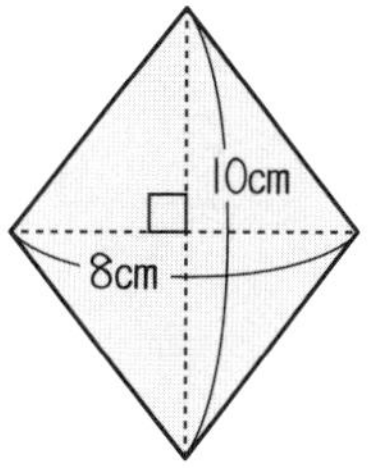

式

答え ＿＿＿＿＿＿

②

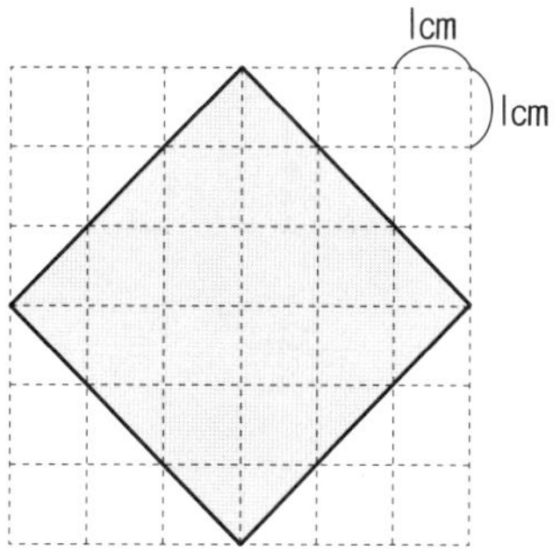

式

答え ＿＿＿＿＿＿

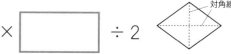

四角形と三角形の面積（9）

名前 ＿＿＿＿＿＿＿＿＿＿＿＿

図形の面積を求める公式を書きましょう。また，図形の面積を求めましょう。

① 平行四辺形の面積 ＝ □ × □

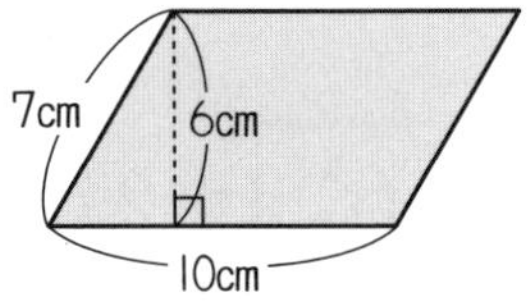

式

答え ＿＿＿＿＿＿＿＿

② 三角形の面積 ＝ □ × □ ÷ □

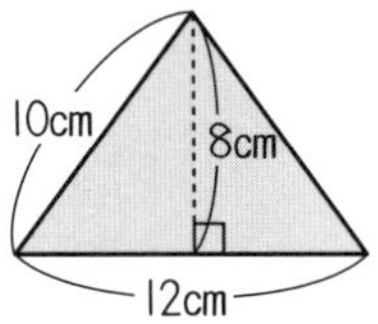

式

答え ＿＿＿＿＿＿＿＿

③ 台形の面積 ＝（□ ＋ □）× □ ÷ □

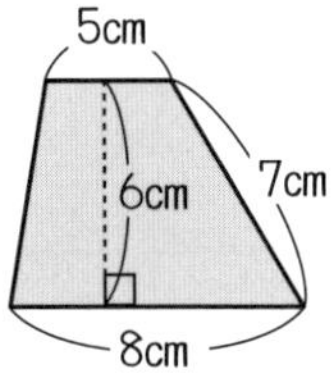

式

答え ＿＿＿＿＿＿＿＿

④ ひし形の面積 ＝ □ × □ ÷ □

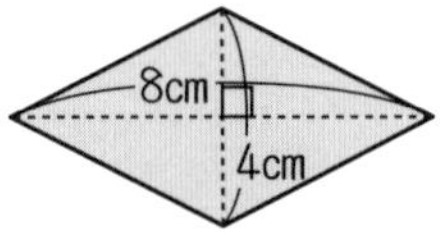

式

答え ＿＿＿＿＿＿＿＿

四角形と三角形の面積（10）

名前 ＿＿＿＿＿＿＿＿＿＿＿＿

平行四辺形の底辺を5cmと決めて，高さを1cm，2cm，3cm，…と変えると，それにともなって面積はどのように変化するかを調べましょう。

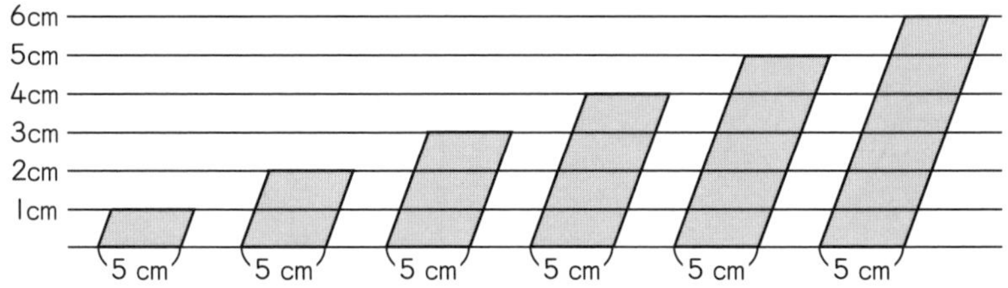

① 高さと面積の変わり方を表にまとめましょう。

高さ（cm）	1	2	3	4	5	6
面積（cm^2）	5					

② 高さが1cmふえると，面積は何cm^2ふえますか。

（　　　）cm^2

③ □にあてはまる数やことばを書きましょう。

平行四辺形の高さが2倍，3倍，…になると，面積も□倍，□倍，…になります。

平行四辺形の面積は，□に比《ひ》例《れい》します。

ふりかえりテスト　四角形と三角形の面積

名前

1　平行四辺形の面積を求めましょう。(12)

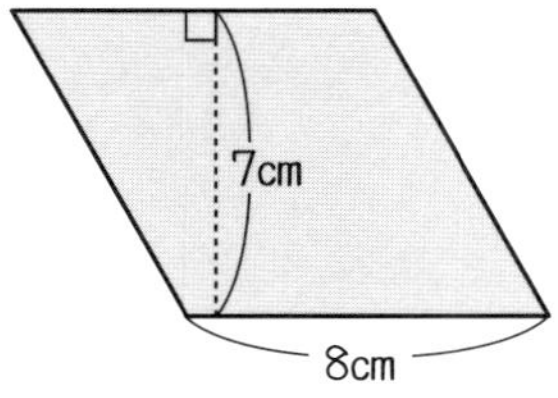

式

答え

2　三角形の面積を求めましょう。(13×2)

①

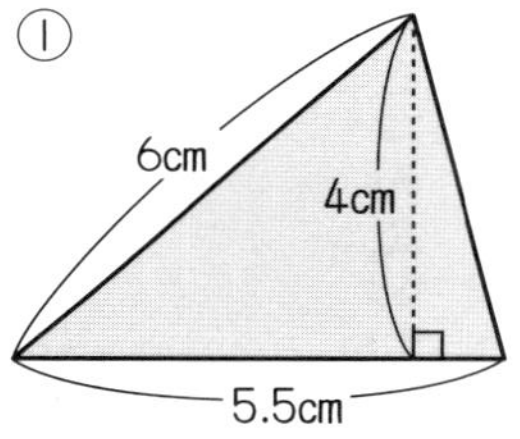

式

答え

②

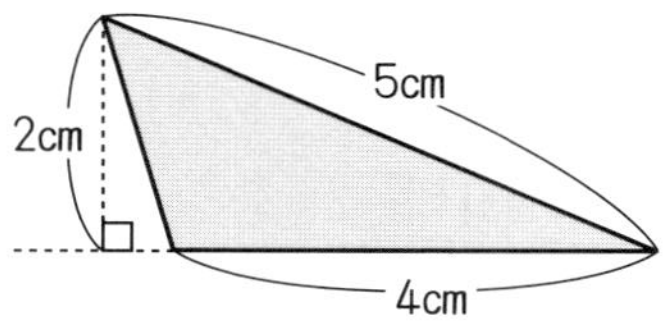

式

答え

3　台形の面積を求めましょう。(13)

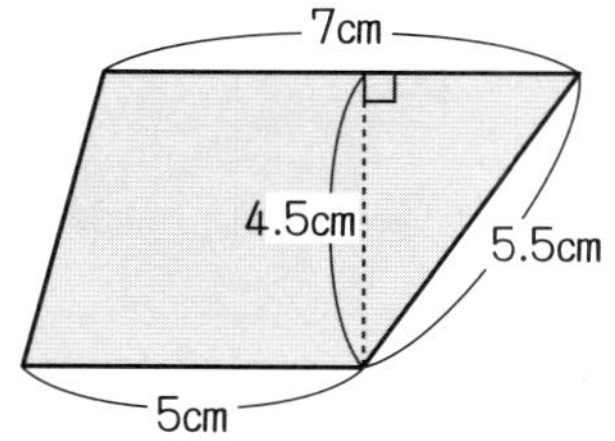

式

答え

4　ひし形の面積を求めましょう。(13)

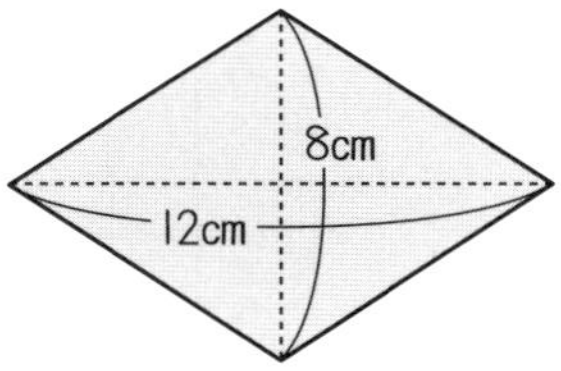

式

答え

5　次の平行四辺形の高さを求めましょう。(12)

56cm²

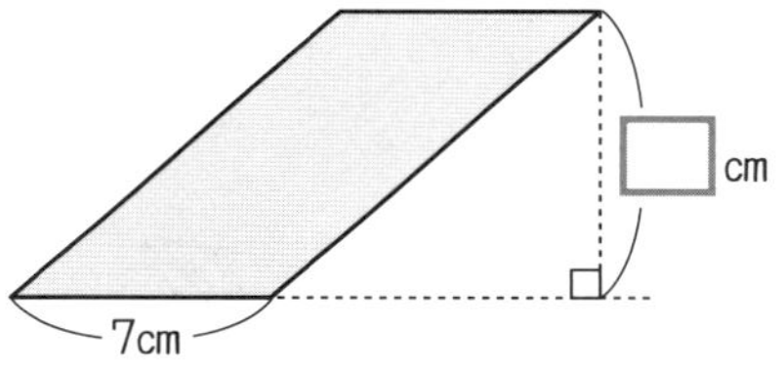

式

答え

6　三角形㋐と，三角形㋑の面積を求めましょう。(12×2)

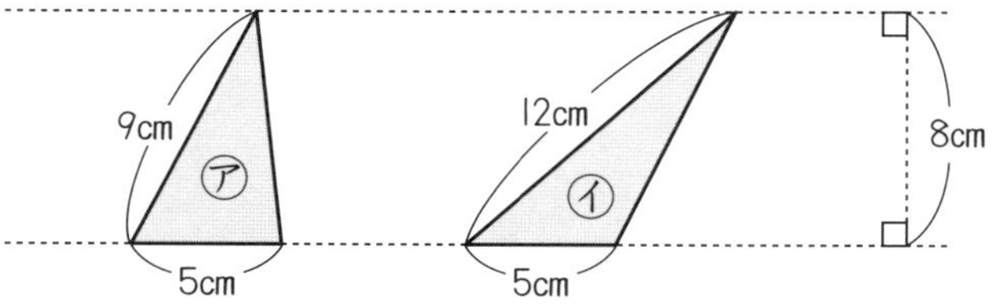

㋐ 式

答え

㋑ 式

答え

割合とグラフ（1）

「比べられる量」「倍」「もとにする量」を求める

名前 ＿＿＿＿＿＿＿＿＿＿＿＿

1 きのう 20cm だったタケノコが今日はその 2.5 倍にのびていました。タケノコは何 cm になりましたか。

20 × 2.5 ＝ □ だから…。
もとにする量　倍　比《くら》べられる量

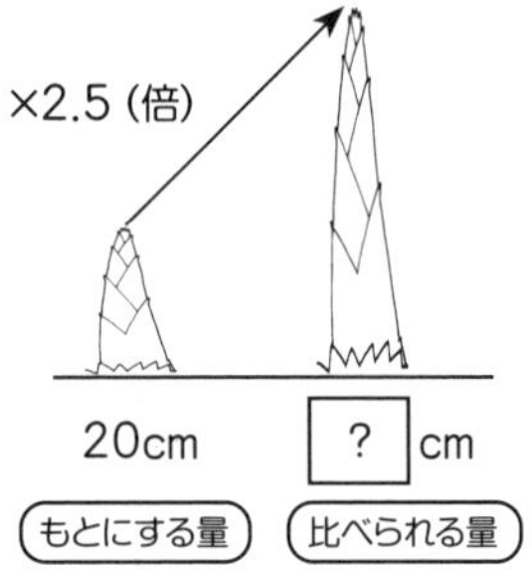

式

答え ＿＿＿＿＿＿＿＿＿＿

2 はじめ 15cm あったタケノコが 36cm になりました。はじめの高さの何倍にあたりますか。

15 × □ ＝ 36

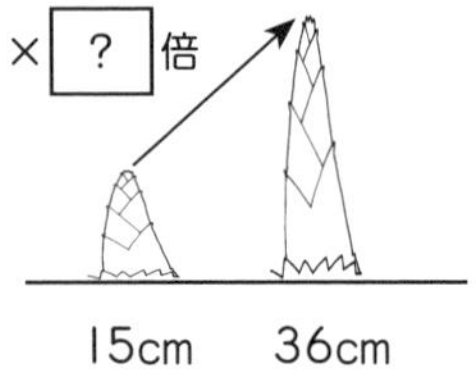

式

答え ＿＿＿＿＿＿＿＿＿＿

3 夕方，タケノコの高さをはかると 54cm でした。これは，朝はかったときの 1.2 倍の高さです。朝のタケノコは何 cm ですか。

□ × 1.2 ＝ 54

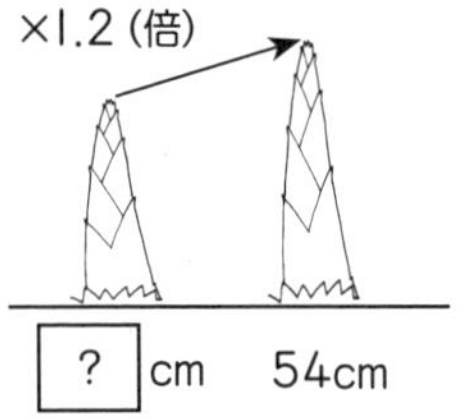

式

答え ＿＿＿＿＿＿＿＿＿＿

割合とグラフ（2）

「比べられる量」「倍」「もとにする量」を求める

名前 ＿＿＿＿＿＿＿＿＿＿＿＿

図に「比べられる量」「倍」「もとにする量」を整理して考えよう。

1 540 円のショートケーキが，夕方その 0.8 倍のねだんで売られます。ケーキのねだんはいくらになりますか。

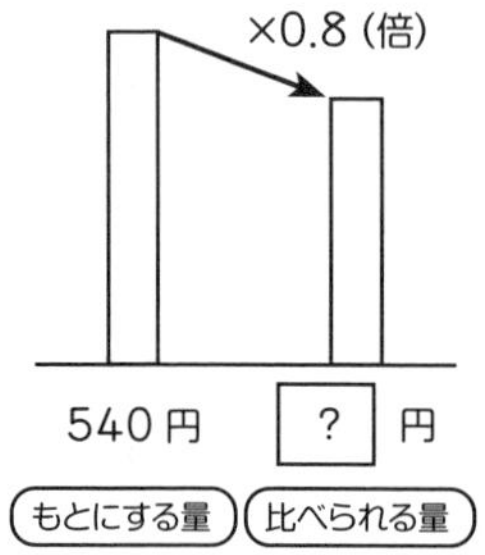

式

答え ＿＿＿＿＿＿＿＿＿＿

2 ゆうかさんの身長は 120cm で，お兄さんの身長は 168cm です。お兄さんの身長は，ゆうかさんの身長の何倍ですか。

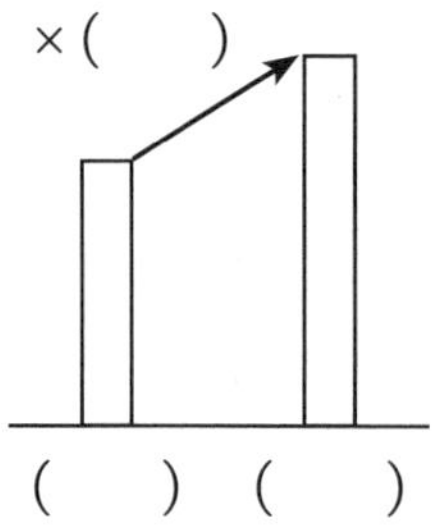

式

答え ＿＿＿＿＿＿＿＿＿＿

3 今年，おじいさんの畑では，じゃがいもが 266kg とれました。これは，去年の 0.95 倍の量です。去年，じゃがいもは何 kg とれましたか。

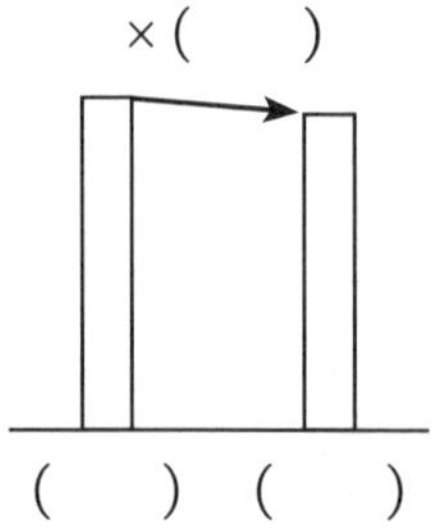

式

答え ＿＿＿＿＿＿＿＿＿＿

割合とグラフ（3）

名前

割合を求める

割合 ＝ 比《くら》べられる量 ÷ もとにする量

① クラス全員が 25 人で，女子の人数は 14 人です。全員の人数をもとにした女子の人数の割合を求めましょう。

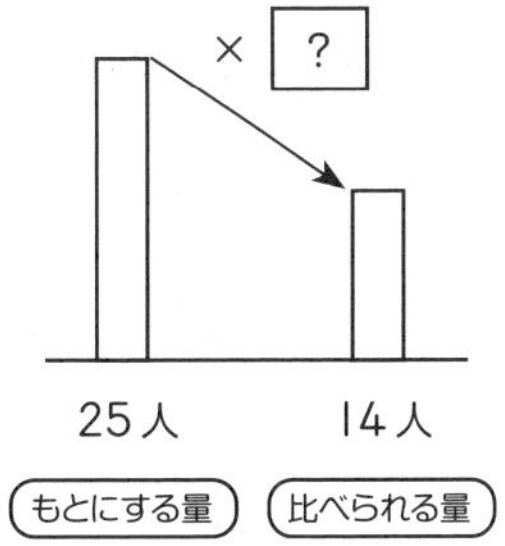

25 × □ ＝ 14

割合は小数で求めよう。

式 14 ÷ 25 ＝ □

（14：比べられる量　25：もとにする量　□：割合）

答え

② まさきさんは，これまでのサッカーの試合で，20 回シュートをして 9 回ゴールを決めています。シュートの数をもとにしたゴールの割合を求めましょう。

式

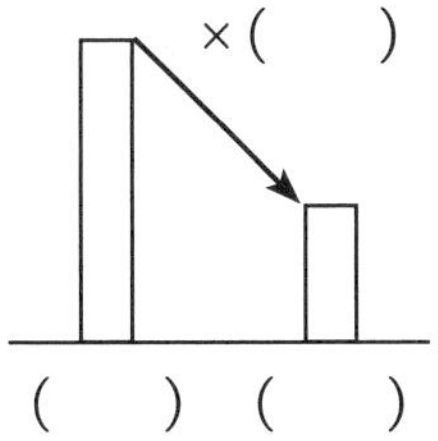

答え

③ テニスクラブは定員が 16 人で，希望者は 20 人でした。定員をもとにした希望者の割合を求めましょう。

式

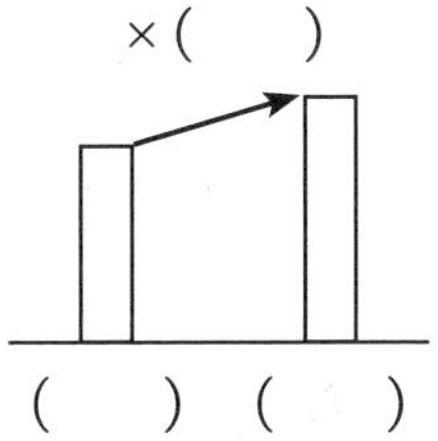

答え

割合とグラフ（4）

名前

百分率と歩合

割合《わりあい》を表す小数や整数	1	0.1	0.01	0.001
百分率《ひゃくぶんりつ》	100%	10%	1%	0.1%
歩合《ぶあい》	10 割	1 割	1 分《ぶ》	1 厘《りん》

① 小数や整数で表した割合を百分率で表しましょう。

① 0.7（　　）　② 0.25（　　）　③ 0.04（　　）

④ 1.6（　　）　⑤ 2（　　）

② 百分率で表した割合を整数や小数で表しましょう。

① 8%（　　）　② 72%（　　）　③ 40%（　　）

④ 120%（　　）　⑤ 100%（　　）

③ 次の割合を小数は歩合で，歩合は小数で表しましょう。

① 0.6（　　）　② 0.357（　　）

③ 5 割 4 分（　　）　④ 8 割 2 分 9 厘（　　）

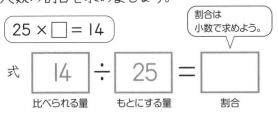

割合とグラフ（5）

割合（百分率%）を求める

名前

割合 ＝ 比《くら》べられる量 ÷ もとにする量

1　ある船の定員は 500 人です。350 人乗船したとき，定員をもとにした，乗船している人数の割合は何 % ですか。

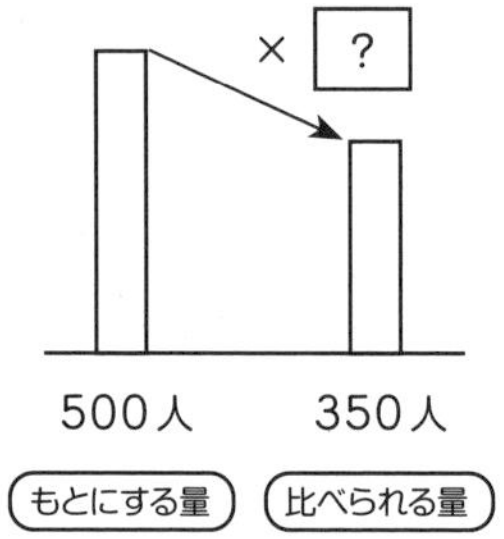

式　350 ÷ 500 ＝ 0.7

□ ×100 ＝ □

答え　（　　　）%

2　図書館に 1200 さつの本があります。そのうち，420 さつは物語です。全体の数をもとにした物語のさっ数の割合は何 % ですか。

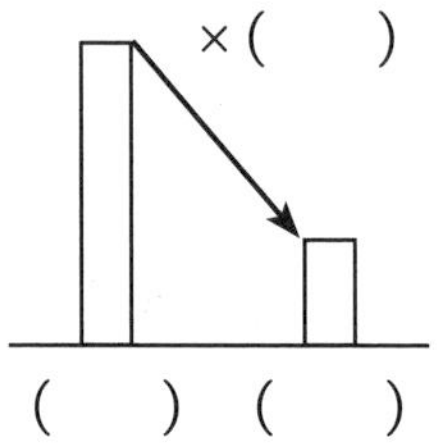

式

答え　（　　　）%

3　ゆうきさんのバスケットボールチームは 40 回試合をして 26 回勝っています。
　勝った回数の割合は全体の何 % ですか。

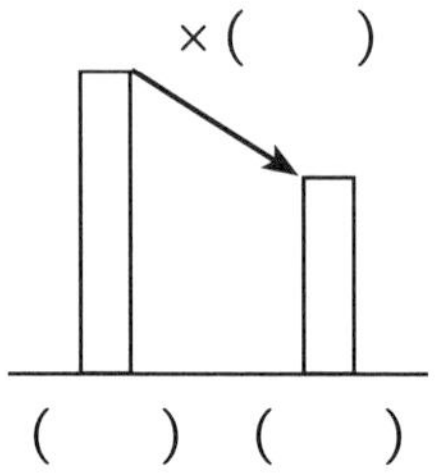

式

答え　（　　　）%

割合とグラフ（6）

比べられる量を求める

名前

比《くら》べられる量 ＝ もとにする量 × 割合

1　5 年生は，全員で 56 人です。そのうち，25% の人が今日欠席でした。欠席した人は何人ですか。

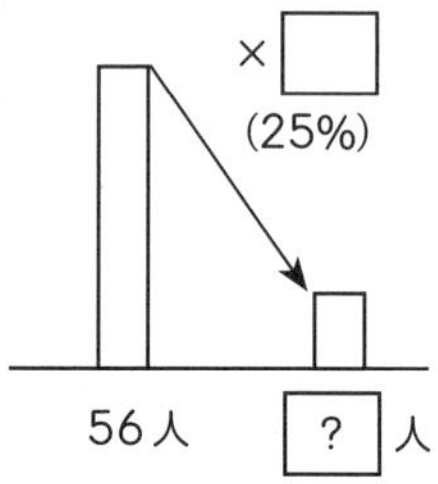

式　25% ＝ □

答え

2　ある電車の定員は 550 人です。この電車の今日の乗車率《りつ》（定員に対する乗車人数の割合）は 120% です。乗車人数は何人ですか。

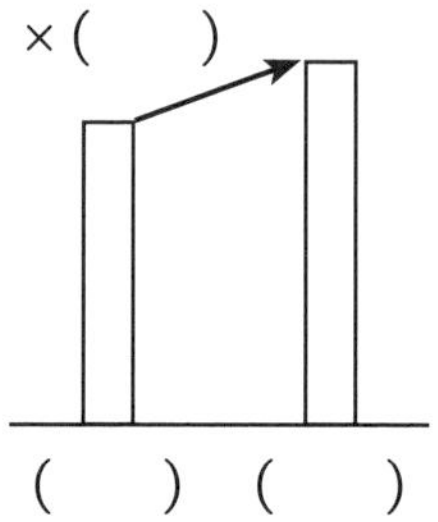

式　120% ＝ □

答え

3　まいさんは，定価 1500 円の T シャツを定価《ていか》の 85% のねだんで買いました。
　T シャツの代金はいくらですか。

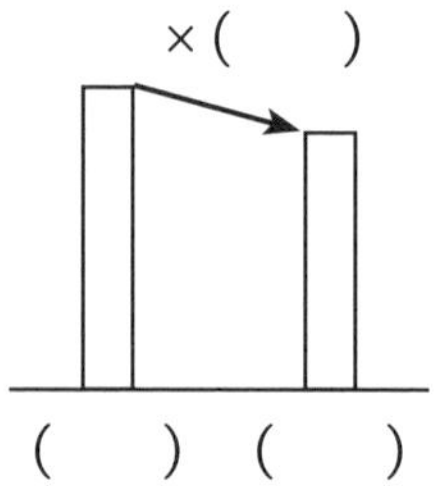

式　85% ＝ □

答え

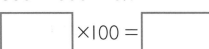

割合とグラフ（7）

もとにする量を求める

名前

もとにする量 ＝ 比《くら》べられる量 ÷ 割合

1　Aさんの家のじゃがいも畑は 240m² で，Aさんの家の畑全体の 48% にあたります。
畑全体の面積は何 m² ですか。

式　48% ＝ □

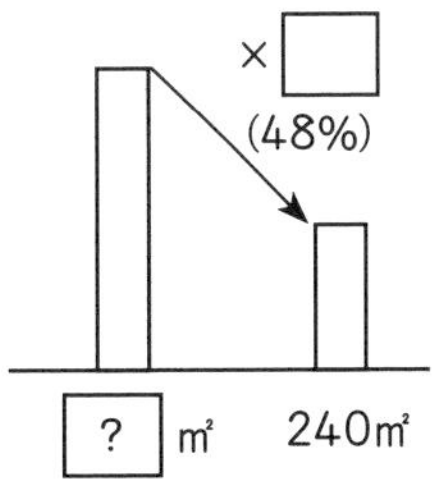

答え

2　ある小学校の今年の児童数は 714 人で，3 年前の児童数の 105% にあたります。
3 年前の児童数は何人ですか。

式　105% ＝ □

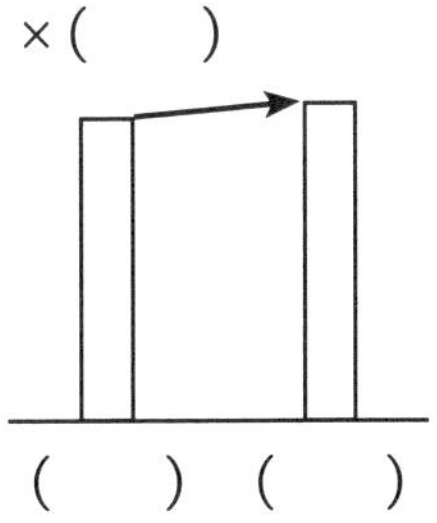

答え

3　ゆいさんは本を 153 ページまで読みました。
これは本全体の 85% にあたります。
この本は全部で何ページですか。

式　85% ＝ □

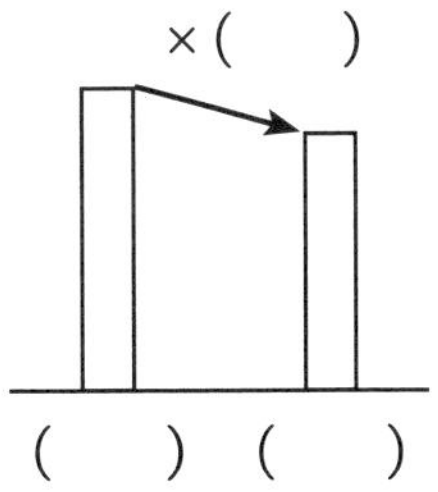

答え

割合とグラフ（8）

「比べられる量」「割合」「もとにする量」を求める

名前

1　かずきさんは定価《ていか》の 55% のねだんで売られているゲームソフトを買いました。ゲームソフトの代金は 1540 円でした。このゲームソフトの定価はいくらですか。

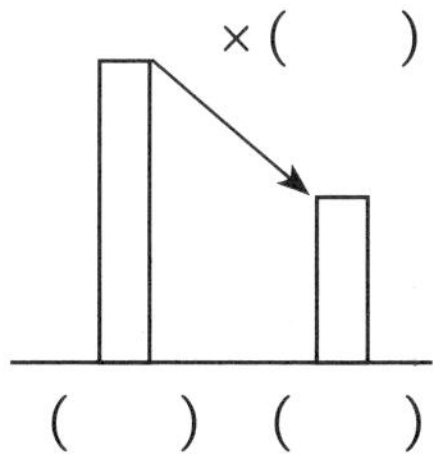

式

答え

2　ゴーヤの種を 80 個《こ》まいたら，52 個から芽《め》が出ました。芽が出た割合（発芽率《りつ》）は何 % ですか。

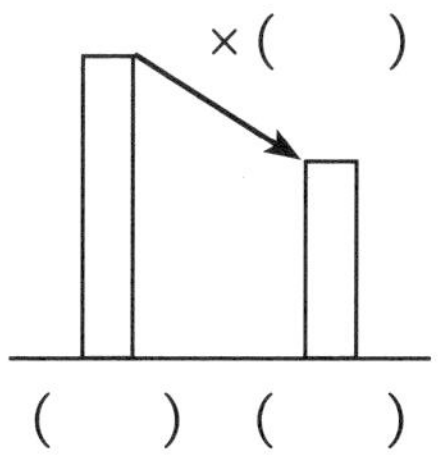

式

答え

3　ある町の公園の面積は 28000m² です。
そのうち，しばふの広場の面積は全体の 5% です。
しばふの広場の面積は何 m² ですか。

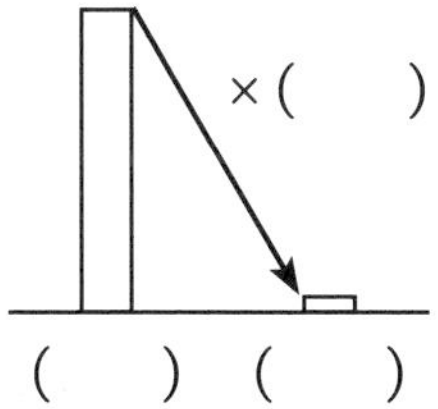

式

答え

割合とグラフ（9）

○%引きの問題

名前

□1 定価《ていか》3000円のくつを20%引きで買いました。代金はいくらですか。

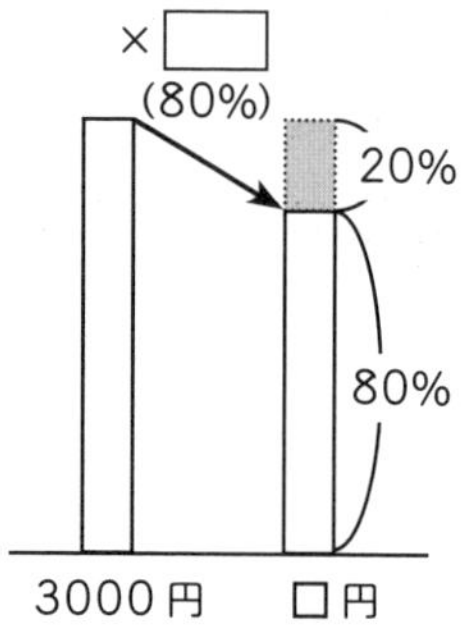

まず，3000円の20%がいくらになるかを求めて，もとのねだんからひいて求めるよ。

100%から20%をひいた残りの80%のねだんを求めるよ。

式

3000 × 0.2 = 600

3000 − 600= □

式

3000 ×（1 − 0.2）

= 3000 × 0.8

= □

答え

□2 定価3200円のおかしセットを25%引きで買いました。代金はいくらですか。

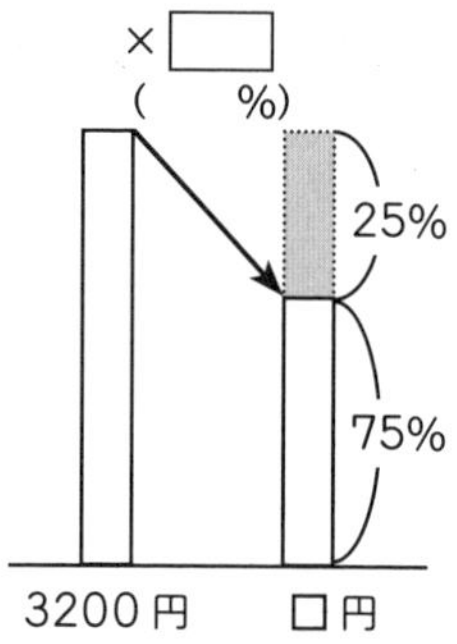

式

答え

□3 タオルが1260円で売られています。これは定価の30%引きのねだんです。このタオルの定価はいくらですか。

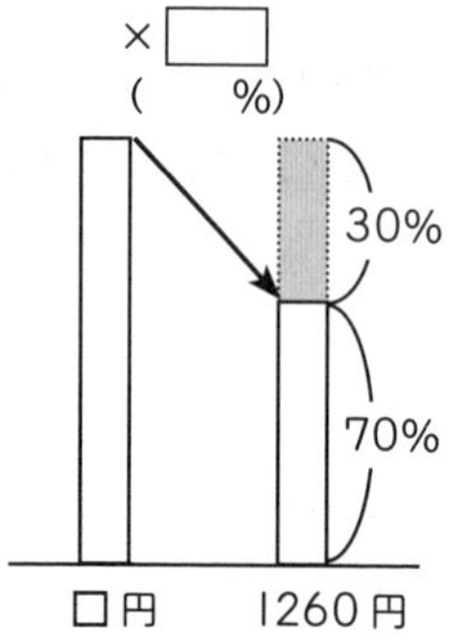

30%引きということは，1260円は定価の70%だね。

式

答え

割合とグラフ（10）

○%増しの問題

名前

□1 160g入りのおかしが15%増量《ぞうりょう》で売られています。おかしは何g入りになっていますか。

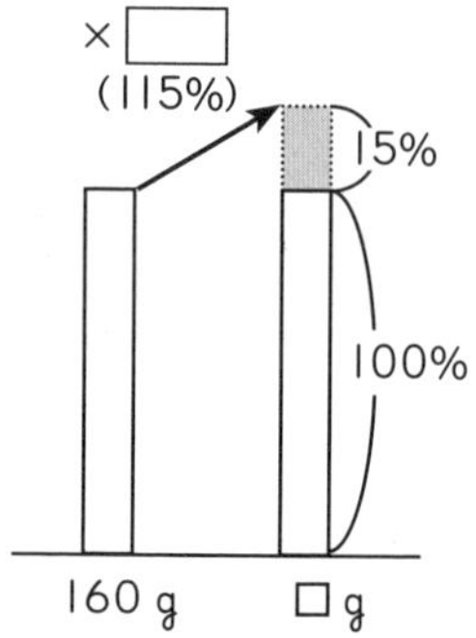

図を見ると，15%増量はもとの量の115%ということがわかるね。

式

160 ×（1+ □ ）= □

答え

□2 これまで2500円だった水族館のチケット代が8%ね上がりしました。チケット代はいくらになりましたか。

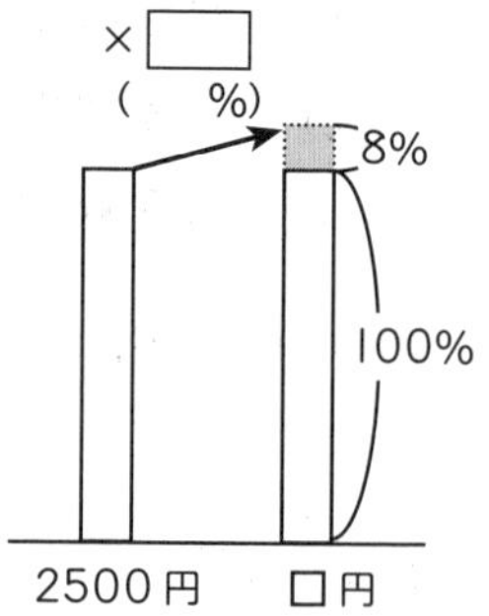

式

答え

□3 中身の量が20%増《ふ》えた102g入りのおかしがあります。増える前のおかしの量は何gですか。

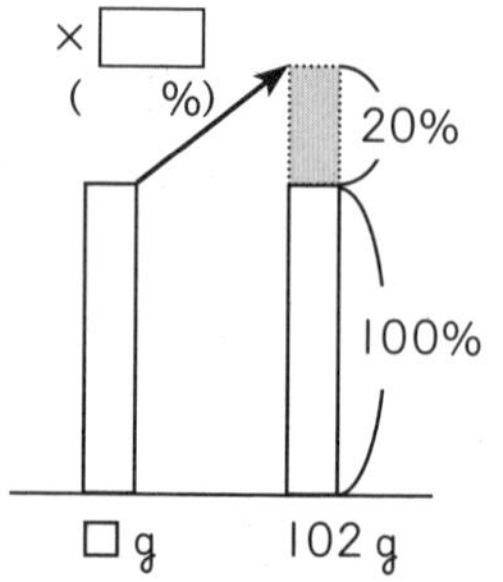

式

答え

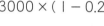

割合とグラフ（11）

帯グラフ

名前

下のグラフは，2017年度のくりの生産量の割合《わりあい》を表したグラフです。グラフを見て答えましょう。

くりの生産量の都道府県別割合

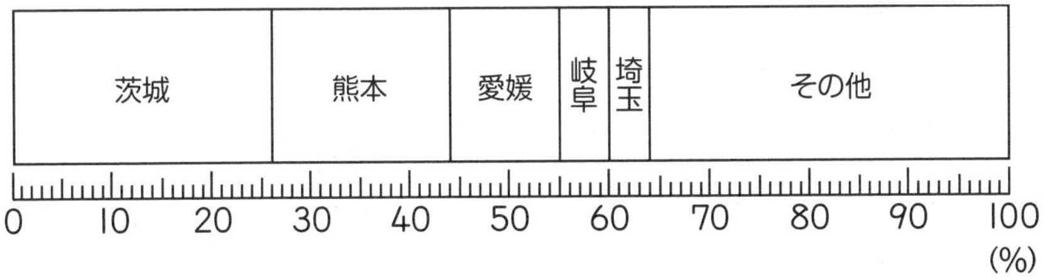

① 上のようなグラフを何グラフといいますか。

（　　　　　　　）

② それぞれの生産量の割合は，全体の何％ですか。

茨城県	（ 26% ）	岐阜県	（　　　）
熊本県	（　　　）	埼玉県	（　　　）
愛媛県	（　　　）	その他	（　　　）

③ ②のすべての割合（％）をたすと，何％になっていますか。

（　　　　　　　）

④ 全体の生産量が19000tとすると，茨城県の生産量は何tになりますか。

式　19000 × □ =

答え

割合とグラフ（12）

円グラフ

名前

右のグラフは，2017年度のたけのこの生産量の割合《わりあい》を表したグラフです。

グラフを見て答えましょう。

たけのこの生産量都道府県別割合

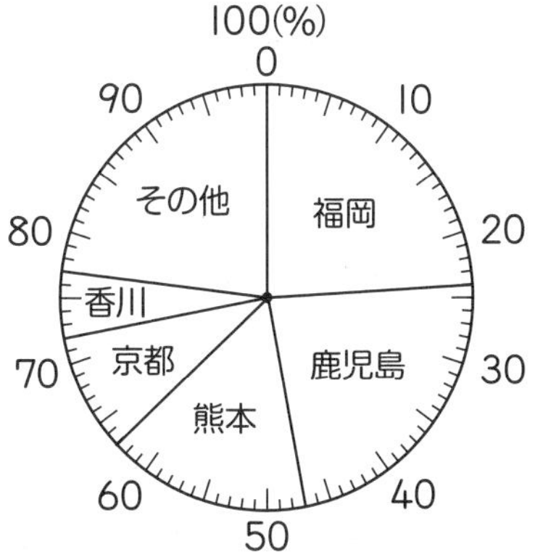

① 右のようなグラフを何といいますか。

（　　　　　　　）

② それぞれの生産量の割合は，全体の何％ですか。

福岡県	（ 24% ）	京都府	（　　　）
鹿児島県	（　　　）	香川県	（　　　）
熊本県	（　　　）	その他	（　　　）

③ 福岡県と鹿児島県を合わせると，全体のおよそ何分の一になりますか。

（　　　　　　　）

④ 全体の生産量が24000 tとすると，次の都道府県の生産量は何tになりますか。

式　福岡県　24000 × □ =

答え

京都府　24000 × □ =

答え

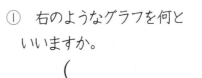

割合とグラフ（13）

帯グラフ

名前

右の表は，1か月にけがをした人のけがの種類を調べたものです。

けがの種類調べ

けがの種類	人数（人）	割合（%）
すりきず	18	45
切りきず	12	
ねんざ	4	
つきゆび	2	
その他	4	
合計	40	

① 全体をもとにしたそれぞれの割合《わりあい》を百分率《ひゃくぶんりつ》で求め，表に書き入れましょう。

式 ・すりきず　$18 \div 40 \times 100 = 45$

・切りきず

・ねんざ

・つきゆび

・その他

② 下の帯グラフに表しましょう。

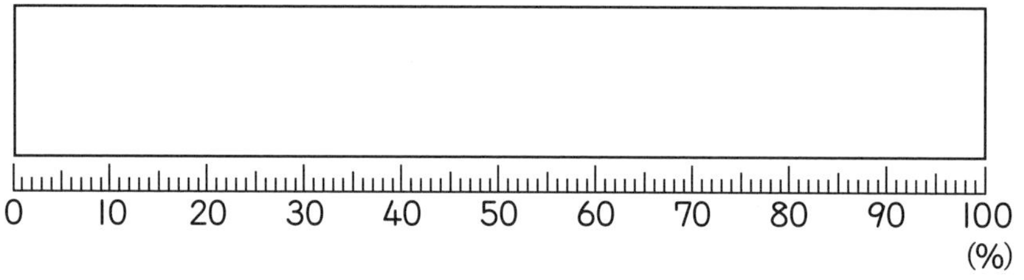

割合とグラフ（14）

円グラフ

名前

30人のクラス全員に「好きなスポーツは何ですか」というアンケートをとりました。その結果は右の表の通りです。

好きなスポーツ

種類	人数（人）	割合（%）
サッカー	8	27
野球	4	
テニス	6	
ラグビー	7	
その他	5	
合計	30	

① 全体をもとにしたそれぞれの割合《わりあい》を百分率《ひゃくぶんりつ》で求め，表に書き入れましょう。

※$\frac{1}{10}$の位を四捨五入して求めましょう。

式 ・サッカー　$8 \div 30 \times 100 =$ 2~~6.6~~ 7

・野球

・テニス

・ラグビー

・その他

② 右の円グラフに表しましょう。

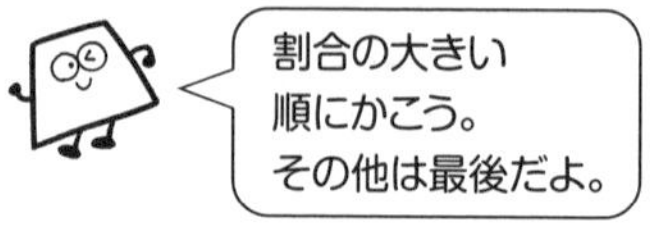

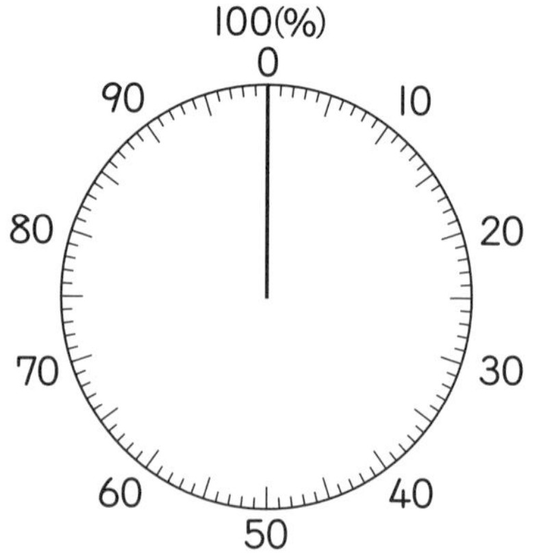

ふりかえりテスト　割合とグラフ

名前

1　次の小数を百分率で，百分率を小数で表しましょう。（4×4）

①　0.18（　　　）　②　0.9（　　　）

③　57%（　　　）　④　110%（　　　）

2　次の小数を歩合で，歩合を小数で表しましょう。（4×4）

①　0.42（　　　）　②　0.5（　　　）

③　7割（　　　）　④　6割9分（　　　）

3　5年生125人のうち，ペットを飼《か》っている人は45人です。飼っている人の割合は，全体の何%ですか。（8）

式

答え

4　50㎡のかべにペンキをぬります。かべの80%をぬり終わりました。何㎡ぬりましたか。（8）

式

答え

5　あるバスに54人が乗っています。
これは定員の108%にあたる人数です。
このバスの定員は何人ですか。（8）

式

答え

6　1本1200円のロールケーキを25%引きで買いました。代金はいくらになりますか。（8）

式

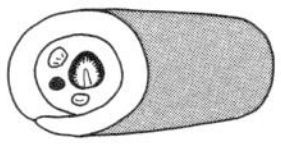

答え

7　みさきさんの家のパン屋では，毎日フランスパンを30本焼いています。
土曜と日曜はお客が多いため，焼く数を20%増やしています。何本焼いていますか。（8）

式

答え

8　下の表は，25人のクラス全員に「好きな給食」のアンケートをとった結果です。

好きな給食

メニュー	人数（人）
カレーライス	6
ラーメン	8
からあげ	4
その他	7
合計	25

①　全体をもとにしたそれぞれの割合を百分率で求めましょう。（5×4）

式

・カレーライス　　答え

・ラーメン　　答え

・からあげ　　答え

・その他　　答え

②　①の割合を，帯グラフで表しましょう。（8）

好きな給食

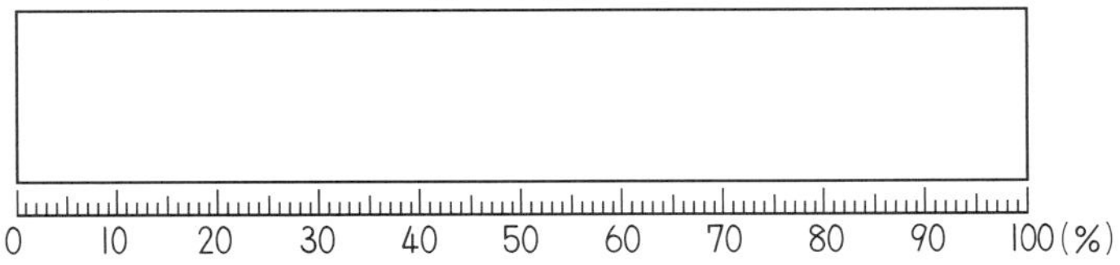

正多角形と円（1）

名前

辺の長さがみんな等しく，角の大きさもみんな等しい多角形を正《せい》多《た》角形《かくけい》といいます。

◉ 次の正多角形について，名前と辺の数を書きましょう。

①

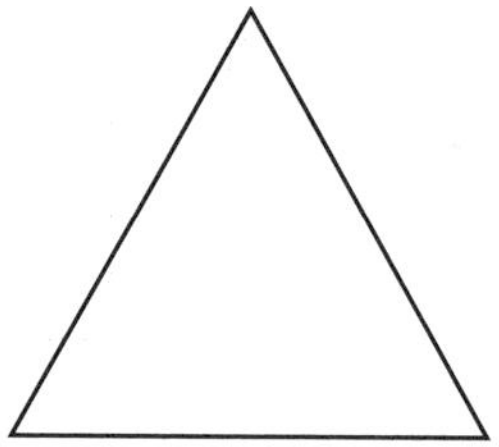

名前	
辺の数	

②

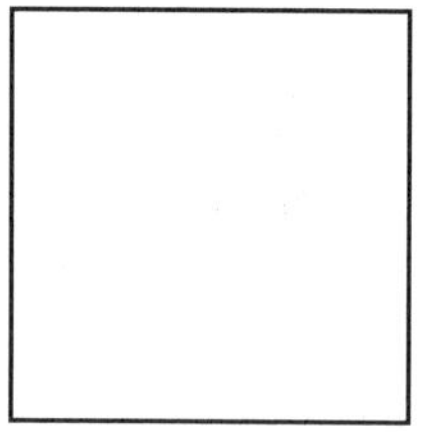

名前	
辺の数	

③

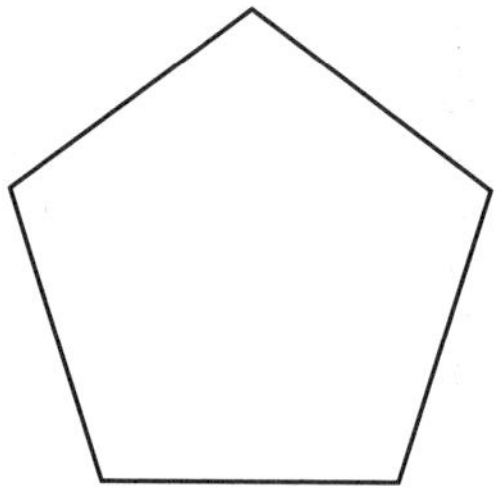

名前	
辺の数	

④

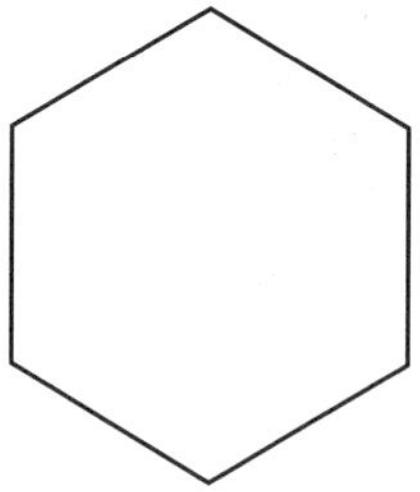

名前	
辺の数	

正多角形と円（2）

名前

◉ 円を使って，正五角形をかきましょう。

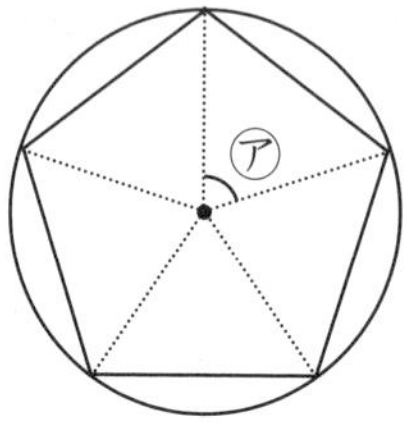

① 円の中心のまわりの角は何度ですか。

（　　　　）°

② 角㋐は何度ですか。

360 ÷ □ ＝ □　（　　　　）°

③ 円の中心のまわりの角を②で求めた角度で等分して正五角形をかきましょう。

5つの三角形はどれも二等辺三角形になるね。

❶ まず，半径をかく。
❷ □°の角度で円の中心のまわりの角を等分する。
❸ さいごに，円と交わった点をつなぐ。

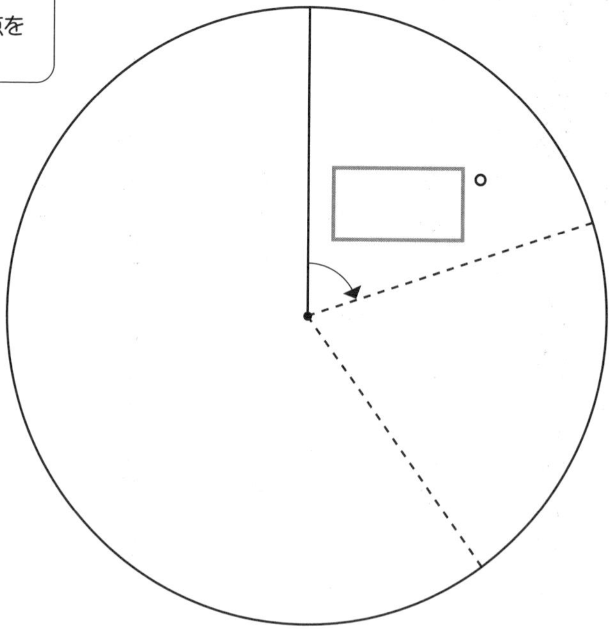

正多角形と円（3）

名前

1　円の中心のまわりの角を等分して正六角形をかきます。

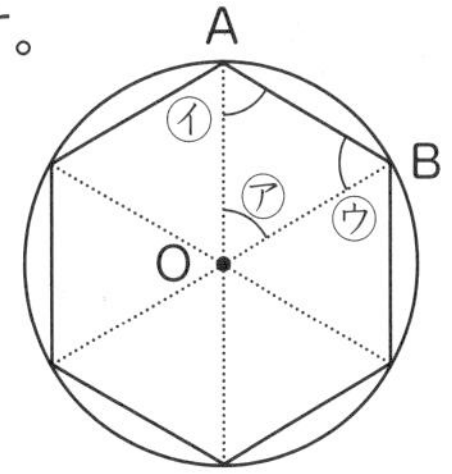

①　角㋐は何度ですか。

360 ÷ □ = □　　（　　　　）°

②　角㋑，角㋒はそれぞれ何度ですか。

(180 − ㋐) ÷ 2 = □°

角㋑（　　　　）°　角㋒（　　　　）°

③　三角形ＡＯＢは何という三角形ですか。

（　　　　　　　）

④　円の中心のまわりの角を等分して，正六角形をかきましょう。

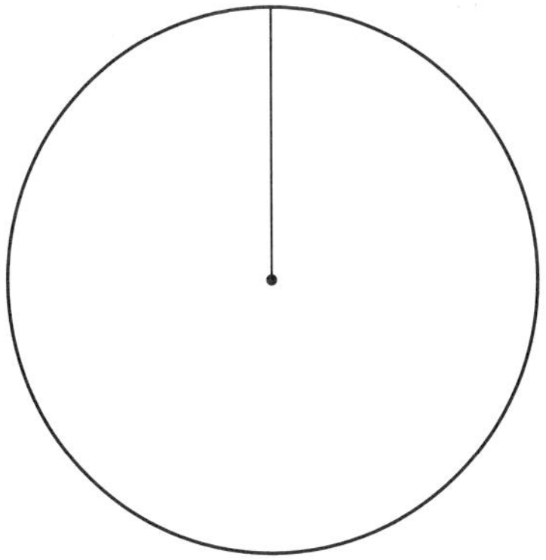

2　円のまわりをコンパスで区切って，1辺3cmの正六角形をかきましょう。

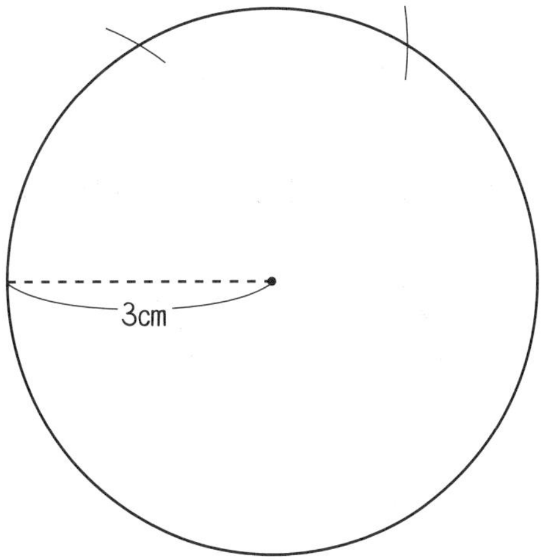

正多角形と円（4）

名前

1　次の（　）にあてはまることばや数を下の □ から選んで書きましょう。（同じことばを２回使ってもかまいません。）

①　円のまわりを（　　　　）といいます。

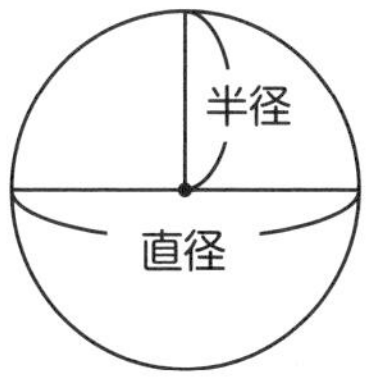

②　円周の長さが直径の何倍になっているかを表す数を（　　　　）といいます。

円周率＝（　　　　）÷（　　　　）

③　円周は直径の約（　　　　）倍です。

④　円周の長さは次の式で求められます。

円周 ＝（　　　　）× 3.14

直径　・　円周　・　円周率《えんしゅうりつ》　・　3.14

2　次の円の，円周の長さを求めましょう。

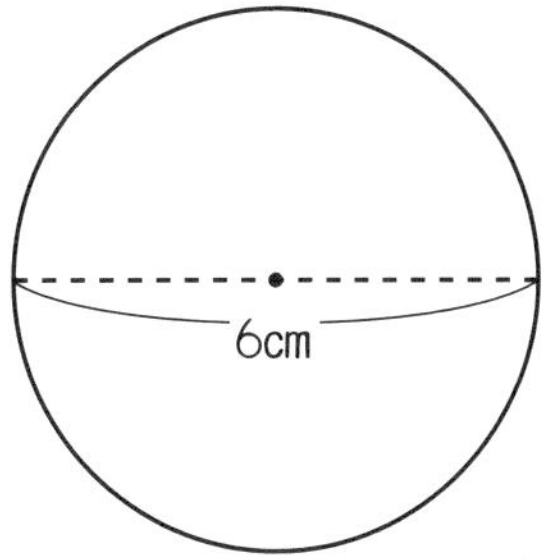

式

答え

正多角形と円（5）

名前

次の円の，円周の長さを求めましょう。

円周 = 直径 × 3.14

①

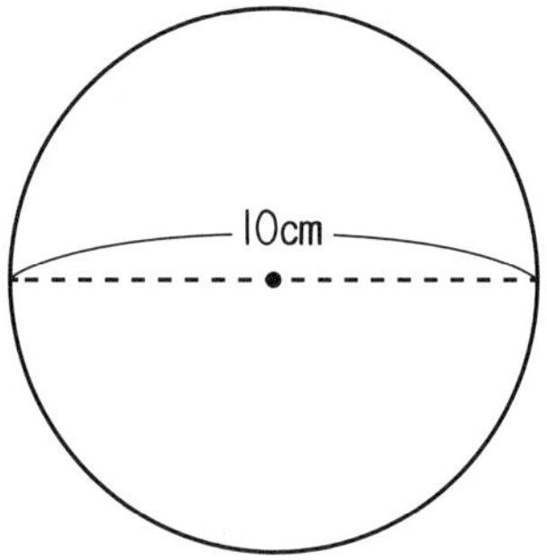

式

答え

②

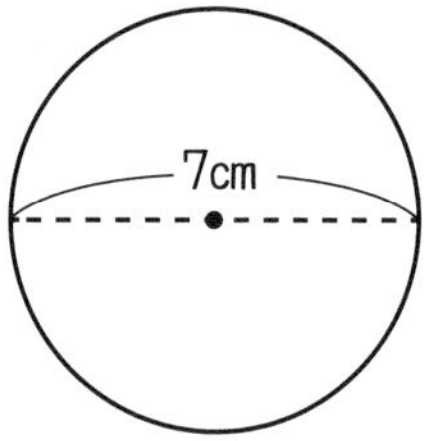

式

答え

③

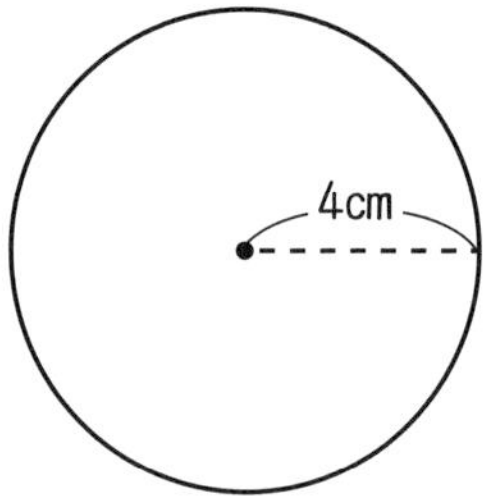

式

答え

④

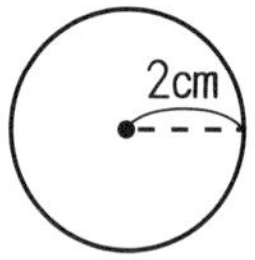

式

答え

正多角形と円（6）

名前

円周の長さが次のような円の，直径や半径の長さを求めましょう。

① 円周が 15.7cm の円の直径

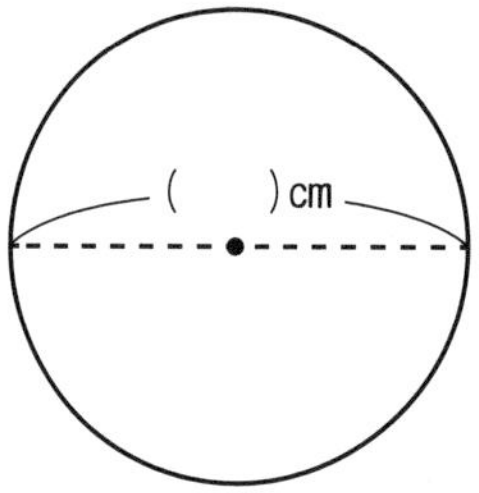

円周 = 直径 × 3.14 だから

直径 = 円周 ÷ 3.14

式

答え

② 円周が 25.12cm の円の直径

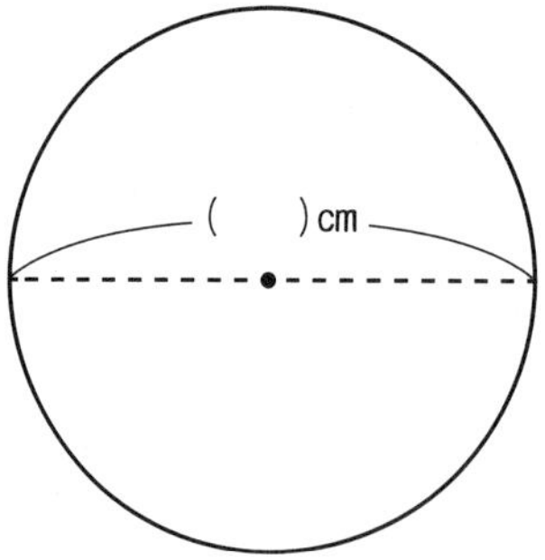

式

答え

③ 円周が 18.84cm の円の半径

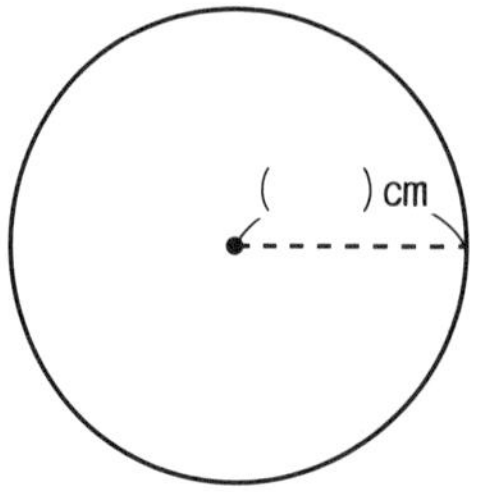

式

答え

正多角形と円（7）

名前

右の図のように円の直径が 1cm，2cm，3cm，…と変わると円周の長さはどのように変わるかを調べましょう。

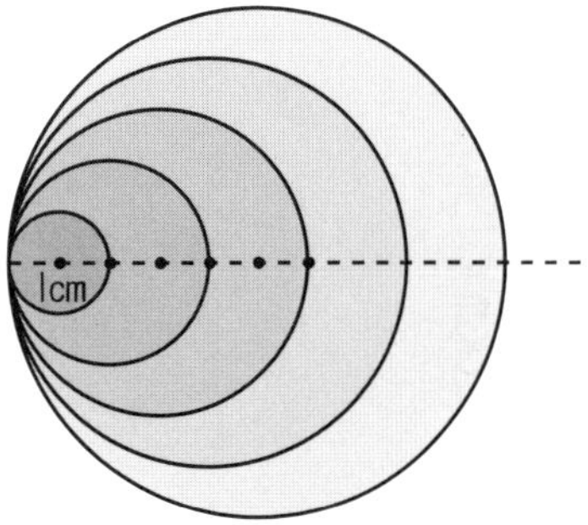
1cm

① 直径が 1cm，2cm，3cm，…と変わると，円周の長さはそれぞれ何 cm になりますか。下の表にまとめましょう。

直径（cm）	1	2	3	4	5
円周（cm）					

② 円の直径が 2 倍，3 倍，…になると，円周の長さはどうなりますか。

（　　　　　　　　　　　　）

③ 円周の長さは，円の直径の長さに比例していますか。

（　　　　　　　　　　　　）

④ 直径の長さが 12cm のとき，円周の長さは何 cm ですか。

式

答え

正多角形と円（8）

名前

1 下の図は，円を半分に切ったものです。
まわりの長さを求めましょう。

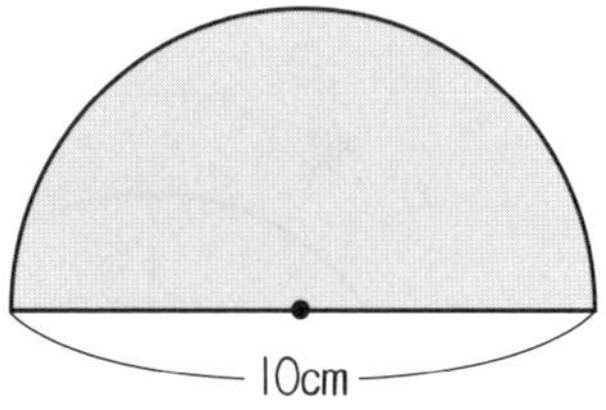
10cm

半円のまわりと直径の
長さをたしたらいいね。

式

答え

2 円の形をした池があります。この池の直径は 5m です。池のまわりの長さは何 m ですか。

式

答え

3 木のみきのまわりの長さをはかると，約 3.7m でした。
木のみきを円の形とみると，この木の直径は約何 m ですか。
答えは四《し》捨《しゃ》五《ご》入《にゅう》して，$\frac{1}{10}$ の位までのがい数で求めましょう。

式

答え

ふりかえりテスト　正多角形と円

名前

1　次の正多角形の名前を（　）に書きましょう。(6×2)

①
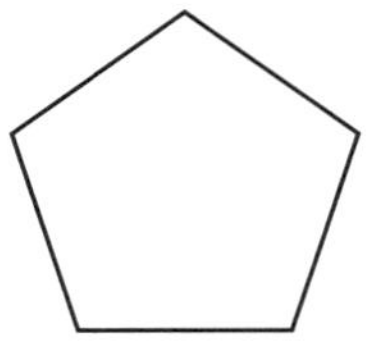
（　　　　　　）

②
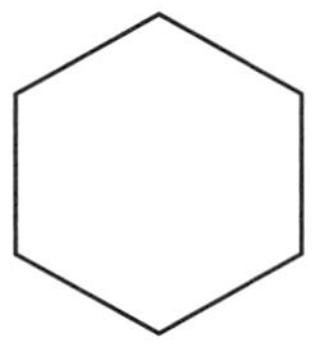
（　　　　　　）

2　右の図を見て答えましょう。

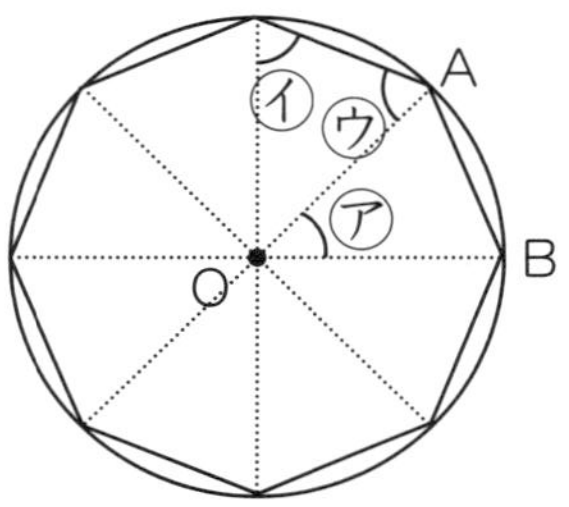

①　正多角形の名前を書きましょう。(6)

（　　　　　　）

②　角㋐，角㋑，角㋒は，それぞれ何度ですか。(6•3)

角㋐（　　　　）°

角㋑（　　　　）°　　角㋒（　　　　）°

③　三角形AOBは何という三角形ですか。(8)

（　　　　　　　　　　）

④　円を使って正八角形をかきましょう。(13)

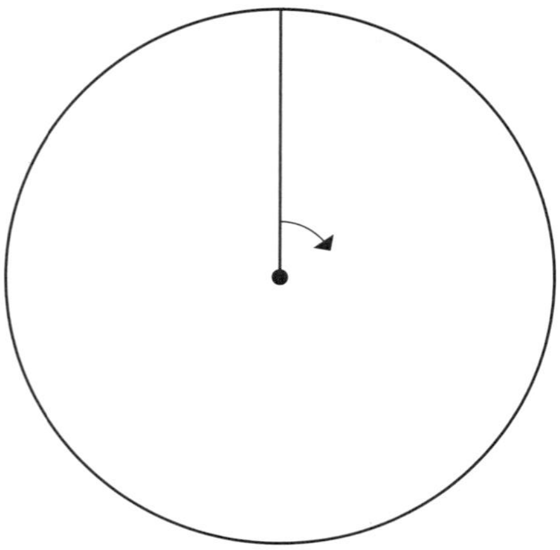

3　次の円の円周の長さを求めましょう。(10×2)

①
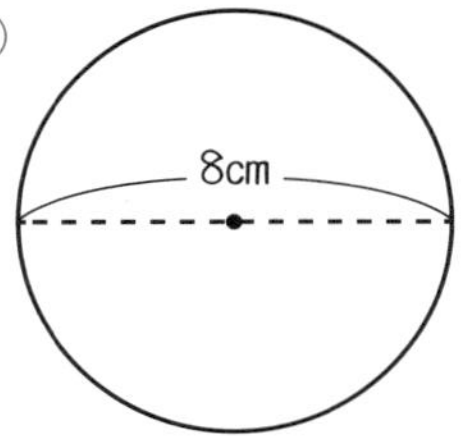

式

答え

②
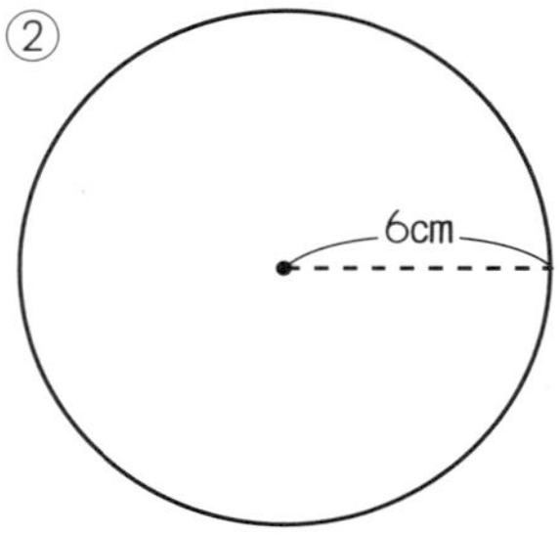

式

答え

4　円周の長さが 28.26cm の円の直径の長さを求めましょう。(10)

式

答え

5　グラウンドに円周が 20 mの円をかきます。直径は約何mにすればよいですか。答えは四捨五入して，$\frac{1}{10}$ の位までのがい数で求めましょう。(13)

式

答え

角柱と円柱（1）

名前

1 角柱《かくちゅう》の部分の名前を ☐ から選んで（　）に書きましょう。

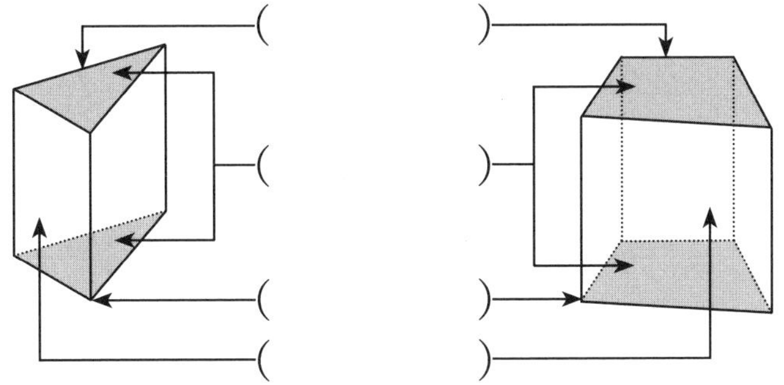

頂点《ちょうてん》 ・ 辺 ・ 側面《そくめん》 ・ 底面《ていめん》

2 次の㋐，㋑，㋒の角柱について答えましょう。

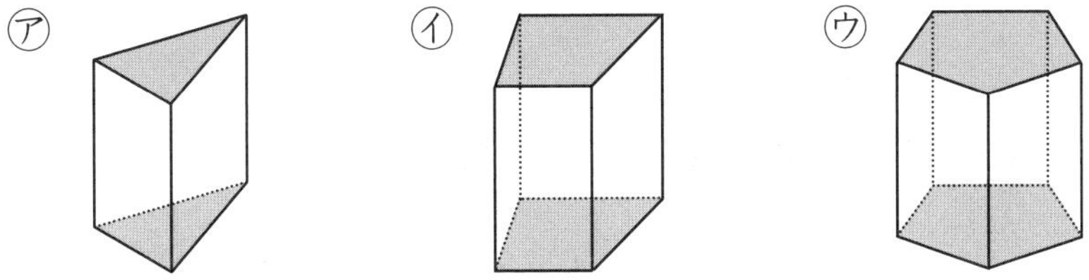

① 色のついた底面は，どんな形をしていますか。

㋐（　　　　）　㋑（　　　　）　㋒（　　　　）

② 角柱の名前を書きましょう。

㋐（　　　　）　㋑（　　　　）　㋒（　　　　）

円柱（2）

名前

辺の数，頂点《ちょうてん》の数，面の数を表にまとめましょう。

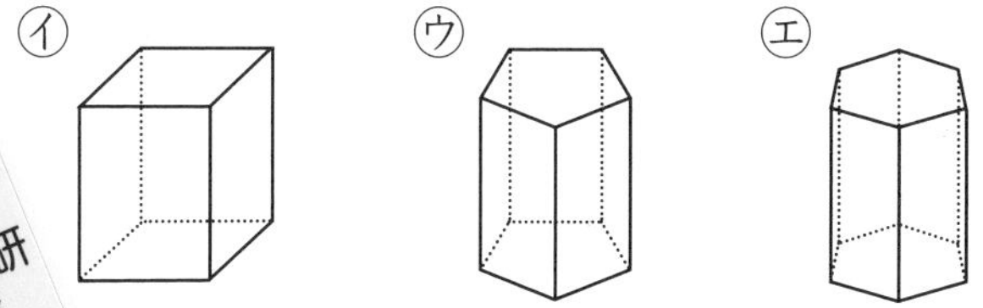

柱	㋑四角柱	㋒五角柱	㋓六角柱

2 角柱　ことばに○をしましょう。

① 角柱　2つの底面は合同で，（ 垂直《すいちょく》 ・ 平行 ）な関係になっています。

② 角柱の底面と側面は，たがいに（ 垂直 ・ 平行 ）な関係になっています。

③ 角柱の側面の形は，（ 長方形 ・ 三角形 ）か正方形です。

④ 角柱の底面に（ 垂直 ・ 平行 ）な直線で，2つの底面にはさまれた部分の長さを高さといいます。

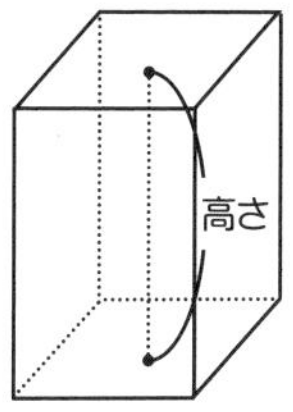

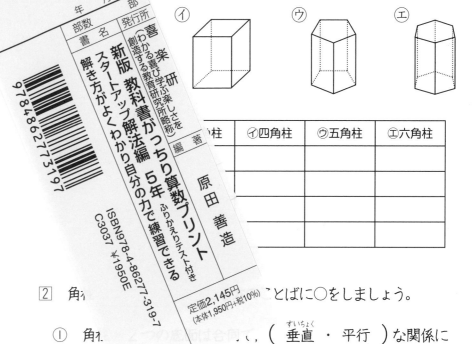

角柱と円柱 (3)

名前

1 円柱《えんちゅう》について（　）にあてはまることばを □ から選んで書きましょう。

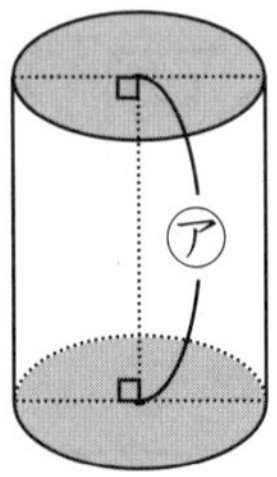

① 円柱の向かいあった２つの面を（　　　　　）といい，まわりの面を（　　　　　）といいます。

② 円柱の２つの底面は，（　　　　　）な円で，たがいに（　　　　　）な関係になっています。

③ 円柱の側面のように曲がった面を（　　　　　）といいます。

④ 図のⓐのように，円柱の２つの底面に垂直《すいちょく》な直線の長さを円柱の（　　　　　）といいます。

曲面《きょくめん》 ・ 側面 ・ 底面 ・ 高さ ・ 合同 ・ 平行

2 次の立体の名前を書きましょう。

① 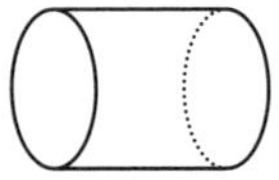

（　　　　　）

② 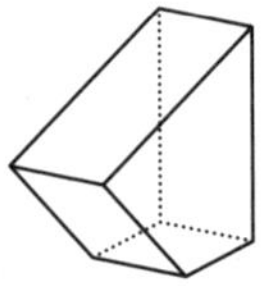

（　　　　　）

③ 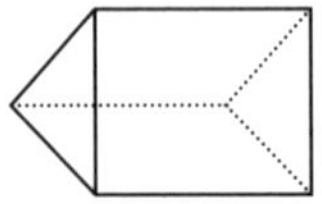

（　　　　　）

角柱と円柱 (4)

名前

1 次の立体の見取図の続きをかき，底面に色をぬりましょう。

① 三角柱

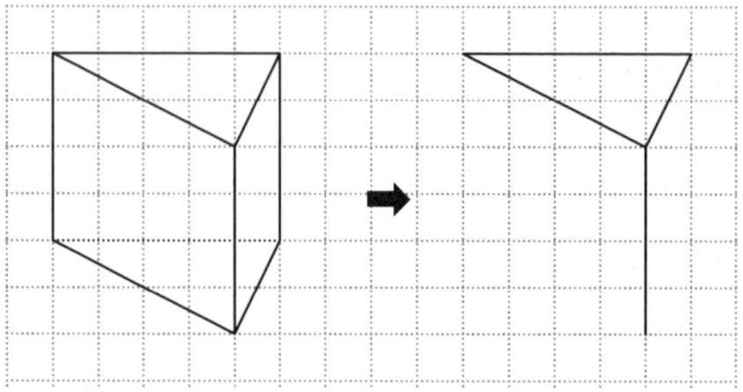

② 円柱

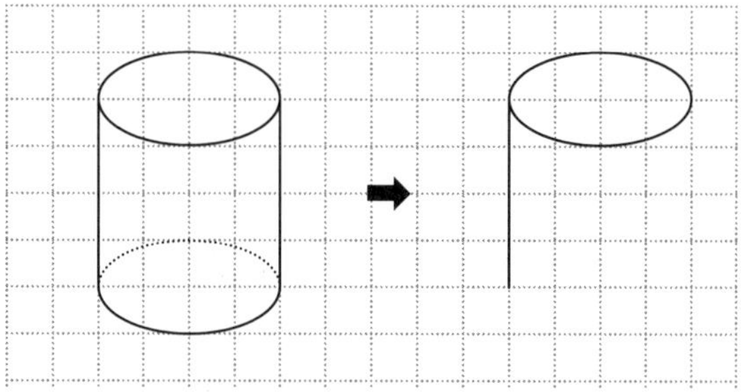

2 立体の見取図に合う展開図《てんかい ず》を線で結びましょう。

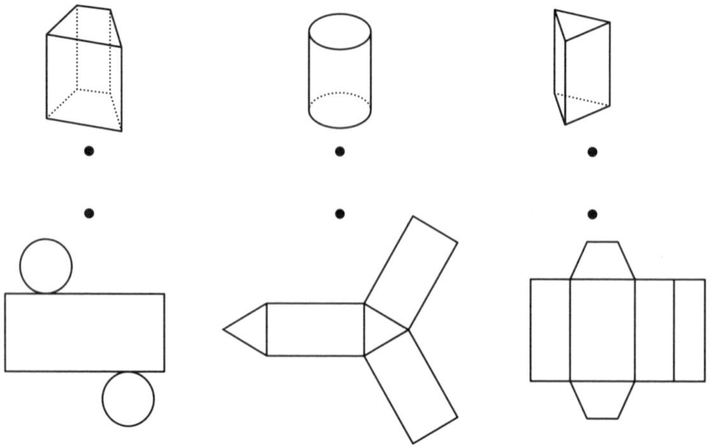

角柱と円柱（5）

名前

右の三角柱の展開図《てんかいず》の続きをかきましょう。

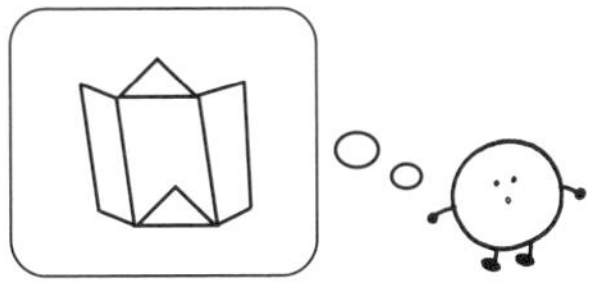

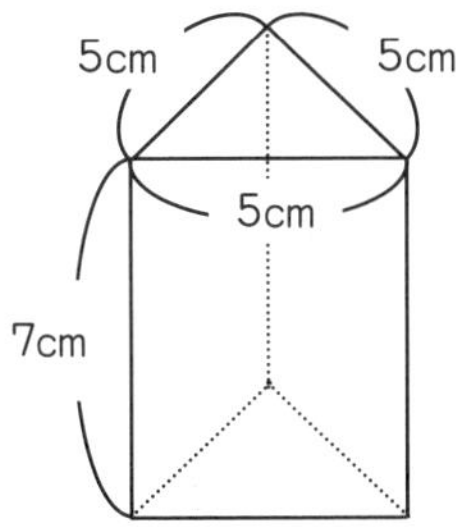

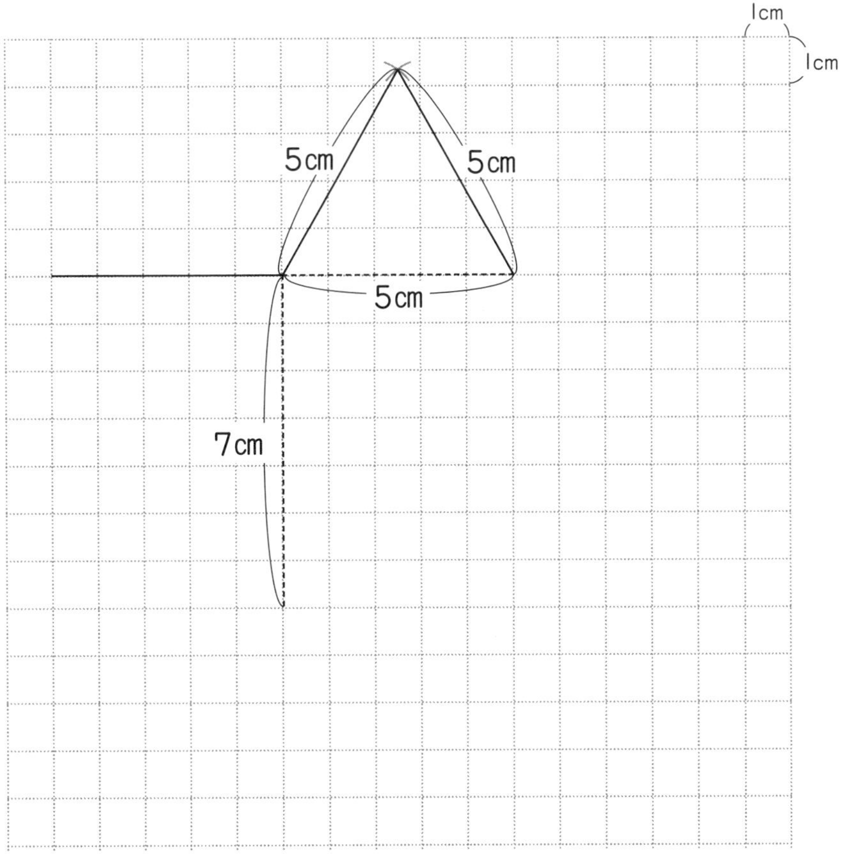

角柱と円柱（6）

名前

次の円柱の展開図《てんかいず》のかき方を考えましょう。

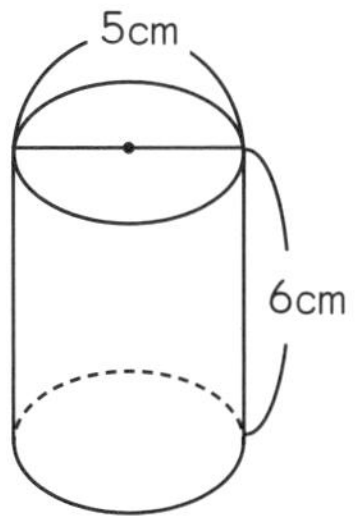

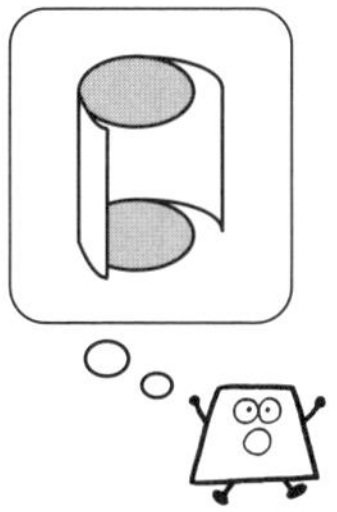

① この円柱の側面は，どんな大きさの長方形になりますか。

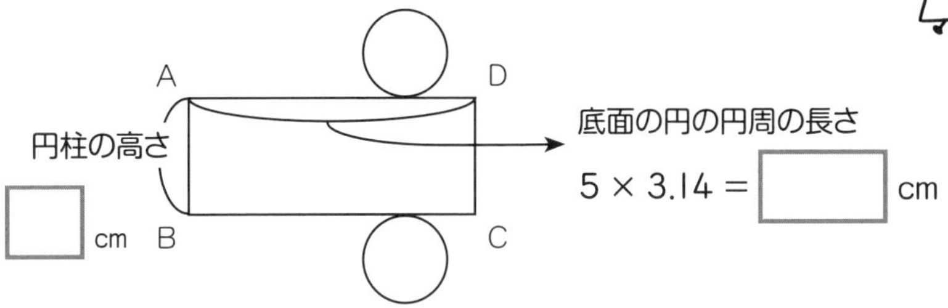

② 展開図の続きをかきましょう。

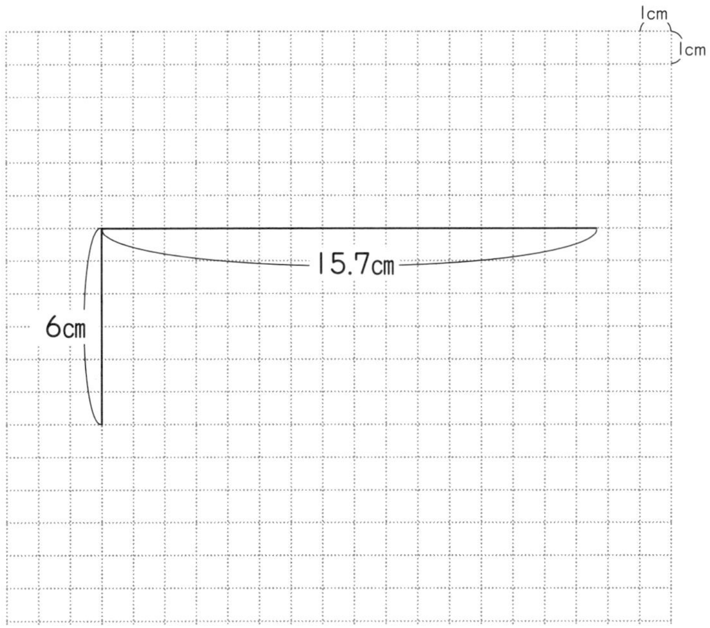

ふりかえりテスト　角柱と円柱

名前

1　次の㋐，㋑，㋒の立体について答えましょう。

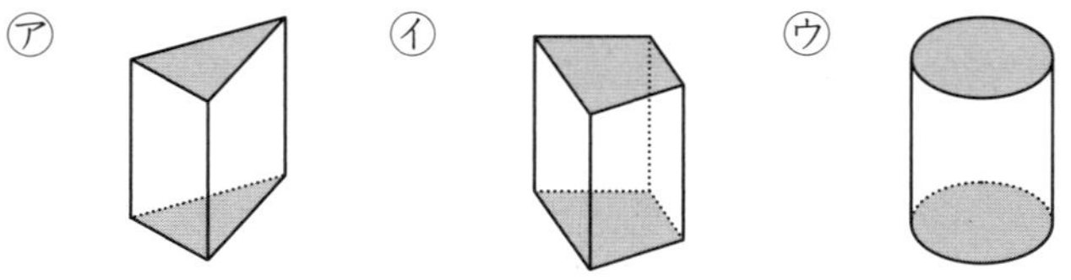

①　㋐〜㋒の立体の名前を書きましょう。(4×3)

㋐（　　　　　）　㋑（　　　　　）

㋒（　　　　　）

②　㋐，㋑の立体の辺，頂点《ちょうてん》，面の数を答えましょう。(5×6)

	㋐	㋑
辺の数		
頂点の数		
面の数		

2　（　　　）にあてはまることばを，下の[　　]から選んで書きましょう。(5×5)

①　角柱や円柱の２つの底面は，（　　　　）で，たがいに（　　　　）な関係になっています。

②　角柱の側面はすべて（　　　　）ですが，円柱の側面は（　　　　）です。

③　角柱や円柱の底面と側面は，たがいに（　　　　）な関係になっています。

平行・垂直・合同・平面・曲面

3　右の三角柱の展開《てんかい》図《ず》の続きをかきましょう。(15)

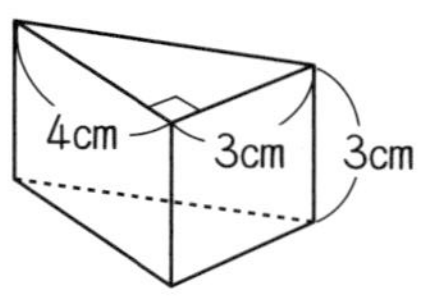

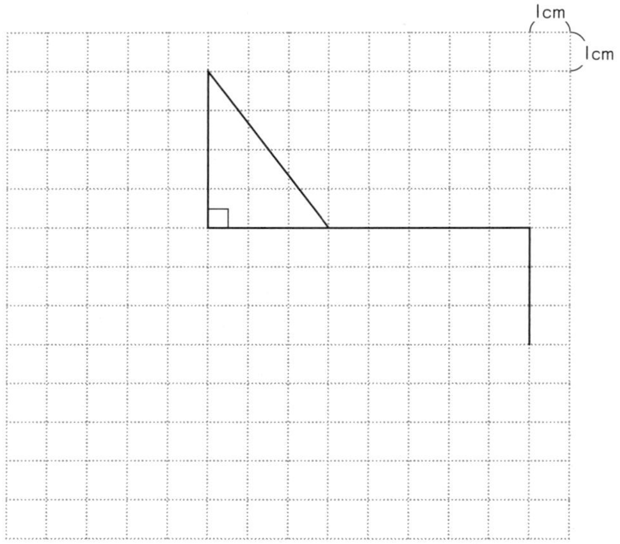

4　下の円柱の展開図をかくとき，ＡＢ，ＡＤはそれぞれ何cmになりますか。(9×2)

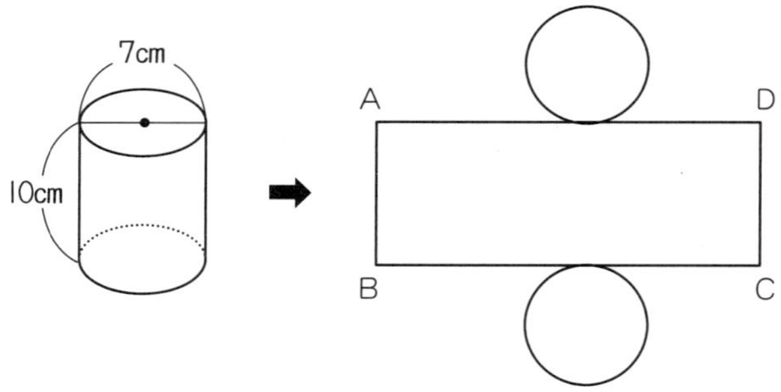

ＡＢ（　　　　　）cm

ＡＤ（　　　　　）cm

児童に実施させる前に，必ず指導される方が問題を解いてください。本書の解答は，あくまでも１つの例です。指導される方の作られた解答をもとに，本書の解答例を参考に児童の多様な考えに寄り添って○つけをお願いします。

解答

P.2

整数と小数（1）

名前

1 7.538 という数について答えましょう。

① □にあてはまる数を書きましょう。

1が 7 こ …… 7
0.1が [5] こ …… 0.5
0.01が [3] こ …… 0.03
0.001が [8] こ …… 0.008
あわせて 7.538

② 7.538 を式で表します。□にあてはまる数を書きましょう。

7.538 = 1 × 7 + 0.1 × [5] + 0.01 × [3] + 0.001 × [8]

2 □にあてはまる数を書きましょう。

① 3.064は，1を [3] こ，0.01を [6] こ，[0.001] を4こあわせた数です。

② 3.064 = 1 × [3] + 0.1 × [0] + 0.01 × [6] + 0.001 × [4]

③ 0.712は，[0.1] を7こ，0.01を [1] こ，0.001を [2] こあわせた数です。

整数と小数（2）

名前

1 次の数は，0.001 を何個《こ》集めた数ですか。

① 0.009 （ 9 ）こ
② 0.01 （ 10 ）こ
③ 0.1 （ 100 ）こ
④ 5.607 （ 5607 ）こ
⑤ 0.831 （ 831 ）こ

	一の位	$\frac{1}{10}$の位	$\frac{1}{100}$の位	$\frac{1}{1000}$の位
①	0.	0	0	9
②	0.	0	1	
③	0.	1		
④	5.	6	0	7
⑤	0.	8	3	1
	0.	0	0	1

2 □にあてはまる不等号を書きましょう。

① 0 [<] 0.1　② 5.999 [<] 6
③ 0.01 [>] 0.001　④ 3 [<] 3.02

● 数の大きい方を通ってゴールしましょう。通った答えを下の□に書きましょう。

① [3]　② [0.12]　③ [1.1]

P.3

整数と小数（3）

名前

1 □に入ることばや数を，下から選んで書きましょう。

整数も小数も，数が [10] 個《こ》集まると，位が1つ [上がり] ます。また，10等分（$\frac{1}{10}$）すると，位が1つ [下がり] ます。このような位取りの考え方を使うと，0から9までの10個の数字と [小数点] があれば，どんな大きさの整数，小数でも表すことができます。

上がり　下がり　分数　10　5　小数点

2 □.□□□ に，1，7，5，2 のカードをあてはめて，次の数をつくりましょう。

① いちばん小さい数 [1].[2][5][7]
② いちばん大きい数 [7].[5][2][1]
③ 2ばんめに大きい数 [7].[5][1][2]
③ 7にいちばん近い数 [7].[1][2][5]

整数と小数（4）

10倍，100倍，1000倍した数

名前

1 2.75 を10倍，100倍，1000倍した数を書きましょう。

	千の位	百の位	十の位	一の位	$\frac{1}{10}$の位	$\frac{1}{100}$の位	$\frac{1}{1000}$の位	
				2.	7	5		
10倍			2	7.	5			2.75 × 10
100倍		2	7	5				2.75 × 100
1000倍	2	7	5	0				2.75 × 1000

2 次の数を10倍，100倍，1000倍した数を書きましょう。

① 1.083

	千の位	百の位	十の位	一の位	$\frac{1}{10}$の位	$\frac{1}{100}$の位	$\frac{1}{1000}$の位
				1.	0	8	3
10倍			1	0.	8	3	
100倍		1	0	8.	3		
1000倍	1	0	8	3			

② 0.7

	千の位	百の位	十の位	一の位	$\frac{1}{10}$の位	$\frac{1}{100}$の位	$\frac{1}{1000}$の位
				0.	7		
10倍				7			
100倍			7	0			
1000倍		7	0	0			

● 数の大きい方を通ってゴールしましょう。通った答えを下の□に書きましょう。

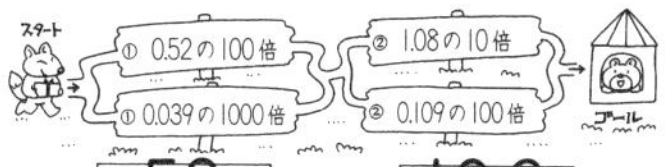

① [52]　② [10.9]

P.4

整数と小数（5）

$\frac{1}{10}$，$\frac{1}{100}$，$\frac{1}{1000}$にした数

名前

1 748 を $\frac{1}{10}$，$\frac{1}{100}$，$\frac{1}{1000}$にした数を書きましょう。

	千の位	百の位	十の位	一の位	$\frac{1}{10}$の位	$\frac{1}{100}$の位	$\frac{1}{1000}$の位	
		7	4	8				
$\frac{1}{10}$			7	4.	8			748 ÷ 10
$\frac{1}{100}$				7.	4	8		748 ÷ 100
$\frac{1}{1000}$				0.	7	4	8	748 ÷ 1000

2 次の数を $\frac{1}{10}$，$\frac{1}{100}$，$\frac{1}{1000}$にした数を書きましょう。

① 4

	千の位	百の位	十の位	一の位	$\frac{1}{10}$の位	$\frac{1}{100}$の位	$\frac{1}{1000}$の位
				4			
$\frac{1}{10}$				0.	4		
$\frac{1}{100}$				0.	0	4	
$\frac{1}{1000}$				0.	0	0	4

② 80

	千の位	百の位	十の位	一の位	$\frac{1}{10}$の位	$\frac{1}{100}$の位	$\frac{1}{1000}$の位
			8	0			
$\frac{1}{10}$				8			
$\frac{1}{100}$				0.	8		
$\frac{1}{1000}$				0.	0	8	

3 計算をしましょう。

① 3.07 × 10 ＝30.7
② 0.624 × 1000 ＝624
③ 4070 ÷ 1000 ＝4.07
④ 8.5 ÷ 100 ＝0.085

整数と小数（6）

名前

1 次の数は，0.54 をそれぞれ何倍した数ですか。
（　）にあてはまる数を書きましょう。

① 5.4 （ 10 ）倍
② 54 （ 100 ）倍
③ 540 （ 1000 ）倍

千	百	十	一	$\frac{1}{10}$	$\frac{1}{100}$	$\frac{1}{1000}$
			0.	5	4	
			5.	4		
		5	4			
	5	4	0			

2 次の数は，18 をそれぞれ何分の一にした数ですか。
（　）にあてはまる数を書きましょう。

① 1.8 （ $\frac{1}{10}$ ）
② 0.18 （ $\frac{1}{100}$ ）
③ 0.018 （ $\frac{1}{1000}$ ）

千	百	十	一	$\frac{1}{10}$	$\frac{1}{100}$	$\frac{1}{1000}$
		1	8			
			1.	8		
			0.	1	8	
			0.	0	1	8

P.5

ふりかえりテスト　整数と小数

名前

1 □にあてはまる数を書きましょう。(5×2)

① 45.62は，10を [4] こ，1を [5] こ，0.1を [6] こ，0.01を [2] こあわせた数です。

② 0.806は 0.1を [8] こと0.001を [6] こあわせた数です。

2 □にあてはまる数を書きましょう。(5×2)

① 58.1 = 10 × [5] + 1 × [8] + 0.1 × [1]

② 0.657 = [0.1] × 6 + [0.01] × 5 + [0.001] × 7

3 次の数は，0.001 を何こ集めた数ですか。(5×3)

① 0.01 （ 10 ）こ
② 4.293 （ 4293 ）こ
③ 0.37 （ 370 ）こ

4 □にあてはまる不等号を書きましょう。(5×3)

① 0.001 [>] 0
② 7.002 [>] 7
③ 0.1 [>] 0.098

5 0.38 を10倍，100倍，1000倍した数を書きましょう。(5×3)

10倍 （ 3.8 ）
100倍 （ 38 ）
1000倍 （ 380 ）

6 820 を $\frac{1}{10}$，$\frac{1}{100}$，$\frac{1}{1000}$にした数を書きましょう。(5×3)

$\frac{1}{10}$ （ 82 ）
$\frac{1}{100}$ （ 8.2 ）
$\frac{1}{1000}$ （ 0.82 ）

7 計算をしましょう。(5×4)

① 20.75 × 100 ＝2075
② 0.04 × 1000 ＝40
③ 34.01 ÷ 10 ＝3.401
④ 700 ÷ 1000 ＝0.7

児童に実施させる前に，必ず指導される方が問題を解いてください。本書の解答は，あくまでも１つの例です。指導される方の作られた解答をもとに，本書の解答例を参考に児童の多様な考えに寄り添って○つけをお願いします。

P.6

直方体や立方体の体積 (1)

名前

1 （　）に合うことばを□から選んで書きましょう。

① ものの大きさやかさのことを（体積）といい，Ｉ辺の長さが（Ｉ）cmの（立方体）が何個分あるかで表します。

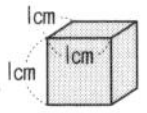

② Ｉ辺がＩcmの立方体の体積を（Ｉ立方センチメートル）といい，（Ｉcm^3）と書きます。

体積 ・ 立方体 ・Ｉ立方センチメートル ・Ｉ・Ｉcm^3

2 次の形は，Ｉcm^3が何個分で何cm^3ですか。

①  （4）こ分で（4cm^3）

②  （6）こ分で（6cm^3）

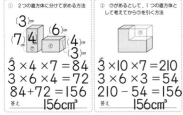

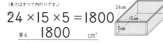

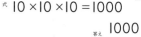

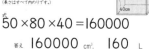

③ 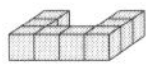 （8）こ分で（8cm^3）

④ 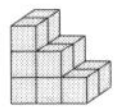 （12）こ分で（12cm^3）

直方体や立方体の体積 (2)

名前

● 図のような直方体の体積の求め方を考えましょう。

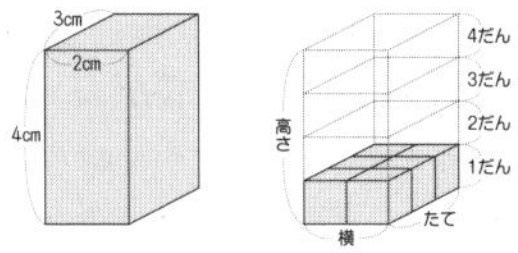

① Ｉだんめに Ｉcm^3の立方体はいくつありますか。
（3）×（2）＝（6）　（6）こ

② 全部で何だんありますか。　（4）だん

③ 全部の立方体の個数《こすう》を計算で求めましょう。

Ｉだんの立方体の数　だんの数

[3]（たての長さ）×[2]（横の長さ）×[4]（高さ）＝[24]

④ この立方体の体積は何cm^3ですか。　（24）cm^3

⑤ 直方体の体積を求める公式を書きましょう。
（たて）×（横）×（高さ）

6

P.7

直方体や立方体の体積 (3)

名前

直方体の体積 ＝ たて × 横 × 高さ
立方体の体積 ＝ Ｉ辺 × Ｉ辺 × Ｉ辺

● 次の直方体や立方体の体積を求めましょう。

①

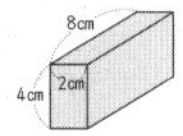

式
たて　横　高さ
（8）×（2）×（4）＝64
答え 64cm^3

②

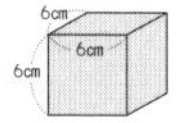

式 6×6×6＝216
答え 216cm^3

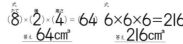

③

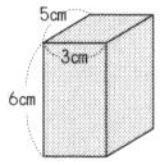

式 5×3×6＝90
答え 90cm^3

④

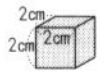

式 2×2×2＝8
答え 8cm^3

直方体や立方体の体積 (4)

名前

1 次のてん開図を組み立ててできる直方体の体積を求めます。

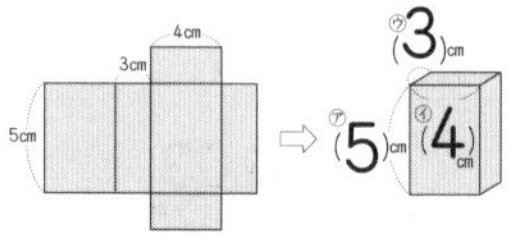

① 上のてん開図を組み立てると，上の右のような直方体ができます。㋐～㋒の（　）に長さを書き入れましょう。

② この直方体の体積を求めましょう。

式 3×4×5＝60
答え 60cm^3

2 次のてん開図を組み立ててできる直方体の体積を求めましょう。

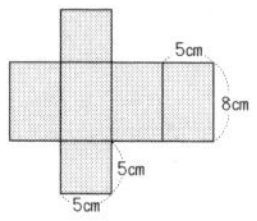

式 5×5×8＝200
答え 200cm^3

7

P.8

直方体や立方体の体積 (5)

名前

1 右のような立体の体積の求め方を２つの方法で考えました。
下の①と②，それぞれの方法で体積を求めましょう。

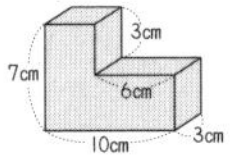

① ２つの直方体に分けて求める方法

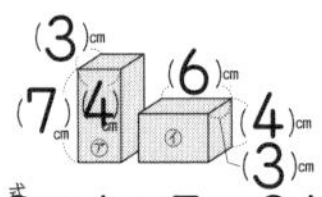

式
3×4×7＝84
3×6×4＝72
84＋72＝156
答え 156cm^3

② ㋒があるとして，Ｉつの直方体として考えてから㋒を引く方法

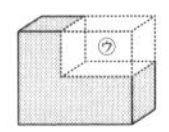

式
3×10×7＝210
3×6×3＝54
210－54＝156
答え 156cm^3

2 次の立体の体積を求めましょう。

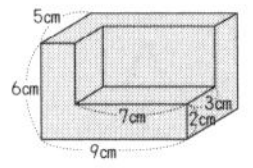

式
5×9×6＝270
3×7×(6－2)＝84
270－84＝186
答え 186cm^3

直方体や立方体の体積 (6)

名前

1 次の（　）にあてはまることばを書き入れましょう。

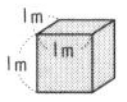

Ｉ辺がＩmの立方体の体積を（Ｉ立方メートル）といい，（Ｉm^3）と書きます。

2 Ｉm^3は何cm^3でしょうか。□に数を入れましょう。

Ｉm^3＝[100]（たて）(cm)×[100]（横）(cm)×[100]（高さ）(cm)＝[1000000]cm^3

3 次の直方体や立方体の体積を求めましょう。

①

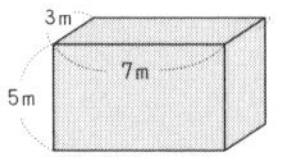

式 3×7×5＝105
答え 105 m^3

②

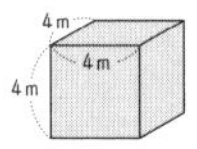

式 4×4×4＝64
答え 64 m^3

8

P.9

直方体や立方体の体積 (7)

名前

1 厚《あつ》さＩcmの板で作った，右の図のような直方体の形をした入れものの容積《ようせき》の求め方を考えましょう。

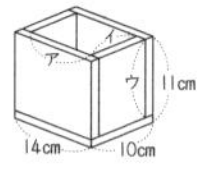

① 入れものの内側の長さ（内のり）を求めましょう。

・たての長さアは，両側の板の厚さをひくので，
14cm－[2]cm＝[12]cm

・横の長さイも，両側の板の厚さをひくので，
10cm－[2]cm＝[8]cm

・深さウは，底の板の厚さをひくので，
11cm－[1]cm＝[10]cm

② 入れものの容積を求めましょう。

[12]（たて）(cm)×[8]（横）(cm)×[10]（深さ）(cm)＝[960]（容積）(cm^3)

答え 960 cm^3

2 右の入れ物の容積を求めましょう。
(長さはすべて内のりです。)

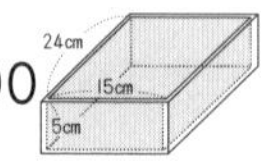

式 24×15×5＝1800
答え 1800 cm^3

直方体や立方体の体積 (8)

名前

1 内のりのたて，横，高さが10cmの入れ物に入る水はＩＬです。ＩＬは何cm^3ですか。

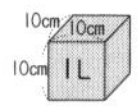

式 10×10×10＝1000
答え 1000 cm^3

2 次の水そうの容積は何cm^3ですか。また，何Ｌの水が入りますか。
(長さはすべて内のりです。)

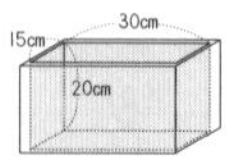

式 15×30×20＝9000
答え 9000 cm^3

ＩＬ＝1000cm^3だから

答え 9 Ｌ

3 右の入れ物の容積は何cm^3ですか。
また，何Ｌですか。
(長さはすべて内のりです。)

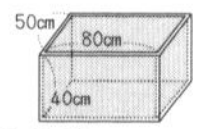

式 50×80×40＝160000
答え 160000 cm^3，160 Ｌ

9

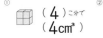

P.10

直方体や立方体の体積 (9) 名前

● 水のかさと体積の関係について，まとめましょう。

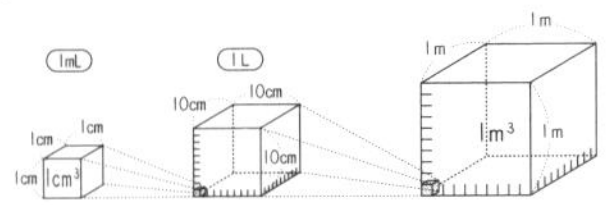

① 1L ますに入る水の体積は，何 cm³ ですか。

10 × 10 × 10 = 1000 cm³
(cm)　(cm)　(cm)

1L = 1000 cm³

② 水 1mL の体積は，何 cm³ ですか。

1L = 1000 mL

1mL = 1 cm³

③ 1m³ の水そうには，何 L の水が入りますか。

1m³ に，1L（1辺10cmの立方体）をしきつめると，
たて10個，横10個，高さ10個になるので，
10 × 10 × 10 = 1000（個）

1m³ = 1000 L

直方体や立方体の体積 (10) 名前

● 次の（　）にあてはまる数を書きましょう。

m³						cm³
(kL)			L	dL		mL
1	0	0	0			

1m³=1000L とわかります。

① 1m³=(1000000)cm³
=(1000)L

② 1cm³=(1)mL

③ 5000000cm³=(5)m³

④ 1L=(1000)cm³
=(1000)mL

⑤ 7000cm³=(7000)mL
=(7)L

m³						cm³
(kL)			L	dL		mL
1	0	0	0	0	0	0

略

● 体積の大きい方を通ってゴールまで行きましょう。通った方の体積を下の□に書きましょう。

① 6m³　② 2L

10

P.11

ふりかえりテスト　直方体や立方体の体積 名前

1 1cm³ の立方体の積み木で，次のような形を作りました。体積は何 cm³ ですか。(5×3)

① (12cm³)　② (16cm³)　③ (21cm³)

2 直方体や立方体の体積を求めましょう。(10×3)

① 8cm，6cm，5cm
式 8×6×5=240
答え 240cm³

② 5m，5m，5m
式 5×5×5=125
答え 125m³

③ 3m，3m，7m
式 3×3×7=63
答え 63m³

3 次の立体の体積を求めましょう。(10)

7cm，4cm，6cm，3cm，8cm

(例)
7×(8−3)×6=210
7×3×(6−4)=42
210+42=252
答え 252cm³

4 次のてん開図を組み立ててできる直方体の体積を求めましょう。(10)

6cm，2cm，5cm，6cm，2cm

式 5×6×2=60
答え 60cm³

5 次の（　）にあてはまる数を書きましょう。(5×4)

① 1m³ = 1000000 cm³
② 8000000cm³ = (8) m³
③ 1L = (1000) cm³
④ 1m³ = (1000) L

6 次のようなガラスでできた水そうがあります。（長さは内のりです）

20cm，15cm，30cm

① この水そうの容積《ようせき》を求めましょう。(10)
式 15×20×30=9000
答え 9000cm³

② この水そうには何 L の水が入りますか。(5)
9000cm³=9L
答え 9L

11

P.12

比例 (1) 名前

● 右の図のように，直方体のたて，横の長さを変えないで，高さを 1cm，2cm，3cm…と変えました。体積はどのように変わるか調べましょう。

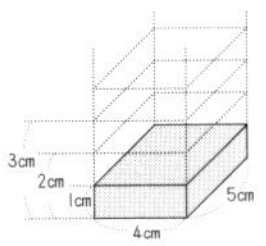

① 下の表を完成しましょう。また，□に数を書きましょう。

高さ□(cm)	1	2	3	4	5	6
体積○(cm³)	40	60	80		100	120

（高さ）2倍，3倍，[2]倍
（体積）[2]倍，[3]倍，2倍

② （　）にあてはまる数やことばを書きましょう。

2つの量□と○があって，□が2倍，3倍，…になると，それにともなって○も（ 2 ）倍，（ 3 ）倍，…になるとき，「○は□に（ 比例 ）する」といいます。

12

比例 (2) 名前

● 下の図のように，長方形の横の長さが 1cm，2cm，3cm，…と変わると，それにともなって面積はどう変わるか調べましょう。

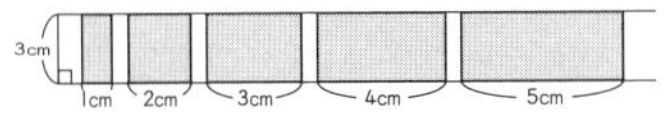

① 横の長さ □cm が 1cm，2cm，3cm，…のとき，面積○ cm² はどう変わるか表にまとめましょう。

横の長さ□(cm)	1	2	3	4	5	6
面積○(cm²)	3	6	9	12	15	18

② 横の長さ □ が 2倍，3倍，…になると，面積○はそれぞれどのように変わりますか。

2倍，3倍，…になる

③ ○(面積)は□(横の長さ)に比例《ひれい》していますか。

（ 比例する ）

④ □(横の長さ)と○(面積)の関係を式に表します。□にあてはまる数を書きましょう。

ことばの式で表すと，たて × 横 = 面積

3 × □ = ○

P.13

比例 (3) 名前

● 1本のねだんが 50円のえん筆があります。
買う本数が 1本，2本，3本，…と変わると，それにともなって代金はどのように変わるか調べましょう。

① 本数 □ 本が増えていくと，代金 ○ 円がどう変わっていくかを表にまとめましょう。

本数□(本)	1	2	3	4	5	6
代金○(円)	50	100	150	200	250	300

② ○(代金) は，□(本数) に比例《ひれい》していますか。

（ 比例する ）

③ □(本数)と○(代金)の関係を式に表します。□にあてはまる数を書きましょう。

ことばの式で表すと，1本の代金 × 本数 = 代金

50 × □ = ○

④ えん筆を㋐9本，㋑12本買ったときの代金はそれぞれいくらになりますか。

㋐9本
式 50×9=450　答え 450円

㋑12本
式 50×12=600　答え 600円

13

比例 (4) 名前

● 次のともなって変わる２つの数量で，○が□に比例《ひれい》しているものはどれですか。

① 1まい 7g の紙が □ まいのときの重さ ○g

紙のまい数□(まい)	1	2	3	4	5
紙の重さ○(g)	7	14	21	28	35

（比例している）〔○〕／比例していない
どちらかに○をしよう

② まわりの長さが 12cm の長方形のたての長さ□ cm と横の長さ○cm

たての長さ□(cm)	1	2	3	4	5
横の長さ○(cm)	5	4	3	2	1

比例している／（比例していない）〔○〕

③ 1本 50円のえん筆を□本と 100円のペンを 1本買うときの代金○円

えん筆の本数□(本)	1	2	3	4	5
代金○(円)	150	200	250	300	350

比例している／（比例していない）〔○〕

④ 1個 25円のガムを □ 個買うときの代金 ○ 円

個数□(個)	1	2	3	4	5
代金○(円)	25	50	75	100	125

（比例している）〔○〕／比例していない

解答　児童に実施させる前に，必ず指導される方が問題を解いてください。本書の解答は，あくまでも１つの例です。指導される方の作られた解答をもとに，本書の解答例を参考に児童の多様な考えに寄り添って○つけをお願いします

P.14

小数のかけ算（1）
名前

1　2.4 × 3.2 を筆算でしましょう。

	2.	4	小数点より下のけた数（1）
×	3.	2	小数点より下のけた数（1）
	4	8	
7	2		
7.	6	8	小数点より下のけた数（2）

1+1=2

小数のかけ算
❶ 小数点がないものとして整数のかけ算とみて計算する。
❷ 積の小数点は，かけられる数とかける数の小数点より下のけた数の和だけ右から数えてうつ。

2
① 4.5 × 1.3 …… ①，① （1+1）　5.85 ← ②
② 6.4 × 3.7　23.68
③ 5.2 × 2.9　15.08
④ 7.3 × 4.4　32.12
⑤ 4.8 × 3.6　17.28

14

小数のかけ算（2）
名前

①

		2.	4	7
	×		3.	5
	1	2	3	5
	7	4	1	
	8.	6	4	5

2.47 …… 小数点より下のけた数（2）
3.5 …… 小数点より下のけた数（1）
2+1=3
8.645 …… 小数点より下のけた数（3）

② 5.73 × 7.4 …… ②，① （2+1）　42.402 ← ③
③ 4.17 × 5.8　24.186
④ 6.48 × 6.3　40.824
⑤ 7.06 × 4.7　33.182
⑥ 3.15 × 8.9　28.035

P.15

小数のかけ算（3）
名前

① 2.6 × 3.5 …… ①，①（1+1）
　130
　78
　9.10

0を消すのをわすれないでね。

② 1.48 × 2.5 …… ②，①（2+1）
　740
　296
　3.700

③ 9.2 × 1.5　13.80
④ 6.4 × 7.5　48.00
⑤ 3.25 × 6.8　22.100
⑥ 5.18 × 3.5　18.130
⑦ 2.75 × 1.6　4.400

15

小数のかけ算（4）
名前

① 17.7 × 4.2　74.34
② 29.3 × 5.8　169.94
③ 22.5 × 4.6　103.50
④ 4.8 × 2.75　13.200
⑤ 3.7 × 1.89　6.993
⑥ 5.9 × 6.01　35.459

0を消すのをわすれないでね。

P.16

小数のかけ算（5）
名前

① 0.9 × 1.2
　18
　9
　1.08

かけられる数が 0.□や 0.□□でも同じように計算しよう。

② 0.78 × 4.6
　468
　312
　3.588

③ 0.8 × 7.5　6.00
④ 0.6 × 3.7　2.22
⑤ 0.4 × 6.8　2.72
⑥ 0.83 × 2.9　2.407
⑦ 0.56 × 4.5　2.520

16

小数のかけ算（6）
名前

1
① 7.2 × 0.3 …… ①，①（1+1）　2.16

かける数が 0.□ のかけ算だね。

② 3.56 × 0.4 …… ②，①（2+1）　1.424

2
① 8.7 × 0.6　5.22
② 5.4 × 0.9　4.86
③ 6.5 × 0.2　1.30
④ 7.06 × 0.5　3.530
⑤ 9.75 × 0.4　3.900

P.17

小数のかけ算（7）
名前

1
① 0.6 × 0.8 …… ①，①（1+1）　0.48

0をつけたそう。

② 1.58 × 0.5 …… ②，①（2+1）　0.790

2
① 0.5 × 0.9　0.45
② 0.3 × 0.7　0.21
③ 1.2 × 0.8　0.96
④ 1.35 × 0.2　0.270
⑤ 2.24 × 0.3　0.672

17

小数のかけ算（8）
名前

① 0.6 × 1.25　0.750

0を消したり 0をつけたしたりするのをわすれないでね。

② 0.38 × 2.12　0.8056
③ 0.5 × 1.08　0.540
④ 0.42 × 1.85　0.7770

● 答えの大きい方を通ってゴールしましょう。通った答えを下の□に書きましょう。

① 16.8　② 4.984

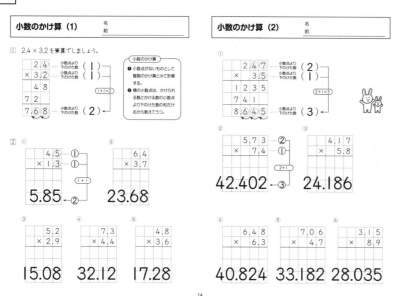

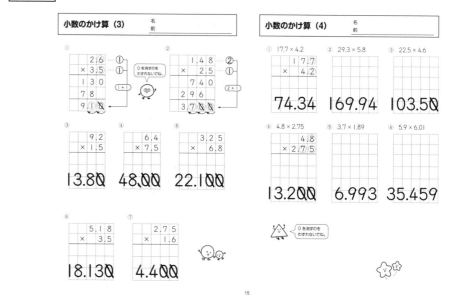

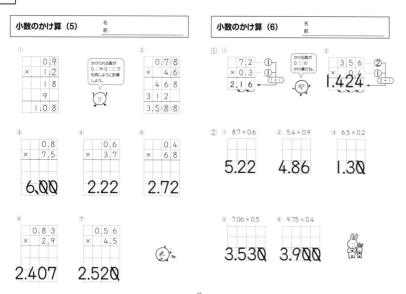

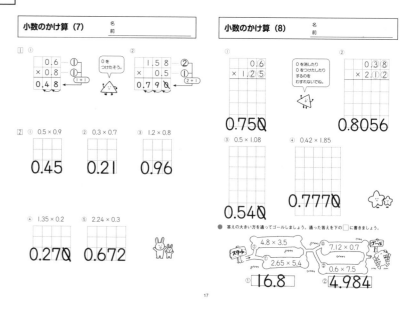

児童に実施させる前に，必ず指導される方が問題を解いてください。本書の解答は，あくまでも１つの例です。指導される方の作られた解答をもとに，本書の解答例を参考に児童の多様な考えに寄り添って◯つけをお願いします。

解答

P.18

小数のかけ算（9） 名前

① 5.9 × 0.06 = 0.354

② 2.04 × 0.08 = 0.1632

③ 3.5 × 0.27 = 0.945

④ 4.8 × 0.34 = 1.632

⑤ 1.76 × 0.75 = 1.3200

⑥ 2.2 × 0.05 = 0.110

⑦ 3.04 × 0.06 = 0.1824

小数のかけ算（10） 名前

① 0.7 × 0.05 = 0.035

② 0.09 × 0.03 = 0.0027

③ 0.8 × 0.25 = 0.200

④ 0.6 × 0.37 = 0.222

⑤ 0.04 × 0.42 = 0.0168

⑥ 0.5 × 0.04 = 0.020

⑦ 0.07 × 0.08 = 0.0056

18

P.19

小数のかけ算（11） 名前

① 18 × 0.7 = 12.6

② 23 × 0.5 = 11.5

③ 45 × 0.08 = 3.60

④ 36 × 4.3 = 154.8

⑤ 30 × 1.5 = 45.0

⑥ 27 × 0.38 = 10.26

⑦ 49 × 1.42 = 69.58

⑧ 50 × 0.72 = 36.00

小数のかけ算（12） 名前

1 １辺 7.6cm の正方形の紙の面積は何 cm^2 ですか。

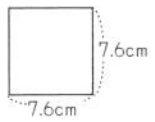

式 7.6×7.6＝57.76

答え $57.76cm^2$

2 たて 4.8cm，横 6.5cm の長方形の面積は何 cm^2 ですか。

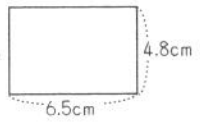

式 4.8×6.5＝31.2

答え $31.2cm^2$

3 たてが 3.2m，横が 5.7m の長方形の花だんの面積は何 m^2 ですか。

式 3.2×5.7＝18.24

答え $18.24m^2$

19

P.20

小数のかけ算（13） 名前

1 1dL に，さとうが 7.2g 入っているジュースがあります。このジュース 2.4dL の中には，さとうは何 g 入っていますか。

1あたりの数	全部の数
7.2g	□g
1dL	2.4dL

いくつ分

式 7.2×2.4＝17.28

答え 17.28g

2 1L の重さが 0.9kg の油があります。この油 0.6L の重さは何 kg ですか。

0.9kg	□kg
1L	0.6L

式 0.9×0.6＝0.54

答え 0.54kg

3 1m が 95 円のテープを 12.4m 買いました。代金はいくらですか。

95円	□円
1m	12.4m

式 95×12.4＝1178

答え 1178円

小数のかけ算（14） 名前

1 1dL で $4.3m^2$ のかべをぬることができるペンキがあります。このペンキ 1.5dL では，何 m^2 のかべをぬることができますか。

1あたりの数	全部の数
4.3 m^2	(□) m^2
1dL	(1.5) dL

いくつ分

式 4.3×1.5＝6.45

答え $6.45m^2$

2 １辺の長さが 8.4m の，正方形の花だんがあります。この花だんの面積は何 m^2 ですか。

式 8.4×8.4＝70.56

答え $70.56m^2$

3 1m の重さが 5.8g のはり金があります。このはり金 0.7m の重さは何 g ですか。

5.8g	(□) g
1m	0.7m

式 5.8×0.7＝4.06

答え 4.06g

20

P.21

ふりかえりテスト　小数のかけ算 名前

1 計算をしましょう。(8×10)

① 8.7 × 3.4 = 29.58

② 4.36 × 2.5 = 10.900

③ 0.7 × 8.6 = 6.02

④ 0.53 × 6.2 = 3.286

⑤ 7.4 × 0.19 = 1.406

⑥ 20 × 0.37 = 7.40

⑦ 17.2 × 7.5 = 129.00

⑧ 6.15 × 0.08 = 0.4920

⑨ 3.23 × 0.9 = 2.907

⑩ 0.4 × 0.2 = 0.08

2 1m の重さが 1.76kg の鉄のぼうがあります。このぼう 0.6m の重さは何 kg ですか。(10)

式 1.76×0.6＝1.056

答え 1.056kg

3 たて 2.35m，横 3.8m の長方形の花だんの面積は何 m^2 ですか。(10)

式 2.35×3.8＝8.93

答え $8.93m^2$

21

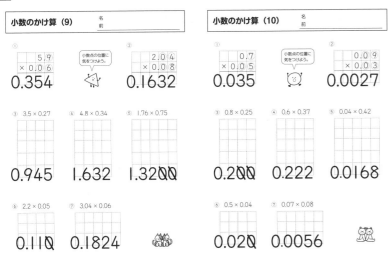

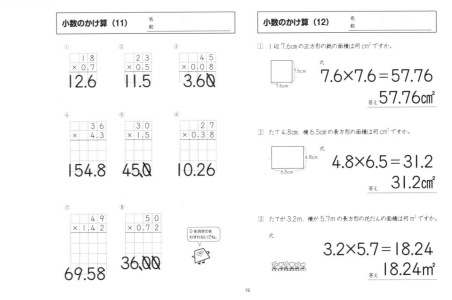

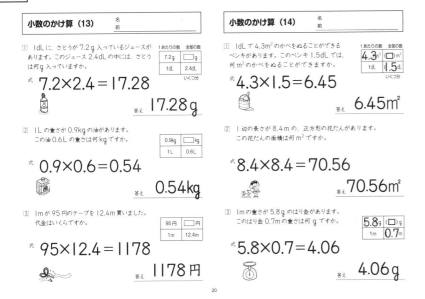

解答

児童に実施させる前に，必ず指導される方が問題を解いてください。本書の解答は，あくまでも１つの例です。指導される方の作られた解答をもとに，本書の解答例を参考に児童の多様な考えに寄り添って○つけをお願いします

P.22

小数のわり算（1）

名前

1 8.64 ÷ 2.7 を筆算でしましょう。

2.7)8.64　2.7)8.64　2.7)8.64

❶ わる数が整数になるように小数点を右へ移す。

❷ わられる数の小数点も❶で移した分だけ右へ移す。

❸ 商の小数点はわられる数の移した小数点にそろえてうつ。整数と同じように計算する。

3.2（2.7)8.64）

2
① 1.8（5.2)9.36）
② 2.7（2.6)7.02）
③ 3.9（1.7)6.63）
④ 2.3（4.3)9.89）
⑤ 1.6（3.7)5.92）

22

小数のわり算（2）

名前

① 7.2 ÷ 4.5 を筆算でしましょう。

1.6（4.5)7.2）

小数点は右へ１つ移すよ。

② 2.5（1.8)4.5）
③ 1.4（5.5)7.7）
④ 1.5（5.8)8.7）
⑤ 1.6（3.5)5.6）
⑥ 3.5（1.8)6.3）
⑦ 3.5（1.4)4.9）

P.23

小数のわり算（3）

名前

① 32.4 ÷ 7.2 を筆算でしましょう。

4.5（7.2)32.4）

小数点を右へ１つ移してから計算しよう。

② 8.4（5.5)46.2）
③ 5.5（7.4)40.7）
④ 6.2（2.5)15.5）
⑤ 3.5（9.6)33.6）

● 答えの大きい方を通ってゴールしましょう。通った答えを下の□に書きましょう。

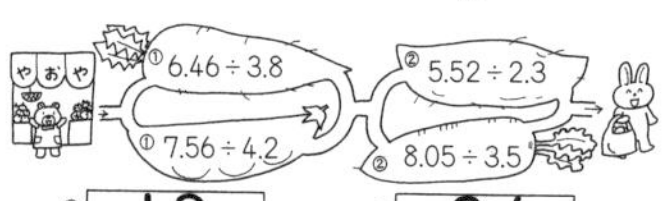

① 1.8　② 2.4

23

小数のわり算（4）

名前

① 64.5 ÷ 4.3 を筆算でしましょう。

	1	5.	
4.3) 6	4	5	
4	3		
2	1	5	
2	1	5	
		0	

答えは整数になるね。

② 14（2.6)36.4）
③ 17（3.5)59.5）
④ 45（1.9)85.5）
⑤ 14（5.2)72.8）
⑥ 23（3.7)85.1）
⑦ 32（2.9)92.8）

P.24

小数のわり算（5）

名前

① 6.84 ÷ 2.85 を筆算でしましょう。

2.4（2.85)6.84）

小数点は右へ２つ移したらいいね。

② 1.5（3.42)5.13）
③ 3.6（1.55)5.58）
④ 1.2（7.45)8.94）
⑤ 2.5（2.54)6.35）

● 答えの大きい方を通ってゴールしましょう。通った答えを下の□に書きましょう。

① 1.5　② 3.4

24

小数のわり算（6）

名前

① 3.68 ÷ 4.6

	0.	8	
4.6) 3	6	8	
3	6	8	
		0	

商の一の位には０がたつよ。

② 2.8 ÷ 3.5

	0.	8	
3.5) 2	8	0	
2	8	0	
		0	

③ 0.72 ÷ 2.4

	0.	3	
2.4) 0	7	2	
	7	2	
		0	

④ 0.9（6.2)5.58）
⑤ 0.6（3.15)1.89）
⑥ 0.04（3.5)0.14）
⑦ 0.5（5.8)2.9）
⑧ 0.8（8.5)6.8）
⑨ 0.25（7.6)1.9）
⑩ 0.75（6.8)5.1）

P.25

小数のわり算（7）

名前

① 9.24 ÷ 0.7 を筆算でしましょう。

1	3.	2	
0.7) 9	2	4	
7			
2	2		
2	1		
	1	4	
	1	4	
		0	

１より小さい数でわると商はわられる数より大きくなるね。

② 0.9（0.5)0.45）
③ 23.4（0.4)9.36）
④ 13.3（0.6)7.98）
⑤ 3.5（0.24)0.84）
⑥ 1.6（0.35)0.56）
⑦ 5.5（0.12)0.66）

25

小数のわり算（8）

名前

① 5.4 ÷ 0.36 を筆算でしましょう。

	1	5.	
0.36) 5	4	0	
3	6		
1	8	0	
1	8	0	
		0	

０をつけたして計算しよう。

② 15（0.08)1.2）
③ 54（0.5)2.7）
④ 15（0.46)6.9）
⑤ 22（0.35)7.7）
⑥ 28（0.05)1.4）
⑦ 45（0.8)36）

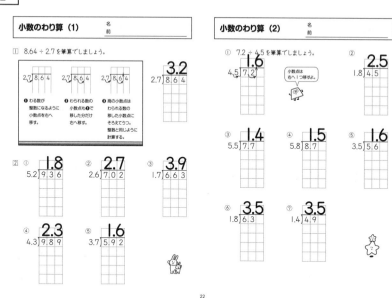

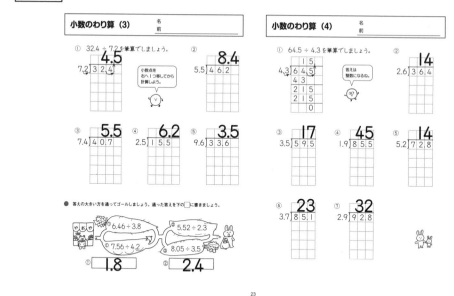

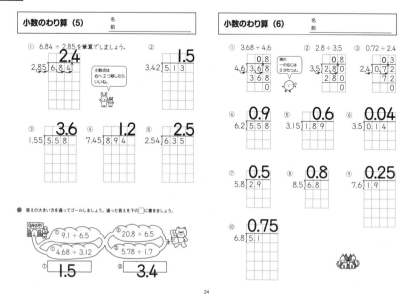

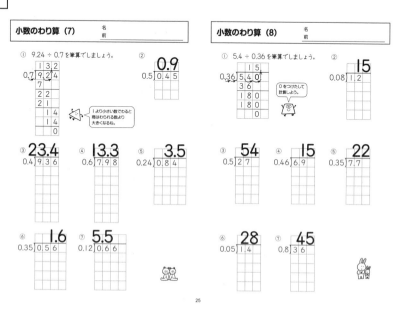

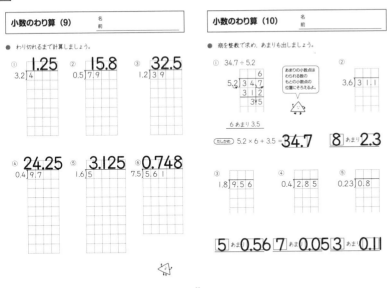

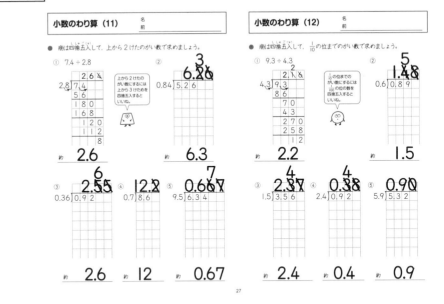

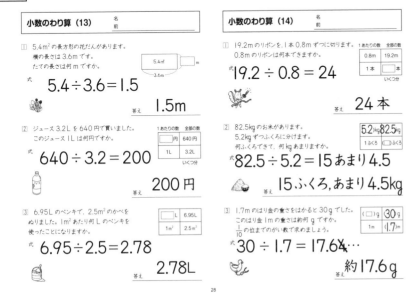

P.26

小数のわり算（9）

名前

● わり切れるまで計算しましょう。

① 3.2)4　　1.25

② 0.5)7.9　　15.8

③ 1.2)39　　32.5

④ 0.4)9.7　　24.25

⑤ 1.6)5　　3.125

⑥ 7.5)5.61　　0.748

小数のわり算（10）

名前

● 商を整数で求め，あまりも出しましょう。

① 34.7 ÷ 5.2

5.2)34.7　6
312
3.5

あまりの小数点は
わられる数の
もとの小数点の
位置にそろえるよ。

6 あまり 3.5

たしかめ　5.2 × 6 + 3.5 = 34.7

② 3.6)31.1　　8 あまり 2.3

③ 1.8)9.56　　5 あまり 0.56

④ 0.4)2.85　　7 あまり 0.05

⑤ 0.23)0.8　　3 あまり 0.11

P.27

小数のわり算（11）

名前

● 商は四捨五入《ししゃごにゅう》して，上から２けたのがい数で求めましょう。

① 7.4 ÷ 2.8

2.8)7.4　2.64
56
180
168
120
112
8

上から２けたの
がい数にするには
上から３けためを
四捨五入すると
いいね。

約 2.6

② 0.84)5.26　6.26　約 6.3

③ 0.36)0.92　2.55　約 2.6

④ 0.7)8.6　12.2　約 12

⑤ 9.5)6.34　0.667　約 0.67

小数のわり算（12）

名前

● 商は四捨五入《ししゃごにゅう》して，$\frac{1}{10}$の位までのがい数で求めましょう。

① 9.3 ÷ 4.3

4.3)9.3　2.16
86
70
43
270
258
12

$\frac{1}{10}$の位までの
がい数にするには
$\frac{1}{100}$の位の数を
四捨五入すると
いいね。

約 2.2

② 0.6)0.89　1.48　約 1.5

③ 1.5)3.56　2.37　約 2.4

④ 2.4)0.92　0.38　約 0.4

⑤ 5.9)5.32　0.90　約 0.9

P.28

小数のわり算（13）

名前

① 5.4m² の長方形の花だんがあります。
横の長さは 3.6m です。
たての長さは何 m ですか。

式　5.4 ÷ 3.6 = 1.5

答え　1.5m

② ジュース 3.2L を 640 円で買いました。
このジュース 1L は何円ですか。

1あたりの数	全部の数
□円	640円
1L	3.2L

いくつ分

式　640 ÷ 3.2 = 200

答え　200 円

③ 6.95L のペンキで，2.5m² のかべを
ぬりました。1m² あたり何 L のペンキを
使ったことになりますか。

□L	6.95L
1m²	2.5m²

式　6.95 ÷ 2.5 = 2.78

答え　2.78L

小数のわり算（14）

名前

① 19.2m のリボンを，1 本 0.8m ずつに切ります。
0.8m のリボンは何本できますか。

1あたりの数	全部の数
0.8m	19.2m
1本	□本

いくつ分

式　19.2 ÷ 0.8 = 24

答え　24 本

② 82.5kg のお米があります。
5.2kg ずつふくろに分けます。
何ふくろできて，何 kg あまりますか。

(5.2)kg	(82.5)kg
1ふくろ	(□)ふくろ

式　82.5 ÷ 5.2 = 15 あまり 4.5

答え　15 ふくろ，あまり 4.5kg

③ 1.7m のはり金の重さをはかると 30g でした。
このはり金 1m の重さは約何 g ですか。
$\frac{1}{10}$の位までのがい数で求めましょう。

(□)g	(30)g
1m	(1.7)m

式　30 ÷ 1.7 = 17.64…

答え　約 17.6 g

P.29

ふりかえりテスト　小数のわり算

名前

① 計算をしましょう。(8×10)

① 1.7)5.78　　3.4

② 2.5)6.5　　2.6

③ 4.2)31.5　　7.5

④ 5.32)7.98　　1.5

⑤ 2.15)1.72　　0.8

⑥ 0.6)21　　35

⑦ 0.7)9.94　　14.2

⑧ 0.12)0.78　　6.5

⑨ 商を整数で求め
あまりも出しましょう。

1.4)63.6　　45 あまり 0.6

⑩ 商は四捨五入して
$\frac{1}{10}$の位までのがい数
で求めましょう。

0.7)3.19　4.55　　約 4.6

② 38.4 m のリボンを 2.4 m ずつに切ります。
2.4 m のリボンは何本できますか。(10)

式　38.4 ÷ 2.4 = 16

答え　16 本

③ 4.8L のジュースを 0.35L ずつコップに
入れます。0.35L 入りのコップは
何ばいできて，何 L あまりますか。(10)

式　4.8 ÷ 0.35 = 13 あまり 0.25

答え　13 ばい，あまり 0.25L

児童に実施させる前に，必ず指導される方が問題を解いてください。本書の解答は，あくまでも１つの例です。指導される方の作られた解答をもとに，本書の解答例を参考に児童の多様な考えに寄り添って○つけをお願いします

P.30

小数のかけ算・わり算 (1)

名前

① 1L の重さが 0.72kg の油があります。
この油 1.5L の重さは何 kg ですか。

1あたりの数	全部の数
0.72 kg	(□) kg
1L	1.5 L

いくつ分

式 $0.72 \times 1.5 = 1.08$

答え 1.08kg

② 16.8L のしょう油があります。
0.6L ずつびんに入れます。
0.6L 入りのびんは何本できますか。

0.6 L	16.8 L
1本	(□) 本

式 $16.8 \div 0.6 = 28$

答え 28本

③ リボンを 0.75m 買うと 210 円でした。
このリボン 1m のねだんは何円ですか。

(□) 円	210 円
1m	0.75 m

式 $210 \div 0.75 = 280$

答え 280円

小数のかけ算・わり算 (2)

名前

① 6.72m の長いひもがあります。0.25m ずつに切り分けると，0.25m のひもが何本できて，何 m あまりますか。

1あたりの数	全部の数
0.25 m	6.72 m
1本	(□) 本

いくつ分

式 $6.72 \div 0.25 = 26$ あまり 0.22

答え 26本，あまり0.22m

② たて 8.4m，横 6.7m の長方形の畑の面積を求めましょう。

式 $8.4 \times 6.7 = 56.28$

答え 56.28m²

③ 1Lのガソリンで 7.85km 走る車があります。
8.4L のガソリンでは，何 km 走ることができますか。

7.85 km	(□) km
1L	8.4 L

式 $7.85 \times 8.4 = 65.94$

答え 65.94km

30

P.31

小数のかけ算・わり算 (3)

名前

① たての長さが 9.6cm で，面積が 72cm² の長方形があります。この長方形の横の長さを求めましょう。

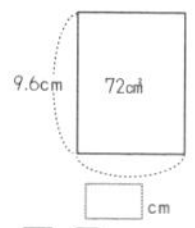

式 $72 \div 9.6 = 7.5$

答え 7.5cm

② 1dL のペンキで，0.56m² のかべをぬることができます。このペンキ 8.5dL では，何 m² のかべをぬることができますか。

1あたりの数	全部の数
0.56 m²	(□) m²
1dL	8.5 dL

いくつ分

式 $0.56 \times 8.5 = 4.76$

答え 4.76m²

③ 2.04kg のバターがあります。
ケーキ 1 個作るのにバターを 0.03kg 使います。ケーキは何個できますか。

0.03 kg	2.04 kg
1個	(□) 個

式 $2.04 \div 0.03 = 68$

答え 68個

小数のかけ算・わり算 (4)

名前

① 1cm² の重さが 0.2g の紙があります。
この紙 42.6cm² の重さは何 g ですか。

1あたりの数	全部の数
0.2 g	(□) g
1cm²	42.6 cm²

いくつ分

式 $0.2 \times 42.6 = 8.52$

答え 8.52g

② 長さ 4.6m の鉄のぼうの重さをはかると 16.1kg でした。この鉄のぼう 1m の重さは何 kg ですか。

(□) kg	16.1 kg
1m	4.6 m

式 $16.1 \div 4.6 = 3.5$

答え 3.5kg

③ 1 辺が 6.2m の正方形の部屋の面積は何 m² ですか。

式 $6.2 \times 6.2 = 38.44$

答え 38.44m²

31

P.32

小数倍 (1)

名前

● 右のような木があります。
木の高さを比《くら》べましょう。

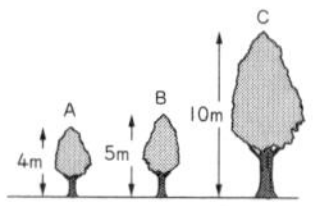

① Cの高さは，
Bの高さの何倍ですか。

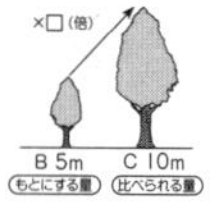

左の図を式に表すと，5×□=10 になり，□は 10÷5 で求められるね。

式 $10 \div 5 = 2$

答え 2倍

② Bの高さは，Aの高さの何倍ですか。

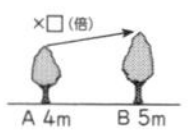

4×□=5 だから……。

式 $5 \div 4 = 1.25$

答え 1.25倍

③ Aの高さは，Cの高さの何倍ですか。

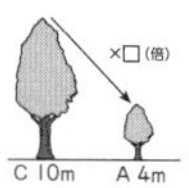

10×□=4 だから……。

式 $4 \div 10 = 0.4$

答え 0.4倍

小数倍 (2)

名前

どちらが「もとにする量」でどちらが「比《くら》べられる量」かな。

● 長さのちがう赤と白のリボンがあります。

赤	0.6m
白	1.5m

① 白のリボンの長さは，赤のリボンの何倍ですか。

式 $1.5 \div 0.6 = 2.5$

答え 2.5倍

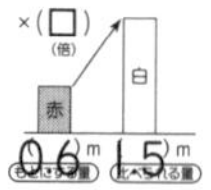

② 赤のリボンの長さは，白のリボンの何倍ですか。

式 $0.6 \div 1.5 = 0.4$

答え 0.4倍

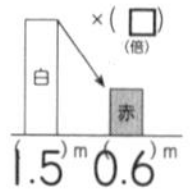

③ 青のリボンの長さは，赤のリボンの 3.5 倍の長さです。
青のリボンは何mですか。

式 $0.6 \times 3.5 = 2.1$

答え 2.1m

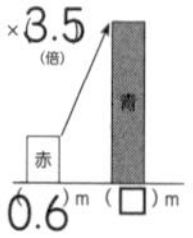

32

P.33

小数倍 (3)

名前

① 白いリボンの長さは 12m で，緑のリボンの長さの 0.75 倍です。
緑のリボンは何 m ですか。

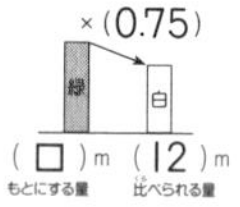

図を式に表すと，□×0.75=12 だね。

式 $12 \div 0.75 = 16$

答え 16m

② 田中さんの畑の面積は 175m² で，中村さんの畑の面積の 1.25 倍です。
中村さんの畑の面積は何 m² ですか。

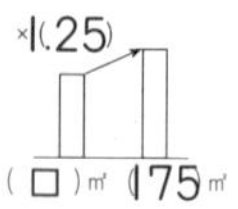

式 $175 \div 1.25 = 140$

答え 140m²

③ お兄さんの体重は 71.5kg です。これはさとしさんの体重の 2.2 倍です。
さとしさんの体重は何 kg ですか。

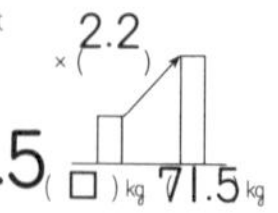

式 $71.5 \div 2.2 = 32.5$

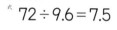

答え 32.5kg

小数倍 (4)

名前

① 親子のキリンがいます。子どものキリンの身長は 2.4m で，親のキリンの身長は 4.2m です。
親のキリンの身長は子どもの何倍ですか。

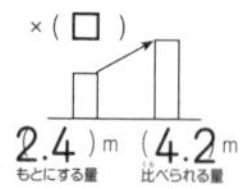

式 $4.2 \div 2.4 = 1.75$

答え 1.75倍

② りんご 1 個のねだんは 250 円です。
メロン 1 個のねだんは，りんごのねだんの 3.2 倍です。
メロンのねだんはいくらですか。

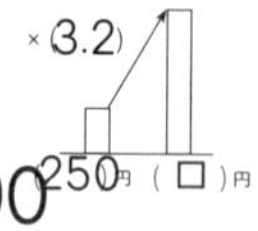

式 $250 \times 3.2 = 800$

答え 800円

③ A市にあるタワーの高さは 52m で，B市にあるタワーの 0.8 倍の高さです。
B市のタワーの高さは何 m ですか。

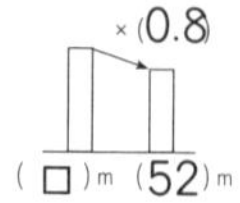

式 $52 \div 0.8 = 65$

答え 65m

33

児童に実施させる前に，必ず指導される方が問題を解いてください。本書の解答は，あくまでも１つの例です。指導される方の作られた解答をもとに，本書の解答例を参考に児童の多様な考えに寄り添って○つけをお願いします。

P.34

合同な図形（1）

名前

1 ㋐の三角形と合同な三角形を選び，記号に○をつけましょう。

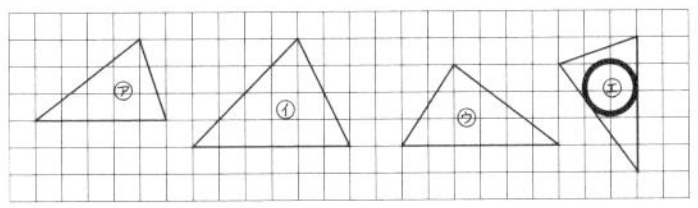

2 下の（　）に合うことばを［　　］から選んで書きましょう。

① 合同な図形で，重なり合う頂点《ちょうてん》，重なり合う辺，重なり合う角を，それぞれ対応《たいおう》する（頂点），対応する（　辺　），対応する（　角　）といいます。

② 合同な図形では，対応する（　辺　）の長さは等しく，また，対応する（　角　）の大きさも等しくなります。

③ うら返して重なる図形も（合同）になります。

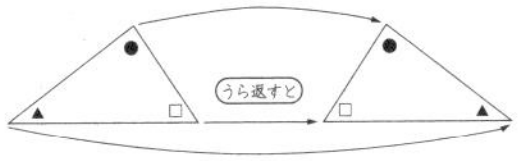

三角形　合同　頂点　辺　角

34

合同な図形（2）

名前

下の２つの三角形は合同です。２つをぴったり重ねたとき，次のことを調べましょう。

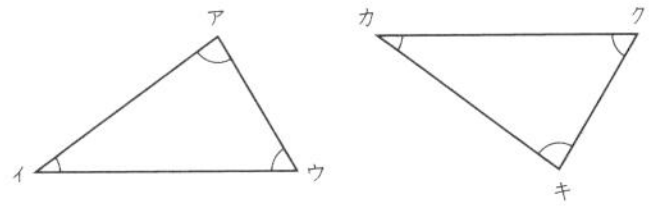

① 対応《たいおう》する頂点《ちょうてん》を書きましょう。
頂点ア と 頂点（　キ　）
頂点イ と 頂点（　カ　）

② 対応する角を書きましょう。
角イ と 角（　カ　）
角ウ と 角（　ク　）

③ 対応する辺を書きましょう。
辺アイ と 辺（キカ）
辺ウア と 辺（クキ）

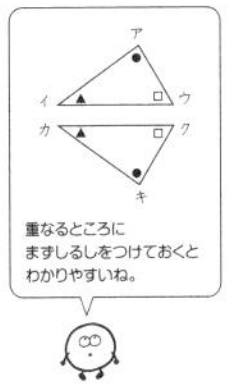

P.35

合同な図形（3）

名前

1 下の２つの四角形は合同です。対応《たいおう》する頂点《ちょうてん》，辺，角を調べましょう。

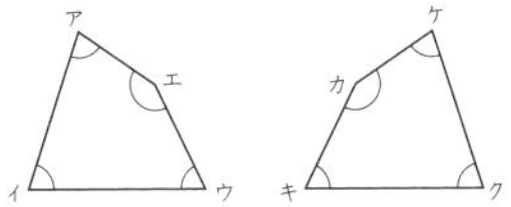

① 対応する頂点を書きましょう。
頂点ア と 頂点（　ケ　）　頂点イ と 頂点（ク　）

② 対応する角を書きましょう。
角ウ と 角（　キ　）　角エ と 角（　カ　）

③ 対応する辺を書きましょう。
辺アイ と 辺（ケク）　辺エウ と 辺（カキ）

2 下の２つの四角形は合同です。（　）にあてはまる数を書きましょう。

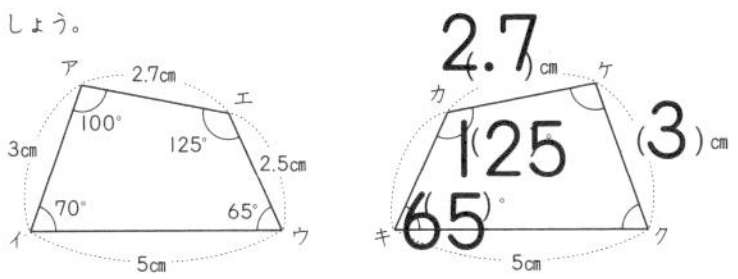

35

合同な図形（4）

名前

次の四角形に１本の対角線をひいてできる三角形は合同ですか。合同ならば（　）に○をしましょう。

① 台形

（　　）　（　　）

② 平行四辺形

（○）　（○）

③ ひし形

（○）　（○）

④ 長方形　⑤ 正方形

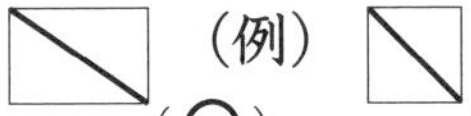

（例）

（○）　（○）

P.36

合同な図形（5）

名前

下の三角形と合同な三角形を，つぎの㋐～㋒の方法でかきましょう。

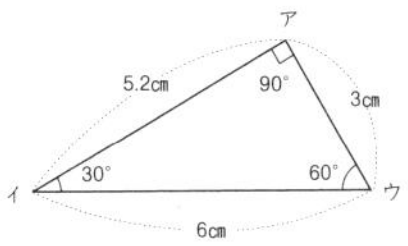

㋐ 3つの辺の長さをコンパスでうつしとってかきましょう。

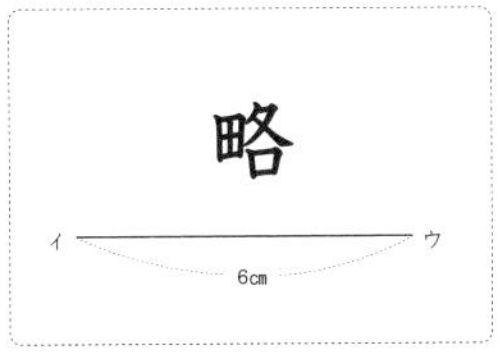

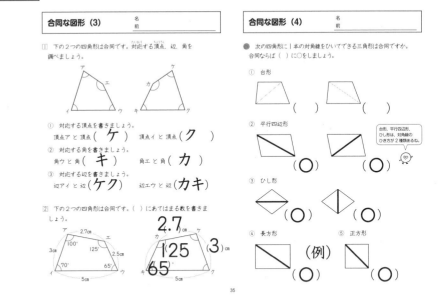

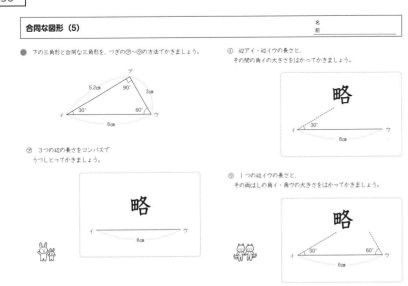

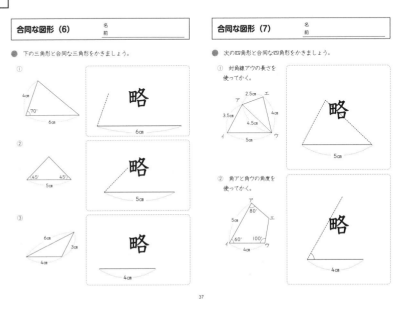

㋑ 辺アイ・辺イウの長さと，その間の角イの大きさをはかってかきましょう。

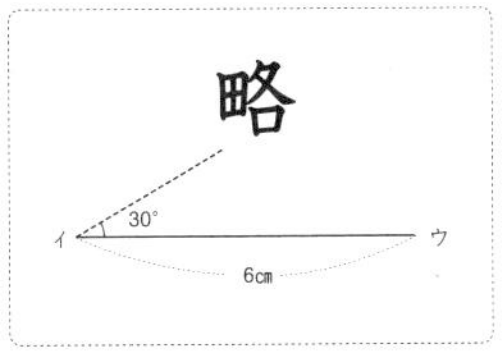

㋒ １つの辺イウの長さと，その両はしの角イ・角ウの大きさをはかってかきましょう。

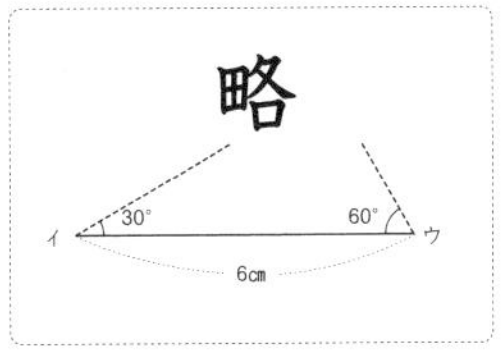

36

P.37

合同な図形（6）

名前

下の三角形と合同な三角形をかきましょう。

①

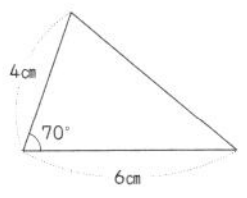

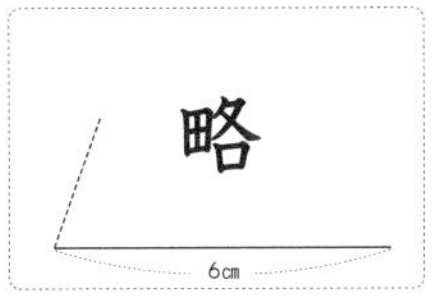

②

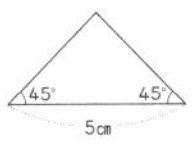

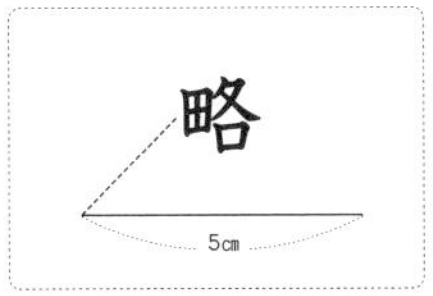

③

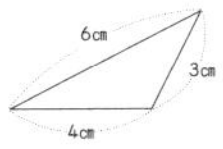

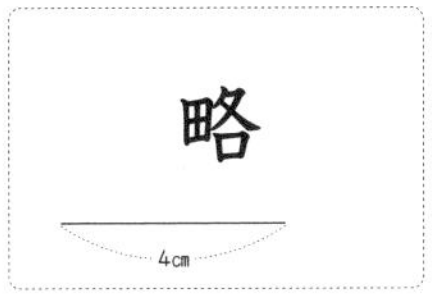

合同な図形（7）

名前

次の四角形と合同な四角形をかきましょう。

① 対角線アウの長さを使ってかく。

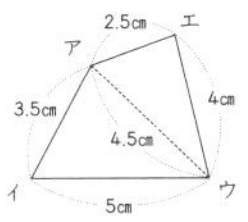

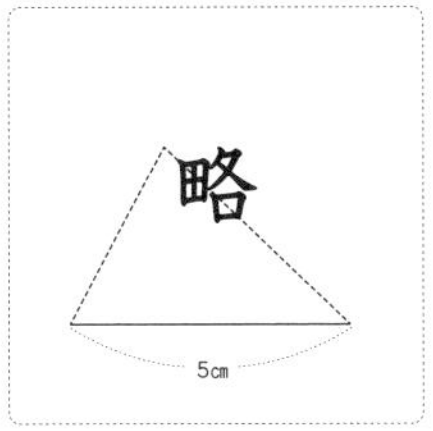

② 角アと角ウの角度を使ってかく。

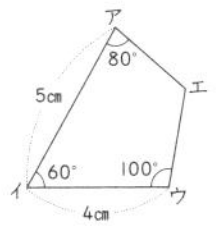

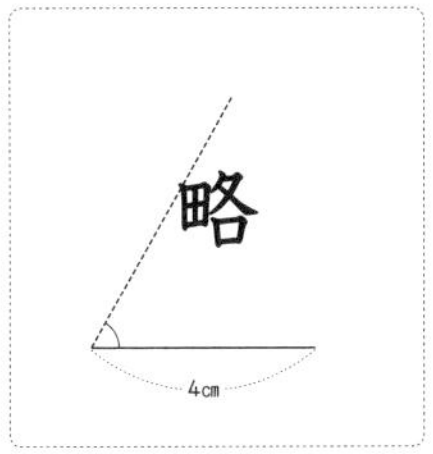

37

児童に実施させる前に，必ず指導される方が問題を解いてください。本書の解答は，あくまでも1つの例です。指導される方の作られた解答をもとに，本書の解答例を参考に児童の多様な考えに寄り添って○つけをお願いします

P.38

図形の角 (1)

名前

三角形の３つの角の大きさの和は 180° です。

● 次の三角形の㋐，㋑，㋒の角度は何度ですか。計算で求めましょう。

①

㋐＋60＋45＝180 だから…。

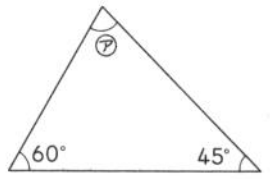

180−(60+45)=75

答え 75°

②

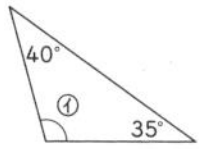

180−(40+35)=105

答え 105°

③ 二等辺三角形

式 180−(50+50)=80

答え 80°

図形の角 (2)

名前

● 次の㋐，㋑，㋒の角度は何度ですか。計算で求めましょう。

①

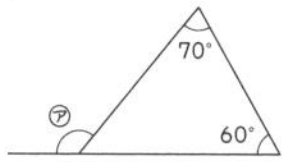

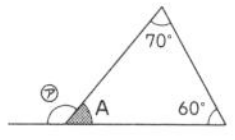

㋐は 180° − A の角度

式 Aは 180 − (70 + 60) = 50

㋐は 180 − 50 = (130)

答え 130°

②

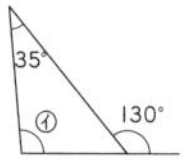

180−130=50

180−(50+35)=95

答え 95°

③

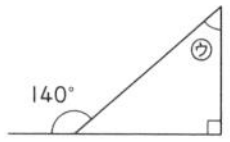

180−140=40

180−(40+90)=50

答え 50°

P.39

図形の角 (3)

名前

1 □ にあてはまる数を書きましょう。

四角形を対角線で２つに分けると，三角形が２つできます。三角形の３つの角の和は 180° なので，四角形の４つの角の和は

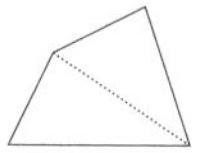

180° × 2 360°

2 次の四角形の㋐，㋑，㋒の角度は何度ですか。計算で求めましょう。

①

130＋70＋80＋㋐＝360

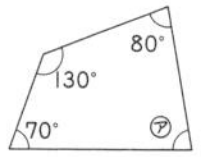

式 360−(130+70+80)=80

答え 80°

②

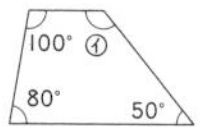

式 360−(100+80+50)=130

答え 130°

③

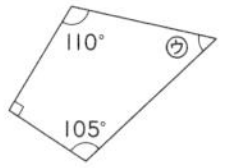

式 360−(110+90+105)=55

答え 55°

図形の角 (4)

名前

● 次の㋐，㋑，㋒の角度は何度ですか。計算で求めましょう。

①

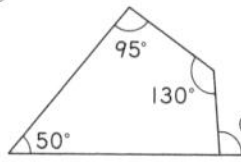

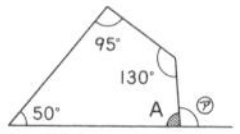

㋐は 180° − A の角度

式 Aは 360 − (95 + 50 + 130) = 85

㋐は 180 − 85 = (95)

答え 95°

②

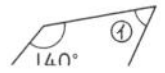

180−75=105

360−(105+140+60)

=55

答え 55°

③ 平行四辺形

180−100=80

360−(80+80)=200

200÷2=100

答え 100°

P.40

図形の角 (5)

名前

三角形，四角形，五角形，六角形などのように直線で囲まれた図形を 多角形《たかくけい》 といいます。

1 五角形の５つの角の大きさの和について調べましょう。

① 右のように，１つの頂点《ちょうてん》から対角線をひくと，三角形がいくつできますか。

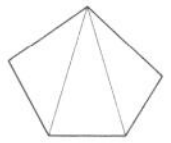

(3)つ

② 三角形の３つの角の大きさの和を使って，五角形の角の大きさの和を求めましょう。

式 (180) × 3 = 540

答え 540°

2 六角形の６つの角の大きさの和について調べましょう。

① １つの頂点から対角線をひくと，三角形がいくつできますか。

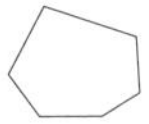

(4)つ

② 六角形の角の大きさの和を求めましょう。

式 (180) × (4) = 720

答え 720°

図形の角 (6)

名前

1 七角形と八角形の角の大きさの和をそれぞれ求めましょう。

七角形

１つの頂点《ちょうてん》からひいた対角線で分けられる三角形の数

(5)つ

式 三角形の３つの角の和 × 三角形の数

180 × (5) = 900

答え 900°

八角形

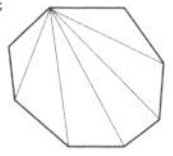

１つの頂点からひいた対角線で分けられる三角形の数

(6)つ

式 180 × (6) = 1080

答え 1080°

2 多角形の角の大きさの和について表にまとめましょう。

多角形の名前	三角形	四角形	五角形	六角形	七角形	八角形
１つの頂点からひいた対角線で分けられる三角形の数		2	3	4	5	6
角の大きさ	180°	360°	540°	720°	900°	1080°

P.41

ふりかえりテスト 合同な図形・図形の角

名前

1 ㋐と合同な三角形を２つ選び，( ) に記号を書きましょう。(6×2)

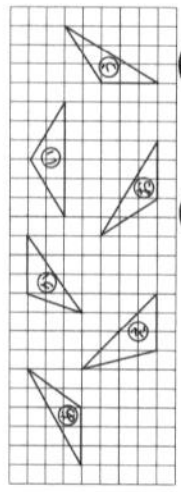

(㋒) と (㋔)

2 下の２つの四角形は合同です。( ) に文字や数を入れましょう。(8×3)

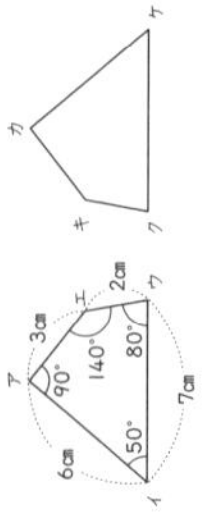

① 頂点《ちょうてん》アと対応《たいおう》するのは，頂点 (カ) です。

② 辺カケの長さは，(6) cmです。

③ 角キの大きさは，140 度です。

3 ２つの辺の長さが 7cm と 5cm で，その間の角度が 50° の三角形をかきましょう。(12)

略

4 次の㋐〜㋒の角度を計算で求めましょう。(10×3)

①

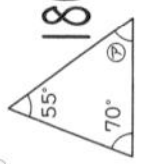

式 180−(55+70)=55

答え 55°

②

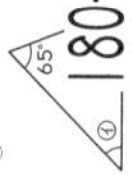

180−110=70

180−(70+65)=45

答え 45°

③

式 360−(70+90+90)=110

答え 110°

5 次の多角形の角の大きさの和を考えます。

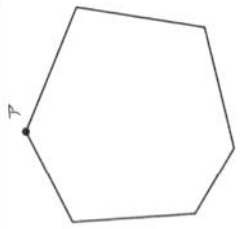

① この多角形の名前を書きましょう。(6)

(六角形)

② 点アから対角線をひいて，三角形に分けると，三角形はいくつできますか。(6)

(4)つ

③ この多角形の角の大きさの和を求めましょう。(10)

式 180×4=720

答え 720°

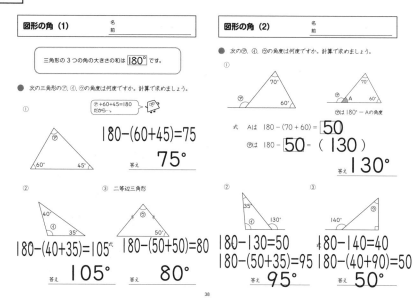

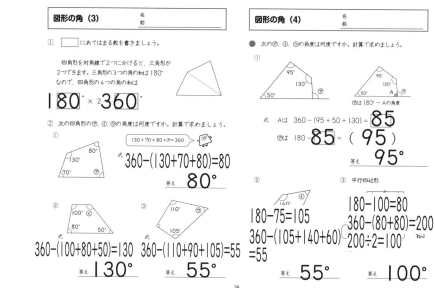

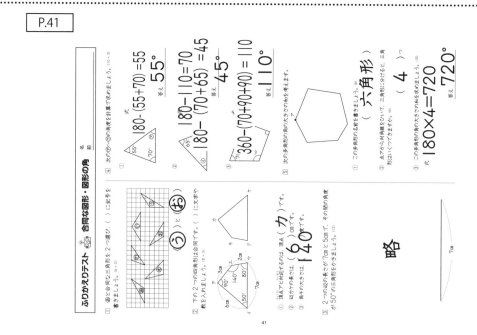

児童に実施させる前に，必ず指導される方が問題を解いてください。本書の解答は，あくまでも１つの例です。指導される方の作られた解答をもとに，本書の解答例を参考に児童の多様な考えに寄り添って○つけをお願いします。

P.42

偶数と奇数・倍数と約数 (1)
偶数・奇数

名前

[1] （　）に偶数《ぐうすう》か奇数《きすう》を書きましょう。

① 2でわり切れる整数は（偶数）です。

② 2でわり切れない整数は（奇数）です。

③ 0は（偶数）です。

④ 5　（奇数）

⑤ 8　（偶数）

[2] 次の数直線で偶数には○を，奇数には□を書きましょう。

○0 □1 ○2 □3 ○4 □5 ○6 □7 ○8 □9 ○10

□11 ○12 □13 ○14 □15 ○16 □17 ○18 □19 ○20 □21

● 偶数を通ってゴールまで行きましょう。通った数を□に書きましょう。

① 18　② 82　③ 126　④ 50　⑤ 74

42

偶数と奇数・倍数と約数 (2)
偶数・奇数

名前

[1] 次の数直線で偶数《ぐうすう》には○を，奇数《きすう》には□を書きましょう。

○52 □53 ○54 □55 ○56 □57 ○58 □59 ○60 □61

□107 ○108 □109 ○110 □111 ○112 □113 ○114 □115 ○116

[2] 下の数を，偶数・奇数に分けて書きましょう。

0　1　5　8　10　13　16　23　25

30　79　93　100　107　214　800

偶数 0, 8, 10, 16, 30, 100, 214, 800

奇数 1, 5, 13, 23, 25, 79, 93, 107

P.43

偶数と奇数・倍数と約数 (3)
倍数

名前

● オレンジを３個《こ》ずつふくろに入れます。ふくろの数が１ふくろ，２ふくろ，……のときのオレンジの数を調べましょう。

① ふくろの数が次のときのオレンジの個数を求めましょう。

㋐ 5ふくろ

式　3 ×5＝（15）

答え　15個

㋑ 8ふくろ

式　3 ×（8）＝（24）

答え　24個

② 表にまとめましょう。

ふくろの数（ふくろ）	1	2	3	4	5	6	7	8
オレンジの数（個）	3	6	9	12	15	18	21	24

3に整数をかけてできる数を，3の 倍数《ばいすう》 といいます。
0は，倍数には入れません。

③ 下の数直線で，3の倍数にあたる数を○で囲みましょう。

0 1 2 ③ 4 5 ⑥ 7 8 ⑨ 10 11 ⑫ 13 14 ⑮ 16 17 ⑱ 19 20 ㉑ 22 23 ㉔ 25 26 ㉗ 28 29 ㉚

43

偶数と奇数・倍数と約数 (4)
倍数

名前

[1] 次の倍数を○で囲みましょう。

① 2の倍数

0 ② ④ ⑥ ⑧ ⑩ ⑫ ⑭ ⑯ ⑱ ⑳ ㉒ ㉔ ㉖ ㉘ ㉚

② 5の倍数

0 1 2 3 4 ⑤ 6 7 8 9 ⑩ 11 12 13 14 ⑮ 16 17 18 19 ⑳ 21 22 23 24 ㉕ 26 27 28 29 ㉚

③ 6の倍数

0 1 2 3 4 5 ⑥ 7 8 9 10 11 ⑫ 13 14 15 16 17 ⑱ 19 20 21 22 23 ㉔ 25 26 27 28 29 ㉚

[2] 次の数の倍数を小さい方からじゅんに5つ書きましょう。

① 4の倍数　4, 8, 12, 16, 20

② 7の倍数　7, 14, 21, 28, 35

● 3の倍数を通ってゴールまで行きましょう。通った数を□に書きましょう。

① 27　② 12　③ 30　④ 24

P.44

偶数と奇数・倍数と約数 (5)
公倍数・最小公倍数

名前

● 2と3の倍数について調べましょう。

① 下の数直線で2と3の倍数にあたる数をそれぞれ○で囲みましょう。

② 下の数直線で2の倍数にも3の倍数にもなっている数を赤丸で囲みましょう。

2の倍数にも3の倍数にもなっている数を，2と3の 公倍数《こうばいすう》 といいます。公倍数のうち，いちばん小さい数を 最小公倍数《さいしょうこうばいすう》 といいます。

③ 1から30までの整数で2と3の公倍数を書きましょう。

（6），（12），（18），（24），（30）

④ 2と3の最小公倍数を書きましょう。（6）

2の倍数

0 ② ④ ⑥ ⑧ ⑩ ⑫ ⑭ ⑯ ⑱ ⑳ ㉒ ㉔ ㉖ ㉘ ㉚

3の倍数

0 1 2 ③ 4 5 ⑥ 7 8 ⑨ 10 11 ⑫ 13 14 ⑮ 16 17 ⑱ 19 20 ㉑ 22 23 ㉔ 25 26 ㉗ 28 29 ㉚

44

偶数と奇数・倍数と約数 (6)
公倍数・最小公倍数

名前

[1] 3と4の公倍数，最小公倍数を見つけましょう。

① 3と4の倍数を小さい順に書きましょう。

3　3 6 9 12 15 18 21 24……

4　4 8 12 16 20 24 28 32……

② 3と4の公倍数を小さい順に2つ書きましょう。

（12），（24）

③ 3と4の最小公倍数を書きましょう。（12）

[2] 5と10の公倍数，最小公倍数を見つけましょう。

① 5と10の倍数を小さい順に書きましょう。

5　5 10 15 20 25 30 35 40……

10　10 20 30 40 50 60 70 80……

② 5と10の公倍数を小さい順に2つ書きましょう。

（10），（20）

③ 5と10の最小公倍数を書きましょう。（10）

P.45

偶数と奇数・倍数と約数 (7)
公倍数・最小公倍数

名前

[1] 次の2つの数の公倍数を小さい順に3つ書きましょう。
また，最小公倍数を○で囲みましょう。

① 4と6　（⑫）（24）（36）

② 6と9　（⑱），（36），（54）

③ 8と12　（㉔），（48），（72）

[2] 2と3と4の公倍数，最小公倍数を見つけましょう。

① 2と3と4の倍数を小さい順に書きましょう。

2の倍数　2 4 6 8 10 12 14……

3の倍数　3 6 9 12 15 18 21……

4の倍数　4 8 12 16 20 24 28……

② 2と3と4の公倍数を小さい順に2つ書きましょう。

（12），（24）

③ 2と3と4の最小公倍数を書きましょう。（12）

偶数と奇数・倍数と約数 (8)
公倍数・最小公倍数

名前

● 高さが3cmの箱と，高さが7cmの箱があります。それぞれ積んでいき，はじめに高さが等しくなるときを調べましょう。

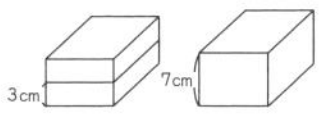

① 高さ3cmの箱を積んでいくと，高さはどのように変わっていきますか。数直線に○をつけましょう。

0 1 2 ③ 4 5 ⑥ 7 8 ⑨ 10 11 ⑫ 13 14 ⑮ 16 17 ⑱ 19 20 ㉑ (cm)

② 高さ7cmの箱を積んでいくと，高さはどのように変わっていきますか。数直線に○をつけましょう。

0 1 2 3 4 5 6 ⑦ 8 9 10 11 12 13 ⑭ 15 16 17 18 19 20 ㉑ (cm)

③ 2種類の箱の高さがはじめて同じになるのは，何cmのときですか。また，そのとき，箱はそれぞれ何個ですか。

高さは　（21）cm

3cmの箱は（7）個

7cmの箱は（3）個

45

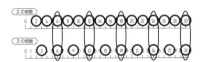

解答

児童に実施させる前に，必ず指導される方が問題を解いてください。本書の解答は，あくまでも１つの例です。指導される方の作られた解答をもとに，本書の解答例を参考に児童の多様な考えに寄り添って○つけをお願いします

P.46

偶数と奇数・倍数と約数 (9)　名前

約数

● 12 個《こ》のドーナツを同じ数ずつ子どもに分けます。
あまりが出ないように分けられるのは，子どもが何人のときですか。

① 子どもの人数が１人のときから順に調べ表にまとめましょう。

人数（人）	1	2	3	4	5	6	7	8	9	10	11	12
あまりなし…○ あまりあり…×	○	○	○	○	×	○	×	×	×	×	×	○

② あまりが出ないように分けられるのは，何人のときですか。

（1人，2人，3人，4人，6人，12人）

12 をわり切ることのできる整数を，12 の 約数《やくすう》 といいます。
１と もとの整数も約数に入れます。

③ 12 の約数を□に書きましょう。

1　2　3　4　6　12

12 の約数は，1と12，2と6，3と4のペアになっているね。

46

偶数と奇数・倍数と約数 (10)　名前

約数

1 次の数の約数に○をつけましょう。

① 0 ⓵ ⓶ 3 ⓸ 5 6 7 ⓼

② 0 ⓵ 2 ⓷ 4 ⓹ 6 7 8 9 10 11 12 13 14 ⑮

③ 0 ⓵ ⓶ 3 ⓸ ⓹ 6 7 8 9 ⑩ 11 12 13 14 15 16 17 18 19 ⑳

2 次の数の約数をすべて書きましょう。

① 18 の約数

1　2　3　6　9　18

② 9 の約数

1　3　9

ペアでさがしていくとわかりやすいよ。

③ 24 の約数

1　2　3　4　6　8　12　24

P.47

偶数と奇数・倍数と約数 (11)　名前

公約数・最大公約数

● 12 の約数にも 18 の約数にもなっている数を調べましょう。

① 下の数直線でそれぞれの約数にあたる数を○で囲みましょう。

② 下の数直線で 12 の約数にも 18 の約数にもなっている数を赤丸で囲みましょう。

12の約数にも18の約数にもなっている数を，12と18の 公約数《こうやくすう》 といいます。公約数のうち，いちばん大きい数を 最大公約数《さいだいこうやくすう》 といいます。

③ 12 と 18 の公約数を書きましょう。

（1），（2），（3），（6）

④ 12 と 18 の最大公約数を書きましょう。（6）

12 の約数　0 ⓵ ⓶ ⓷ ⓸ 5 ⓺ 7 8 9 10 11 ⑫

18 の約数　0 ⓵ ⓶ ⓷ 4 5 ⓺ 7 8 ⓽ 10 11 12 13 14 15 16 17 ⑱

47

偶数と奇数・倍数と約数 (12)　名前

公約数・最大公約数

1 15 と 10 の公約数をすべて書きましょう。
また，最大公約数を○で囲みましょう。

15 の約数　0 ⓵ 2 ⓷ 4 ⓹ 6 7 8 9 10 11 12 13 14 ⑮

10 の約数　0 ⓵ ⓶ 3 4 ⓹ 6 7 8 9 ⑩

15と10の公約数（1），（⑤）

2 次の２つの数の公約数をすべて書きましょう。
また，最大公約数を○で囲みましょう。

① 8 と 12

8 の約数（1，2，4，8）

12 の約数（1，2，3，4，6，12）

8 と 12 の公約数（1，2，④）

② 36 と 48

36 の約数（1，2，3，4，6，9，12，18，36）

48 の約数（1，2，3，4，6，8，12，16，24，48）

36 と 48 の公約数（1，2，3，4，6，⑫）

P.48

偶数と奇数・倍数と約数 (13)　名前

公約数・最大公約数

1 9 と 12 と 15 の公約数と最大公約数を調べましょう。

① それぞれの数の約数を書きましょう。

9（1，3，9）

12（1，2，3，4，6，12）

15（1，3，5，15）

② ３つの数の公約数を書きましょう。

（1），（3）

③ 最大公約数を書きましょう。（3）

2 次の数の公約数を全部求めましょう。また，最大公約数に○をつけましょう。

① 6と9（1，③）

② 14と21（1，⑦）

③ 15と20（1，⑤）

④ 18と24と30（1，2，3，⑥）

48

偶数と奇数・倍数と約数 (14)　名前

公約数・最大公約数

● たて 16m，横 12m の長方形の花だんがあります。この花だんを同じ広さの正方形に区切ります。
正方形の１辺を何 m にすればよいですか。

16 m

12 m

① たて 16m をあまりなく区切ることができるのは何 m のときですか。

（1）m，（2）m，（4）m，（8）m，（16）m

② 横 12m をあまりなく区切ることができるのは何 m のときですか。

（1）m，（2）m，（3）m，（4）m，（6）m，（12）m

③ 正方形に区切ることができる１辺の長さは何 m のときですか。

（1）m，（2）m，（4）m

④ いちばん大きな正方形は１辺が何 m ですか。

（4）m

P.49

ふりかえりテスト　偶数と奇数・倍数と約数　名前

1 次の数を偶数《ぐうすう》と奇数《きすう》に分けて書きましょう。(6)

0，1，3，4，6，17，22，49，85，100

偶数（0，4，6，22，100）

奇数（1，3，17，49，85）

2 次の数の倍数を，小さい順に３つ書きましょう。(7×2)

① 7（7，14，21）

② 10（10，20，30）

3 次の２つの数の公倍数を小さい順に３つ書きましょう。また，最小公倍数を求めましょう。(7×3，4×3)

①（4，5）（20，40，60）最小公倍数（20）

②（6，8）（24，48，72）（24）

③（12，9）（36，72，108）（36）

4 次の数の約数をすべて書きましょう。(7×2)

① 36（1，2，3，4，6，9，12，18，36）

② 25（1，5，25）

5 次の２つの数の公約数をすべて書きましょう。
また，最大公約数を求めましょう。(7×3，4×3)

①（24，32）（1，2，4，8）最大公約数（8）

②（16，40）（1，2，4，8）（8）

③（18，27）（1，3，9）（9）

● 18 と 30 と 36 の公約数を通ってゴールまで行きましょう。
通った方の数を□に書きましょう。

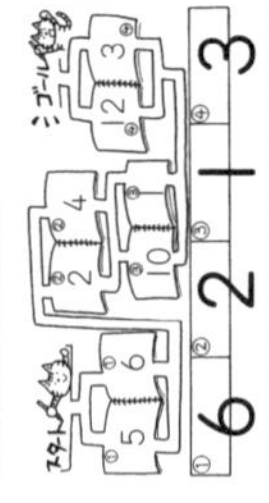

49

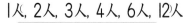

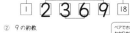

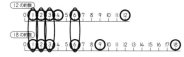

P.50

分数と小数，整数の関係 (1)

名前

1 2L のジュースを３人で等分すると１人分は何 L になりますか。
答えは分数で表しましょう。

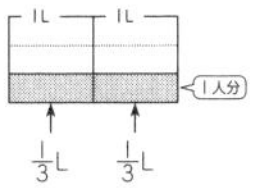

式　$2 \div 3 = \frac{2}{3}$

答え　$\frac{2}{3}$ L

わり算の商は，分数で表すことができます。　□ ÷ ○ = $\frac{□}{○}$

2 わり算の商を分数で表しましょう。

① $5 \div 8 = \frac{5}{8}$　② $7 \div 5 = \frac{7}{5}$

③ $4 \div 9 = \frac{4}{9}$　④ $11 \div 13 = \frac{11}{13}$

3 □にあてはまる数を書きましょう。

① $\frac{3}{4} = 3 \div 4$　② $\frac{1}{7} = 1 \div 7$

③ $\frac{5}{6} = 5 \div 6$　④ $\frac{2}{9} = 2 \div 9$

50

分数と小数，整数の関係 (2)

名前

1 $\frac{3}{2}$を小数で表しましょう。

$\frac{3}{2} = 3 \div 2$
$= 1.5$

2)3

2 次の分数を小数や整数で表しましょう。

① $\frac{1}{4} = 1 \div 4$ $= 0.25$　② $\frac{5}{8} = 5 \div 8$ $= 0.625$

③ $2\frac{2}{5} = \frac{12}{5}$ $= 12 \div 5$ $= 2.4$　④ $1\frac{7}{25} = \frac{32}{25}$ $= 32 \div 25$ $= 1.28$

⑤ $\frac{72}{8} = 72 \div 8$ $= 9$　⑥ $\frac{21}{7} = 21 \div 7$ $= 3$

⑦ $3\frac{1}{2} = \frac{7}{2}$ $= 7 \div 2$ $= 3.5$　⑧ $\frac{6}{5} = 6 \div 5$ $= 1.2$

P.51

分数と小数，整数の関係 (3)

名前

1 次の小数を，それぞれ分数になおしましょう。

① $0.7 = \frac{7}{10}$

② $3.4 = \frac{34}{10}$

③ $0.18 = \frac{18}{100}$

$0.1 = \frac{1}{10}$
$0.01 = \frac{1}{100}$ だったね。

2 次の小数を，分数で表しましょう。

① $0.3 = \frac{3}{10}$　② $1.9 = \frac{19}{10}$

③ $0.05 = \frac{5}{100}$　④ $2.43 = \frac{243}{100}$

⑤ $0.61 = \frac{61}{100}$

3 次の整数を，分数で表しましょう。

① $8 = \frac{8}{1}$　② $9 = \frac{9}{1}$　③ $12 = \frac{12}{1}$

51

分数と小数，整数の関係 (4)

名前

● 数の大小を比《くら》べて，□に不等号を書きましょう。

① $0.7 < \frac{3}{4}$　$3 \div 4 = 0.75$

② $\frac{19}{25} > 0.72$　$19 \div 25 = 0.76$

③ $2\frac{3}{4} > 2.7$　$11 \div 4 = 2.75$

④ $3.9 > \frac{19}{5}$　$19 \div 5 = 3.8$

⑤ $1.3 < \frac{11}{8}$　$11 \div 8 = 1.375$

分数を小数になおすと比べられるね。

● 分数を小数で表し，大きい方の数を通ってゴールしましょう。□に通った方の小数を書きましょう。

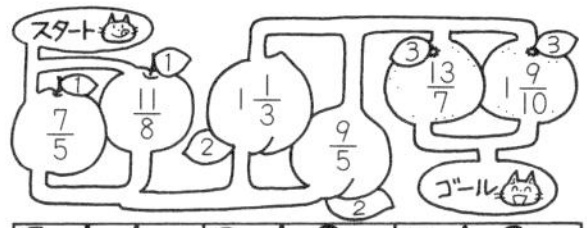

①	1.4	②	1.8	③	1.9

P.52

分数と小数，整数の関係 (5)

分数倍

名前

1 右の表のような長さのリボンがあります。
Aのリボンの長さ 3m をもとにすると，
B，Cのリボンの長さはそれぞれ何倍になりますか。

	長さ (m)
A	3
B	5
C	2

B

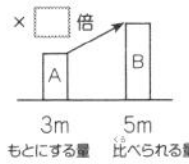

$5 \div 3 = \frac{5}{3}$

BはAの $= \frac{5}{3}$ 倍

C

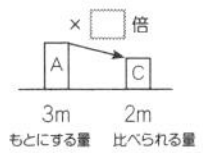

$2 \div 3 = \frac{2}{3}$

CはAの $= \frac{2}{3}$ 倍

2 Aのやかんには 4L，Bのやかんには 7L の水が入っています。
BのやかんはAのやかんの何倍の水が入っていますか。

式 $7 \div 4 = \frac{7}{4}$

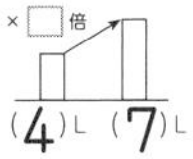

答え　$\frac{7}{4}$ 倍

52

ふりかえりシート

分数と小数，整数の関係

名前

1 わり算の商を分数で表しましょう。

① $3 \div 8 = \frac{3}{8}$　② $9 \div 5 = \frac{9}{5}$　③ $13 \div 7 = \frac{13}{7}$

2 □にあてはまる数を書きましょう。

① $\frac{1}{5} = 1 \div 5$　② $\frac{17}{12} = 17 \div 12$

3 次の分数を小数や整数で表しましょう。

① $\frac{15}{4}$ (3.75)　② $1\frac{3}{5}$ (1.6)　③ $\frac{54}{9}$ (6)

4 次の小数や整数を分数で表しましょう。

① 0.9 ($\frac{9}{10}$)　② 2.71 ($\frac{271}{100}$)　③ 0.39 ($\frac{39}{100}$)

④ 5 ($\frac{5}{1}$)　⑤ 17 ($\frac{17}{1}$)

5 数の大小を比《くら》べて，□に不等号を書きましょう。

① $\frac{1}{8} > 0.12$　② $3.17 < 3\frac{1}{5}$

P.53

分数 (1)

名前

● 大きさの等しい分数をつくります。□にあてはまる数を書きましょう。

①

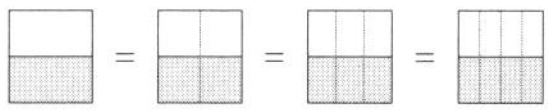

$\frac{1}{2} = \frac{2}{4} = \frac{3}{6} = \frac{4}{8}$

(×2, ×3, ×4)

②

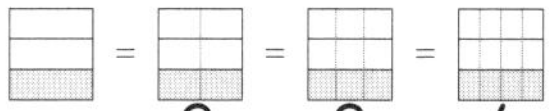

$\frac{1}{3} = \frac{2}{6} = \frac{3}{9} = \frac{4}{12}$

③

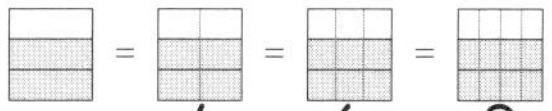

$\frac{2}{3} = \frac{4}{6} = \frac{6}{9} = \frac{8}{12}$

53

分数 (2)

名前

● 大きさの等しい分数をつくります。□にあてはまる数を書きましょう。

①

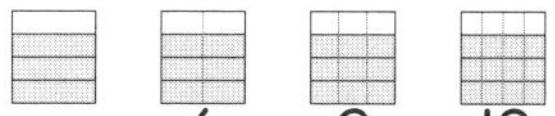

$\frac{3}{4} = \frac{6}{8} = \frac{9}{12} = \frac{12}{16}$

② $\frac{2}{5} = \frac{4}{10} = \frac{6}{15} = \frac{8}{20}$

③ $\frac{1}{6} = \frac{2}{12} = \frac{3}{18} = \frac{4}{24}$

④ $\frac{3}{5} = \frac{6}{10} = \frac{9}{15} = \frac{12}{20}$

⑤ $\frac{4}{7} = \frac{8}{14} = \frac{12}{21} = \frac{16}{28}$

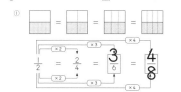

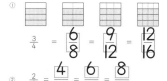

児童に実施させる前に，必ず指導される方が問題を解いてください。本書の解答は，あくまでも１つの例です。指導される方の作られた解答をもとに，本書の解答例を参考に児童の多様な考えに寄り添って○つけをお願いします。

P.54

分数（3）

名前

● 大きさの等しい分数をつくります。□にあてはまる数を書きましょう。

① $\frac{6}{12} = \frac{3}{6} = \frac{2}{4} = \frac{1}{2}$ （÷2，÷3，÷6）

② $\frac{12}{18} = \frac{2}{3}$ （÷6）　③ $\frac{15}{25} = \frac{3}{5}$ （÷5）

④ $\frac{14}{16} = \frac{7}{8}$　⑤ $\frac{12}{24} = \frac{6}{12} = \frac{4}{8}$

⑥ $\frac{18}{30} = \frac{9}{15} = \frac{6}{10} = \frac{3}{5}$

分数（4）

約分

名前

1 次の分数を約分《やくぶん》しましょう。

$\frac{4}{8}\,\frac{2}{4}$ まだ約分できるよ。 $\frac{1}{2}$

① $\frac{4}{8} = \frac{1}{2}$ （÷4）

② $\frac{5}{10} = \frac{1}{2}$　③ $\frac{9}{18} = \frac{1}{2}$　④ $\frac{36}{48} = \frac{3}{4}$

⑤ $\frac{14}{35} = \frac{2}{5}$　⑥ $\frac{32}{40} = \frac{4}{5}$

2 次の分数を約分して，$\frac{2}{3}$ と等しい大きさの分数を見つけましょう。

㋐ $\frac{16}{24} = \frac{2}{3}$　㋑ $\frac{18}{24} = \frac{3}{4}$　㋒ $\frac{12}{18} = \frac{2}{3}$

㋓ $\frac{20}{30} = \frac{2}{3}$　㋔ $\frac{16}{20} = \frac{4}{5}$

（㋐，㋒，㋓）

P.55

分数（5）

通分

名前

● 次の分数を通分《つうぶん》しましょう。

① $\left(\frac{1}{2}, \frac{2}{3}\right)$ 分母が同じ分数になおす $\left(\frac{3}{6}, \frac{4}{6}\right)$

$\frac{1}{2}$ に等しい分数　$\frac{1}{2}, \frac{2}{4}, \frac{3}{6}$ …

$\frac{2}{3}$ に等しい分数　$\frac{2}{3}, \frac{4}{6}, \frac{6}{9}$ …

もとの分母の最小公倍数を見つけたらいいね。

② $\left(\frac{1}{3}, \frac{2}{9}\right) \rightarrow \left(\frac{3}{9}, \frac{2}{9}\right)$

3の倍数…（3，6，9，12，…）

9の倍数…（9，18，…）

③ $\left(\frac{4}{9}, \frac{5}{6}\right) \rightarrow \left(\frac{8}{18}, \frac{15}{18}\right)$

9の倍数…（9，18，…）

6の倍数…（6，12，18，…）

④ $\left(\frac{3}{10}, \frac{2}{15}\right) \rightarrow \left(\frac{9}{30}, \frac{4}{30}\right)$

10の倍数…（10，20，30，…）

15の倍数…（15，30，…）

分数（6）

通分

名前

● （　）の中の分数を通分《つうぶん》して大きさを比《くら》べ，□に不等号で表しましょう。

① $\left(\frac{3}{8}, \frac{5}{6}\right)$ 8と6の最小公倍数 24

$\frac{3}{8} = \frac{9}{24}$，$\frac{5}{6} = \frac{20}{24}$　$\frac{3}{8} < \frac{5}{6}$

② $\left(\frac{3}{4}, \frac{7}{10}\right)$ 4と10の最小公倍数 20

$\frac{3}{4} = \frac{15}{20}$，$\frac{7}{10} = \frac{14}{20}$　$\frac{3}{4} > \frac{7}{10}$

③ $\left(\frac{11}{12}, \frac{5}{9}\right)$ 12と9の最小公倍数 36

$\frac{11}{12} = \frac{33}{36}$，$\frac{5}{9} = \frac{20}{36}$　$\frac{11}{12} > \frac{5}{9}$

● 2つの分数を通分して大きい方の分数を通ってゴールしましょう。□に通った分数を通分した形で書きましょう。

① $\frac{3}{8}$　② $\frac{5}{18}$　③ $\frac{16}{20}$

P.56

分数のたし算ひき算（1）

分数のたし算（約分なし）

名前

● 次の計算をしましょう。

① $\frac{1}{2} + \frac{1}{3} = \frac{3}{6} + \frac{2}{6}$ （2と3の最小公倍数）

$= \frac{5}{6}$

分母がちがう分数どうしの計算は通分《つうぶん》してから計算しよう。

② $\frac{1}{3} + \frac{1}{4} = \frac{4}{12} + \frac{3}{12}$　3と4の最小公倍数 12

$= \frac{7}{12}$

③ $\frac{1}{6} + \frac{3}{4} = \frac{2}{12} + \frac{9}{12}$　6と4の最小公倍数 12

$= \frac{11}{12}$

④ $\frac{4}{15} + \frac{7}{10} = \frac{29}{30}$　⑤ $\frac{3}{8} + \frac{7}{12} = \frac{23}{24}$

⑥ $\frac{2}{9} + \frac{2}{3} = \frac{8}{9}$　⑦ $\frac{4}{5} + \frac{1}{8} = \frac{37}{40}$

分数のたし算ひき算（2）

分数のたし算（約分あり）

名前

● 次の計算をしましょう。

① $\frac{3}{4} + \frac{1}{12} = \frac{9}{12} + \frac{1}{12}$

$= \frac{10}{12}$（$\frac{5}{6}$）

$= \frac{5}{6}$

約分できるときはわすれずに約分しよう。

② $\frac{5}{6} + \frac{7}{15} = \frac{25}{30} + \frac{14}{30}$

$= \frac{39}{30}$（$\frac{13}{10}$）　約分をしよう。

$= \frac{13}{10}$（$1\frac{3}{10}$）

③ $\frac{3}{5} + \frac{9}{10} = \frac{3}{2}$（$1\frac{1}{2}$）　④ $\frac{4}{3} + \frac{7}{6} = \frac{5}{2}$（$2\frac{1}{2}$）

⑤ $\frac{9}{20} + \frac{3}{4} = \frac{6}{5}$（$1\frac{1}{5}$）　⑥ $\frac{2}{21} + \frac{1}{14} = \frac{1}{6}$

P.57

分数のたし算ひき算（3）

帯分数のたし算（くり上がりなし）

名前

● 次の計算をしましょう。

① $1\frac{1}{4} + 1\frac{3}{5} = 1\frac{5}{20} + 1\frac{12}{20}$

$= 2\frac{17}{20}$（$\frac{57}{20}$）

整数どうし分数どうしを計算するよ。

② $1\frac{1}{5} + \frac{5}{7} = 1\frac{32}{35}$（$\frac{67}{35}$）　③ $1\frac{5}{12} + 2\frac{1}{4} = 3\frac{2}{3}$（$\frac{11}{3}$）

④ $1\frac{3}{8} + \frac{2}{5} = 1\frac{31}{40}$（$\frac{71}{40}$）　⑤ $1\frac{3}{4} + 1\frac{1}{6} = 2\frac{11}{12}$（$\frac{35}{12}$）

⑥ $2\frac{1}{9} + 1\frac{5}{6} = 3\frac{17}{18}$（$\frac{71}{18}$）　⑦ $1\frac{1}{21} + 2\frac{1}{42} = 3\frac{1}{14}$（$\frac{43}{14}$）

分数のたし算ひき算（4）

帯分数のたし算（くり上がりあり）

名前

● 次の計算をしましょう。

① $1\frac{3}{4} + 1\frac{1}{2} = 1\frac{3}{4} + 1\frac{2}{4}$

$= 2\frac{5}{4}$

$= 3\frac{1}{4}$（$\frac{13}{4}$）

$\frac{5}{4}$ は $1\frac{1}{4}$ だから 2と $1\frac{1}{4}$ で…

② $1\frac{4}{5} + 2\frac{7}{10} = 1\frac{8}{10} + 2\frac{7}{10}$

$= 3\frac{15}{10}$

$= 3\frac{3}{2}$　約分をしよう。

$= 4\frac{1}{2}$（$\frac{9}{2}$）

③ $\frac{2}{3} + 2\frac{4}{9} =$ $3\frac{1}{9}$（$\frac{28}{9}$）　④ $1\frac{5}{8} + 1\frac{7}{12} =$ $3\frac{5}{24}$（$\frac{77}{24}$）

P.58

分数のたし算ひき算 (5)
分数のたし算　名前

● 次の計算をしましょう。

① $\frac{4}{9}+\frac{2}{3}=\frac{10}{9}\left(1\frac{1}{9}\right)$　② $\frac{4}{5}+1\frac{3}{20}=1\frac{19}{20}\left(\frac{39}{20}\right)$

③ $\frac{5}{14}+\frac{8}{7}=\frac{3}{2}\left(1\frac{1}{2}\right)$　④ $\frac{7}{6}+\frac{5}{18}=\frac{13}{9}\left(1\frac{4}{9}\right)$

⑤ $1\frac{1}{9}+\frac{7}{12}=1\frac{25}{36}\left(\frac{61}{36}\right)$　⑥ $1\frac{3}{10}+1\frac{7}{8}=3\frac{7}{40}\left(\frac{127}{40}\right)$

⑦ $2\frac{5}{8}+1\frac{3}{4}=4\frac{3}{8}\left(\frac{35}{8}\right)$　⑧ $\frac{11}{20}+2\frac{5}{12}=2\frac{29}{30}\left(\frac{89}{30}\right)$

分数のたし算ひき算 (6)
分数のたし算　名前

● 次の計算をしましょう。

① $\frac{3}{8}+\frac{1}{4}=\frac{5}{8}$　② $\frac{7}{12}+\frac{1}{6}=\frac{3}{4}$

③ $1\frac{6}{7}+1\frac{9}{14}=3\frac{1}{2}\left(\frac{7}{2}\right)$　④ $1\frac{2}{15}+\frac{1}{9}=1\frac{11}{45}\left(\frac{56}{45}\right)$

⑤ $1\frac{1}{3}+2\frac{13}{15}=4\frac{1}{5}\left(\frac{21}{5}\right)$

● 答えの大きい方を通ってゴールまで行きましょう。通った答えを□に書きましょう。

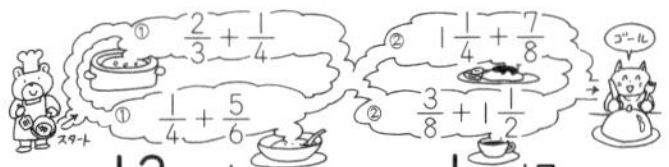

① $\frac{13}{12}\left(1\frac{1}{12}\right)$　② $2\frac{1}{8}\left(\frac{17}{8}\right)$

58

P.59

分数のたし算ひき算 (7)
分数のひき算（約分なし）　名前

● 次の計算をしましょう。

① $\frac{4}{5}-\frac{1}{2}=\frac{8}{10}-\frac{5}{10}$
$=\frac{3}{10}$

5と2の最小公倍数

ひき算も同じように通分してから分母をそろえて計算しよう。

② $\frac{7}{8}-\frac{5}{6}=\frac{1}{24}$　③ $\frac{4}{5}-\frac{1}{6}=\frac{19}{30}$

④ $\frac{3}{5}-\frac{2}{7}=\frac{11}{35}$　⑤ $\frac{11}{6}-\frac{9}{7}=\frac{23}{42}$

⑥ $\frac{8}{9}-\frac{2}{3}=\frac{2}{9}$　⑦ $\frac{9}{10}-\frac{3}{4}=\frac{3}{20}$

⑧ $\frac{1}{3}-\frac{1}{8}=\frac{5}{24}$

59

分数のたし算ひき算 (8)
分数のひき算（約分あり）　名前

● 次の計算をしましょう。

① $\frac{9}{10}-\frac{2}{5}=\frac{9}{10}-\frac{4}{10}$
$=\frac{5}{10}$ (1/2)
$=\frac{1}{2}$

約分できるときはわすれずに約分しよう。

② $\frac{2}{3}-\frac{1}{6}=\frac{1}{2}$　③ $\frac{7}{15}-\frac{3}{10}=\frac{1}{6}$

④ $\frac{3}{4}-\frac{9}{20}=\frac{3}{10}$　⑤ $\frac{7}{12}-\frac{4}{21}=\frac{11}{28}$

⑥ $\frac{3}{2}-\frac{7}{6}=\frac{1}{3}$　⑦ $\frac{3}{14}-\frac{1}{10}=\frac{4}{35}$

59

P.60

分数のたし算ひき算 (9)
帯分数のひき算（くり下がりなし）　名前

● 次の計算をしましょう。

① $2\frac{1}{2}-1\frac{1}{4}=2\frac{2}{4}-1\frac{1}{4}$
$=1\frac{1}{4}$

通分してから整数どうし分数どうしで計算だね。

② $2\frac{7}{12}-1\frac{1}{8}=1\frac{11}{24}\left(\frac{35}{24}\right)$　③ $1\frac{2}{3}-1\frac{1}{4}=\frac{5}{12}$

④ $3\frac{5}{6}-2\frac{2}{5}=1\frac{13}{30}\left(\frac{43}{30}\right)$　⑤ $2\frac{19}{20}-\frac{3}{4}=2\frac{1}{5}\left(\frac{11}{5}\right)$

⑥ $1\frac{5}{8}-\frac{1}{5}=1\frac{17}{40}\left(\frac{57}{40}\right)$　⑦ $3\frac{1}{10}-3\frac{2}{35}=\frac{3}{70}$

60

分数のたし算ひき算 (10)
帯分数のひき算（くり下がりあり）　名前

1 $3\frac{1}{6}-1\frac{1}{3}$を計算しましょう。

帯分数のままで計算

$3\frac{1}{6}-1\frac{1}{3}=3\frac{1}{6}-1\frac{2}{6}$
1くり下げる　$=2\frac{7}{6}-1\frac{2}{6}$
$=1\frac{5}{6}$

仮分数になおして計算

$3\frac{1}{6}-1\frac{1}{3}=\frac{19}{6}-\frac{4}{3}$
$=\frac{19}{6}-\frac{8}{6}$
$=\frac{11}{6}\left(1\frac{5}{6}\right)$

2 次の計算をしましょう。

① $3\frac{1}{4}-1\frac{1}{2}=1\frac{3}{4}\left(\frac{7}{4}\right)$　② $2\frac{7}{15}-1\frac{5}{9}=\frac{41}{45}$

③ $1\frac{1}{5}-\frac{7}{10}=\frac{1}{2}$　④ $3\frac{5}{6}-\frac{23}{24}=2\frac{7}{8}\left(\frac{23}{8}\right)$

60

P.61

分数のたし算ひき算 (11)
分数のひき算　名前

● 次の計算をしましょう。

① $\frac{7}{6}-\frac{9}{8}=\frac{1}{24}$　② $\frac{9}{10}-\frac{13}{20}=\frac{1}{4}$

③ $\frac{11}{12}-\frac{4}{15}=\frac{13}{20}$　④ $\frac{5}{6}-\frac{5}{14}=\frac{10}{21}$

⑤ $3\frac{1}{3}-2\frac{1}{12}=1\frac{1}{4}\left(\frac{5}{4}\right)$　⑥ $1\frac{8}{15}-\frac{7}{9}=\frac{34}{45}$

⑦ $1\frac{7}{12}-1\frac{1}{4}=\frac{1}{3}$　⑧ $1\frac{1}{6}-\frac{1}{2}=\frac{2}{3}$

61

分数のたし算ひき算 (12)
分数のひき算　名前

● 次の計算をしましょう。

① $\frac{2}{9}-\frac{1}{6}=\frac{1}{18}$　② $\frac{11}{12}-\frac{5}{8}=\frac{7}{24}$

③ $\frac{13}{9}-\frac{7}{6}=\frac{5}{18}$　④ $2\frac{1}{6}-1\frac{8}{15}=\frac{19}{30}$

⑤ $1\frac{3}{10}-\frac{4}{5}=\frac{1}{2}$

● 答えの大きい方を通ってゴールまで行きましょう。通った答えを□に書きましょう。

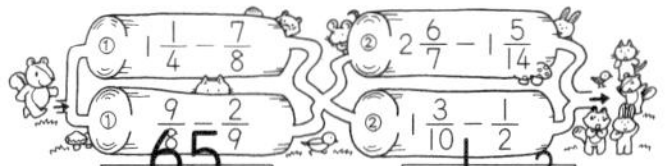

① $\frac{65}{72}$　② $1\frac{1}{2}\left(\frac{3}{2}\right)$

61

児童に実施させる前に，必ず指導される方が問題を解いてください。本書の解答は，あくまでも１つの例です。指導される方の作られた解答をもとに，本書の解答例を参考に児童の多様な考えに寄り添って○つけをお願いします。

P.62

分数のたし算ひき算（13）
3つの分数のたし算・ひき算

名前

● 次の計算をしましょう。

① $\frac{1}{2}+\frac{1}{3}-\frac{1}{4}=\frac{6}{12}+\frac{4}{12}-\frac{3}{12}$
$=\frac{7}{12}$

2と3と4の最小公倍数の⑫を分母とするよ。

② $\frac{3}{4}-\frac{1}{3}+\frac{1}{6}=\frac{7}{12}$

③ $\frac{2}{3}+\frac{1}{2}-\frac{7}{8}=\frac{7}{24}$

④ $\frac{5}{9}+\frac{3}{4}-\frac{11}{12}=\frac{7}{18}$

⑤ $\frac{7}{8}-\frac{1}{6}+\frac{5}{3}=\frac{19}{8}$ $(2\frac{3}{8})$

⑥ $\frac{2}{3}-\frac{1}{5}-\frac{1}{4}=\frac{13}{60}$

分数のたし算ひき算（14）
小数と分数のまじった計算

名前

① $0.2+\frac{2}{5}$ を計算しましょう。

分数にそろえて計算

$0.2+\frac{2}{5}=\frac{2}{10}+\frac{2}{5}$
$=\frac{2}{10}+\frac{4}{10}$
$=\frac{6}{10}$（約分して $\frac{3}{5}$）
$=\frac{3}{5}$

小数にそろえて計算

$0.2+\frac{2}{5}=0.2+0.4$
$=0.6$

答え $\frac{3}{5}$，0.6

② 次の計算をしましょう。

① $\frac{1}{3}+0.4=\frac{11}{15}$

② $0.25+\frac{4}{5}=\frac{21}{20}$ $(1\frac{1}{20},\ 1.05)$

③ $\frac{5}{8}+0.7=\frac{53}{40}$ $(1\frac{13}{40},\ 1.325)$

④ $0.9-\frac{1}{6}=\frac{11}{15}$

⑤ $\frac{2}{3}-0.35=\frac{19}{60}$

⑥ $0.15-\frac{1}{10}=\frac{1}{20}$ (0.05)

62

P.63

分数のたし算ひき算（15）

名前

① やかんには $\frac{3}{4}$ L，ペットボトルには $\frac{2}{3}$ L のお茶が入っています。

① 2つのお茶を合わせると，何Lになりますか。

式 $\frac{3}{4}+\frac{2}{3}=\frac{17}{12}(1\frac{5}{12})$

答え $\frac{17}{12}(1\frac{5}{12})$ L

② 2つのお茶の量のちがいは，何Lになりますか。

式 $\frac{3}{4}-\frac{2}{3}=\frac{1}{12}$

答え $\frac{1}{12}$ L

② $1\frac{1}{2}$ kgのなしを $\frac{1}{5}$ kgのかごに入れると，全体の重さは何kgになりますか。

式 $1\frac{1}{2}+\frac{1}{5}=1\frac{7}{10}$

答え $1\frac{7}{10}$ kg

分数のたし算ひき算（16）

名前

① 大きな箱にはじゃがいもが $3\frac{2}{9}$ kg，小さな箱にはじゃがいもが $1\frac{5}{6}$ kg入っています。合わせると何kgになりますか。

式 $3\frac{2}{9}+1\frac{5}{6}=5\frac{1}{18}(\frac{91}{18})$

答え $5\frac{1}{18}(\frac{91}{18})$ kg

② あゆさんは，テープを $\frac{7}{12}$ m持っていましたが，工作で $\frac{1}{3}$ m使いました。残りは何mになりましたか。

式 $\frac{7}{12}-\frac{1}{3}=\frac{1}{4}$

答え $\frac{1}{4}$ m

③ 家から駅までは $2\frac{3}{5}$ kmあります。さとしさんは，家から $\frac{9}{10}$ kmのところまで歩きました。駅まであと何kmありますか。

式 $2\frac{3}{5}-\frac{9}{10}=1\frac{7}{10}$

答え $1\frac{7}{10}$ km

63

P.64

ふりかえりテスト 分数・分数のたし算ひき算

名前

① 次の分数を約分しましょう。(5×2)

① $\frac{24}{32}=\frac{3}{4}$　② $\frac{18}{45}=\frac{2}{5}$

② 次の分数を通分して大きさを比《くら》べ，（　）に不等号で表しましょう。(7×2)

① $\frac{5}{8}$ （＜） $\frac{5}{6}$

② $\frac{5}{12}$ （＞） $\frac{11}{36}$

③ 次のたし算をしましょう。(7×4)

① $\frac{3}{4}+\frac{3}{10}=\frac{21}{20}(1\frac{1}{20})$

② $\frac{1}{6}+\frac{5}{18}=\frac{4}{9}$

③ $1\frac{4}{9}+2\frac{1}{3}=3\frac{7}{9}(\frac{34}{9})$

④ $\frac{5}{8}+1\frac{5}{12}=2\frac{1}{24}(\frac{49}{24})$

④ 次のひき算をしましょう。(7×4)

① $\frac{5}{6}-\frac{1}{4}=\frac{7}{12}$

② $\frac{9}{10}-\frac{1}{2}=\frac{2}{5}$

③ $2\frac{3}{8}-1\frac{1}{6}=1\frac{5}{24}(\frac{29}{24})$

④ $1\frac{2}{15}-\frac{5}{9}=\frac{26}{45}$

⑤ 赤いテープは $\frac{5}{6}$ mです。
青いテープは $\frac{7}{9}$ mです。

① 2本のテープをつなぐと何mになりますか。
（つなぎ目の長さは考えません）(10)

式 $\frac{5}{6}+\frac{7}{9}=\frac{29}{18}(1\frac{11}{18})$

答え $\frac{29}{18}(1\frac{11}{18})$ m

② 2本のテープの長さのちがいは何mですか。(10)

式 $\frac{5}{6}-\frac{7}{9}=\frac{1}{18}$

答え $\frac{1}{18}$ m

64

P.65

平均（1）

名前

● ジュースが３つのコップに入っています。
３つのジュースの量を同じにするにはどうしたらよいですか。

㋐ 6dL　㋑ 5dL　㋒ 7dL

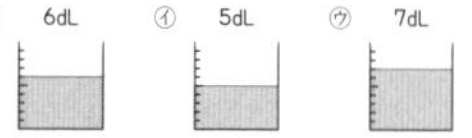

① ジュースは全部で何dLありますか。

$6+5+7=18$

18 dL

② 全部の量を３つのコップに等しく分けると，１つ分は何dLですか。

$18\div3=6$

6 dL

③ ①，②を１つの式に表しましょう。

$(6+5+7)\div3=6$

いくつかの数や量を同じ大きさになるようにならしたものを平均《へいきん》といいます。　全体の量 ÷ 個数 ＝ 平均

平均（2）

名前

① 次の魚の長さの平均《へいきん》を求めましょう。

19cm　18cm　20cm　15cm

式 $(19+18+20+15)\div4=18$

答え 18cm

② けいたさんは，毎日公園を走っています。この５日間を平均すると，１日何周走ったことになりますか。

けいたさんの走った周数

曜　日	日	月	火	水	木
走った数（周）	4	1	2	3	4

式 $(4+1+2+3+4)\div5=2.8$

答え 2.8周

③ 下の表は，ゆかさんのクラスの先週の欠席者の人数です。
１日平均何人欠席したことになりますか。

欠席者の人数

曜　日	月	火	水	木	金
人数（人）	2	1	0	2	3

式 $(2+1+0+2+3)\div5=1.6$

答え 1.6人

65

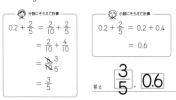

P.66

平均（3）

名前

● 下の表は，AさんとBさんの 50 m走の記録です。
Aさん，Bさんそれぞれの平均《へいきん》の記録を求めましょう。

50m 走の記録（秒）

回数	1回目	2回目	3回目
Aさん	8.6	8.4	8.5
Bさん	8.3	8.6	8.6

Aさん

式 $(8.6+8.4+8.5)\div 3=8.5$

答え 8.5秒

Bさん

式 $(8.3+8.6+8.6)\div 3=8.5$

答え 8.5秒

● 次の数の平均を求めて，数の大きい方を通りましょう。通った方の平均を下の□に書きましょう。

① 14.5　② 56.5

66

平均（4）

名前

● たまごが 30 個《こ》あります。そのうち，5 個を取り出して重さをはかりました。

54g　53g　56g　55g　52g

① たまご 1 個の平均《へいきん》は何 g ですか。

式 $(54+53+56+55+52)\div 5=54$

答え 54g

② たまご 30 個では何 g になると考えられますか。

式 $54\times 30=1620$
（1個の平均の重さ）（個数）（全体の重さ）

答え 1620g

③ たまご何個分で重さが 2700 g になると考えられますか。

式 $2700\div 54=50$
（全体の重さ）（1個の平均の重さ）（個数）

答え 50個

66

P.67

平均（5）

名前

1 けんとさんの歩はばの平均《へいきん》は，0.64m です。

① けんとさんが 50 歩あるいたら約何 m ですか。

式 $0.64\times 50=32$
（歩はば）（歩数）（道のり）

答え 約 32m

② 家から駅までの道のりは 480m あります。
けんとさんの歩はばで約何歩になりますか。

式 $480\div 0.64=750$
（道のり）（歩はば）（歩数）

答え 約 750歩

2 オレンジ 1 個《こ》から平均して 70mL のジュースをしぼることができました。このオレンジ 50 個では，何 mL のジュースができると考えられますか。

式 $70\times 50=3500$

答え 3500mL

67

ふりかえりシート　平均

名前

1 下の表は，けいとさんのバスケットボールの試合でのシュート数の記録です。1 試合平均何本シュートしたことになりますか。

シュートした数

試合	1試合目	2試合目	3試合目	4試合目	5試合目
シュートした数（本）	4	2	3	1	2

式 $(4+2+3+1+2)\div 5=2.4$

答え 2.4本

2 下の表は，5 人が魚つりでつった魚の数です。
1 人平均何びきつったことになりますか。

つった魚の数

名前	たくと	としや	ようすけ	かなこ	みさき
魚の数（ひき）	6	5	9	5	0

式 $(6+5+9+5+0)\div 5=5$

答え 5ひき

3 1 日に平均 1.2km ずつ走ると，1 ヶ月（30 日）間では，全部で何 km 走ることになりますか。

式 $1.2\times 30=36$

答え 36km

67

P.68

単位量あたりの大きさ（1）

名前

● マットの上に人が乗っています。
1ぱん，2はん，3ぱんではどのマットがいちばんこんでいますか。

マットのまい数と人数

	マットの数（まい）	人数（人）
1ぱん	5	8
2はん	4	8
3ぱん	4	6

① 1ぱんと 2はんでは，どちらがこんでいますか。

マットの数が（多い・少ない）ので　2はん
（どちらかに○をしよう）

② 2はんと 3ぱんでは，どちらがこんでいますか。

人数が（多い・少ない）ので　2はん

③ 1ぱんと 3ぱんのマット 1 まいあたりの人数をそれぞれ求めましょう。

1ぱん　$8\div 5=1.6$　1.6人
（人数）（まい数）（1まいあたりの人数）

3ぱん　$6\div 4=1.5$　1.5人

④ 1ぱんと 3ぱんでは，どちらがこんでいますか。

1ぱん

68

単位量あたりの大きさ（2）

名前

1 A電車は，5 両で 380 人乗っていました。
B電車は，6 両で 453 人乗っていました。
どちらの電車がこんでいるといえますか。

式　A電車　$380\div 5=76$
（人数）（車両の数）（1両あたりの人数）

B電車　$453\div 6=75.5$

（1両あたりの人数で比べるよ。）

答え（A）電車の方がこんでいる。

2 林間学校でバンガローにとまりました。
広さ $18m^2$ のAバンガローに 9 人，広さ $25m^2$ のBバンガローには 13 人がとまりました。どちらがこんでいるといえますか。

式　Aバンガロー　$9\div 18=0.5$
（人数）（広さ）（$1m^2$ あたりの人数）

Bバンガロー　$13\div 25=0.52$

（$1m^2$ あたりの人数で比べるよ。）

答え（B）バンガローの方がこんでいる。

68

P.69

単位量あたりの大きさ（3）

名前

1 バスで遠足に行きます。2 台に 69 人が乗っている 5 年生のバスと，3 台に 105 人が乗っている 6 年生のバスとでは，どちらがこんでいるといえますか。

式　5年生　$69\div 2=34.5$

6年生　$105\div 3=35$

答え 6年生

2 Aプールは，広さが $300m^2$ で 120 人がいます。
Bプールは，広さが $120m^2$ で 45 人がいます。
どちらのプールがこんでいるといえますか。

式　Aプール　$120\div 300=0.4$

Bプール　$45\div 120=0.375$

答え Aプール

69

単位量あたりの大きさ（4）

名前

1 A町の面積は $75km^2$ で，人口は 11550 人です。
$1km^2$ あたり平均《へいきん》何人住んでいるといえますか。

式　$11550\div 75=154$
（人口）（面積）（$1km^2$ あたりの人口）

（$1km^2$ あたりの人口を人口密度《じんこうみつど》というね。）

答え 154人

2 右の表は，B町とC町の面積と人口を表したものです。
どちらの人口密度が高いですか。

面積と人口

	面積（km^2）	人口（人）
B町	96	22560
C町	35	8680

式　B町　$22560\div 96=235$
（人口）（面積）（$1km^2$ あたりの人口）

C町　$8680\div 35=248$

（人口密度が高い方がこんでいるよ。）

答え C町

69

P.70

単位量あたりの大きさ (5)

名前

① 学校でいもほりをしました。１組の畑 5m^2 からは 32.5kg のいもがとれ，２組の畑 7m^2 からは 47.6kg のいもがとれました。
どちらの畑がよくとれたといえますか。

式　1組　32.5 ÷ 5 = 6.5
とれた量（重さ）　面積　1㎡あたりのとれた量（重さ）

2組　47.6 ÷ 7 = 6.8

答え　２組の畑

② 右の表は，Aの田とBの田の面積ととれたお米の重さを表したものです。
どちらの田がよくとれたといえますか。
答えは四捨五入して，上から２けたのがい数で表しましょう。

田の面積ととれた米の重さ

	面積 (a)	とれた重さ (kg)
A	16	870
B	14	736

式　A　870 ÷ 16 = 54.3…
とれた量（重さ）　面積　1aあたりのとれた量（重さ）

3

B　736 ÷ 14 = 52.5…

答え　Aの田

70

単位量あたりの大きさ (6)

名前

① お店でえん筆を買います。12本で780円のえん筆と15本で1020円のえん筆があります。
1本あたりのねだんは，どちらが高いといえますか。

式　12本　780 ÷ 12 = 65
全体のねだん　本数　1本あたりのねだん

15本　1020 ÷ 15 = 68

答え　15本で1020円のえん筆

② スーパーでチョコレートを買います。24個入りで432円のチョコレートと，36個入りで630円のチョコレートがあります。
1個あたりのねだんは，どちらが高いといえますか。

式　24個入り　432 ÷ 24 = 18

36個入り　630 ÷ 36 = 17.5

答え　24個入りで432円のチョコレート

P.71

単位量あたりの大きさ (7)

名前

① A車はガソリン25Lで450km走ることができます。B車は30Lで510km走ることができます。どちらの車が燃費《ねんぴ》（1Lのガソリンで走る道のり）がよいといえますか。

式　A車　450 ÷ 25 = 18
道のり　燃料（L）　1Lあたりの道のり

B車　510 ÷ 30 = 17

答え　A車

② C車はガソリン50Lで950km走ることができます。
D車はガソリン45Lで900km走ることができます。
どちらの車が燃費がよいといえますか。

式　C車　950 ÷ 50 = 19

D車　900 ÷ 45 = 20

答え　D車

71

単位量あたりの大きさ (8)

名前

① A印刷機は10分間に320まいの印刷ができます。
B印刷機は8分間に248まいの印刷ができます。
1分間あたりの印刷できるまい数は，どちらが多いといえますか。

式　A　320 ÷ 10 = 32
印刷まい数　時間　1分間あたりの印刷まい数

B　248 ÷ 8 = 31

答え　A印刷機

② 長さが15mで210gのAのはり金と，長さが12mで162gのBのはり金があります。
1mあたりの重さはどちらが重いといえますか。

式　A　210 ÷ 15 = 14
はり金の重さ　長さ　1mあたりの重さ

B　162 ÷ 12 = 13.5

答え　Aのはり金

P.72

単位量あたりの大きさ (9)

名前

① Aのトラクターは3時間で630m^2耕《たがや》し，Bのトラクターは2時間で410m^2耕しました。1時間あたりどちらのトラクターがよく耕したといえますか。

式　A　630 ÷ 3 = 210
面積　時間　1時間あたりの面積

B　410 ÷ 2 = 205

答え　Aのトラクター

② Aのポンプは，20分間で700Lの水をくみ出します。
Bのポンプは，15分間で540Lの水をくみ出します。
1分間あたりの水をくみ出す量は，どちらが多いといえますか。

式　A　700 ÷ 20 = 35
水の量　時間　1分間あたりの水の量

B　540 ÷ 15 = 36

答え　Bのポンプ

72

単位量あたりの大きさ (10)

「1あたり分」「いくつ分」「全体の量」を求める

名前

● 次の㋐〜㋒の問題を表に整理して考えましょう。

㋐ Aさんの畑では，7aで175kgのきゅうりがとれました。
1aあたり何kgのきゅうりがとれたといえますか。

1あたり分	全体の量
□kg	175kg
1a	7a

いくつ分

式　175 ÷ 7 = 25
全体の量　いくつ分　1あたり分

答え　25kg

㋑ 1mの重さが280gのホースがあります。このホース12mの重さは何gになりますか。

1あたり分	全体の量
280g	□g
1m	12m

いくつ分

式　280 × 12 = 3360
1あたり分　いくつ分　全体の量

答え　3360g

㋒ ガソリン1Lあたり16km走る自動車があります。
400km走るには何Lのガソリンが必要ですか。

1あたり分	全体の量
16km	400km
1L	□L

いくつ分

式　400 ÷ 16 = 25
全体の量　1あたり分　いくつ分

答え　25L

P.73

単位量あたりの大きさ (11)

名前

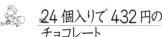

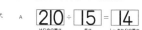

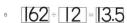

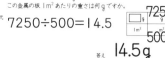

① ガソリン1Lあたり18.5km走る自動車があります。
ガソリン40Lでは，何km走れますか。

18.5 km	□ km
1L	40 L

式　18.5×40=740

答え　740km

② 1mの重さが3.5gのはり金があります。
このはり金56gだと，はり金の長さは何mになりますか。

3.5 g	56 g
1m	□ m

式　56÷3.5=16

答え　16m

③ 面積が500m^2で7250gの金属の板があります。
この金属の板1m^2あたりの重さは何gですか。

□ g	7250 g
1m^2	500 m^2

式　7250÷500=14.5

答え　14.5g

73

単位量あたりの大きさ (12)

名前

● 5mの重さが375gのはり金があります。

① このはり金1mあたりの重さは何gですか。

式　375÷5=75

答え　75g

② このはり金12mでは，何gになりますか。

式　75×12=900

答え　900g

③ このはり金が4200gあるとき，長さは何mですか。

式　4200÷75=56

答え　56m

P.74

ふりかえりテスト　単位量あたりの大きさ

名前

1 上りの電車は７両で574人乗っていました。下りの電車は４両で316人乗っていました。どちらの電車がこんでいるといえますか。(15)

式 上り 574÷7=82

下り 316÷4=79

答え 上りの電車

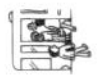

2 南町の面積は45km²で人口は8640人です。北町の面積は70km²で人口は14280人です。どちらの人口密度が高いですか。(15)

式 南町 8640÷45=192

北町 14280÷70=204

答え 北町

3 Aの田では20aで1120kgのお米がとれました。Bの田では18aで990kgのお米がとれました。どちらの田がよくとれたといえますか。(15)

式 A 1120÷20=56

B 990÷18=55

答え Aの田

4 Aのノートは12さつで1140円です。Bのノートは15さつで1380円です。どちらのノートが高いといえますか。(15)

式 A 1140÷12=95

B 1380÷15=92

答え Aのノート

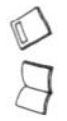

5 Aの車は36Lで774km走ります。Bの車は22Lで550km走ります。どちらの車が燃費がよいといえますか。(15)

式 A 774÷36=21.5

B 550÷22=25

答え Bの車

6 20mの重さが640gのはり金があります。

① このはり金1mあたりの重さは何gですか。(10)

式 640÷20=32

答え 32g

② このはり金15mの重さは何gになりますか。(15)

式 32×15=480

答え 480g

74

P.75

速さ (1)

速さを求める

名前

● 右の表は，A，B，Cのミニカーが走った道のりとかかった時間を表しています。どのミニカーがいちばん速く走ったといえますか。

	道のり (m)	時間 (秒)
A	12	5
B	10	5
C	10	4

① AとBでは，どちらが速いですか。(かかった時間は同じ)

答え A

② BとCでは，どちらが速いですか。(走った道のりは同じ)

答え C

③ AとCでは，どちらが速いですか。１秒間あたりに走った道のりを求めて比べましょう。

式 A 12 ÷ 5 = 2.4 (m)

(道のり　時間　1秒間あたりの道のり)

C 10 ÷ 4 = 2.5 (m)

速さは，１秒間あたりの進む道のり（秒速）で比べられるよ。

答え C

75

速さ (2)

速さを求める

名前

速さ＝道のり÷時間

1 ゆうたさんは，1200mを15分間で歩きました。えみさんは，900mを12分間で歩きました。ゆうたさんとえみさんでは，どちらが速いですか。

１分間あたりに進む道のり（分速）で比べよう。

式 ゆうたさん 1200 ÷ 15 = 80　分速 (80) m

えみさん 900 ÷ 12 = 75　分速 (75) m

答え ゆうたさん

2 Aの自動車は，300kmを５時間で走りました。Bの自動車は，195kmを３時間で走りました。AとBの自動車では，どちらが速いですか。

１時間あたりに進む道のり（時速）で比べよう。

式 Aの自動車 300 ÷ 5 = 60　時速 (60) km

Bの自動車 195 ÷ 3 = 65　時速 (65) km

答え Bの自動車

75

P.76

速さ (3)

時速・分速・秒速

名前

1 時速900kmで飛ぶジェット機があります。

① このジェット機は，１分間あたり何km進みますか。

式 900 ÷ 60 = 15

１時間＝60分

答え 分速 (15) km

② このジェット機は，１秒間あたり何km進みますか。

式 15 ÷ 60 = 0.25

１分＝60秒

答え 秒速 (0.25) km

時速 →÷60→ 分速 →÷60→ 秒速

2 時速72kmで走る自動車があります。

① 分速何mですか。

72km=72000mだね。

式 72km=72000m

72000÷60=1200

答え 分速 (1200) m

② 秒速何mですか。

式 1200÷60=20

(72000÷60÷60=20)

答え 秒速 (20) m

速さ (4)

時速・分速・秒速

名前

1 秒速10mで走るモノレールがあります。

① このモノレールは，１分間あたり何m走りますか。

式 10 × 60 = 600

答え 分速 (600) m

② このモノレールは，１時間あたり何km走りますか。

式 600 × 60 = 36000

36000m=36km

mをkmになおしてね。

答え 時速 (36) km

時速 ←×60← 分速 ←×60← 秒速

2 秒速25mで走る馬がいます。

① 分速何mですか。

式 25×60=1500

答え 分速 (1500) m

② 時速何kmですか。

式 1500×60=90000

(25×60×60=90000)

90000m=90km

答え 時速 (90) km

76

P.77

速さ (5)

時速・分速・秒速

名前

1 時速60kmで走るシマウマと，分速900mで走るキリンとでは，どちらが速いですか。

① 時速60kmは，分速何mですか。

式 60÷60=1

1km=1000m

答え 分速 (1000) m

② 分速900mは，時速何kmですか。

式 900×60=54000

54000m=54km

答え 時速 (54) km

③ シマウマとキリンとでは，どちらが速いですか。

答え シマウマ

2 秒速7mで走る自動車Aと，分速500mで走る自転車Bとでは，どちらが速いですか。

(例) 式 A 7×60=420

分速420m

秒速，分速どちらかにそろえて比べてみよう。

答え 自転車B

77

速さ (6)

道のりを求める

名前

道のり＝速さ×時間

1 時速55kmで走る自動車が，同じ速さで３時間走ると何km進みますか。

１時間に55kmだから……。

式 55 × 3 = 165

(速さ（時速）　時間　道のり)

答え 165km

2 分速80mで歩く人が，同じ速さで25分間歩くと何km歩くことができますか。

式 80 × 25 = 2000

2000m=2km

mをkmになおすのをわすれないで。

答え 2km

3 秒速120mで飛ぶヘリコプターが，同じ速さで40秒間飛ぶと何km進みますか。

式 120 × 40 = 4800

4800m=4.8km

答え 4.8km

77

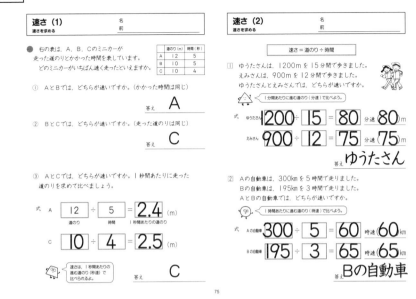

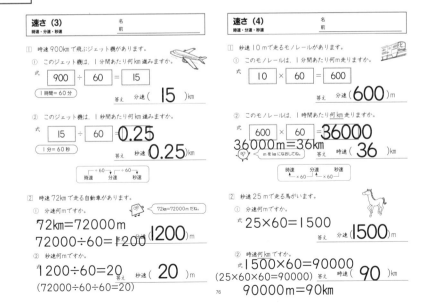

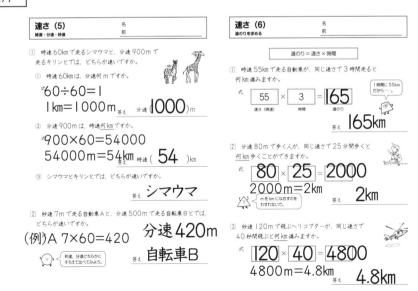

解答

児童に実施させる前に，必ず指導される方が問題を解いてください。本書の解答は，あくまでも１つの例です。指導される方の作られた解答をもとに，本書の解答例を参考に児童の多様な考えに寄り添って○つけをお願いします。

P.78

速さ（7）
時間を求める　名前

時間＝道のり÷速さ

1 時速42kmのバスが，同じ速さで294kmの道のりを走るには何時間かかりますか。

式 294（道のり）÷ 42（速さ）＝ 7（時間）

答え 7時間

2 まさとさんは，分速210mで7350mはなれたおじいさんの家に自転車でむかいます。おじいさんの家まで何分かかりますか。

式 7350÷210＝35

答え 35分

3 秒速32mで走る特急電車が，9.6km走るには，何秒かかりますか。

式 9.6km＝9600m

9600÷32＝300

答え 300秒

78

速さ（8）
名前

1 8時間で320km進むフェリーの時速は何kmですか。

式 320÷8=40

答え 時速40km

2 分速2.5kmで走る電車が3時間で進む道のりは何kmですか。（分速を時速になおして求めましょう。）

式 2.5×60=150

150×3=450

答え 450km

3 分速18kmで飛ぶジェット機があります。

① 同じ速さで720km進むには何分かかりますか。

式 720÷18=40

答え 40分

② 同じ速さで16200km進むには何時間かかりますか。（分速を時速になおして求めましょう。）

式 18×60=1080

16200÷1080=15

答え 15時間

P.79

ふりかえりテスト　速さ
名前

1 Aの電車は，525kmを3時間で走ります。Bの電車は，425kmを2.5時間で走ります。どちらの電車が速いですか。(15)

式 525÷3=175

425÷2.5=170

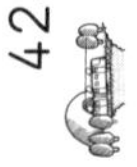

答え Aの電車

2 あるランナーは，3時間で43.2km走りました。

① 時速何kmで走りましたか。(10)

式 43.2÷3=14.4

答え 時速14.4km

② 分速になおすと何mですか。(15)

式 14.4km=14400m

14400÷60=240

答え 分速240m

③ 秒速になおすと何mですか。(15)

式 240÷60=4

(14400÷60÷60=4)

答え 秒速4m

3 分速700mで走るオートバイと，時速36kmで走るスクーターとでは，どちらが速いですか。(15)

式 (例) オートバイ

700×60=42000

42000m=42km

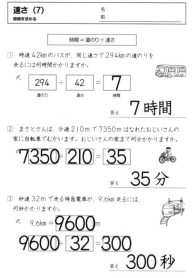

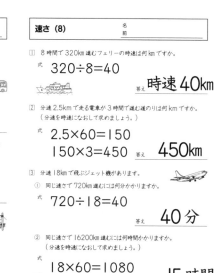

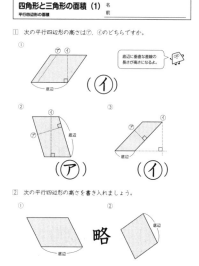

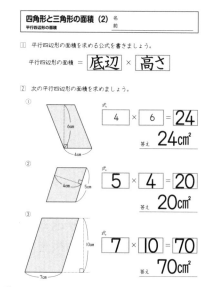

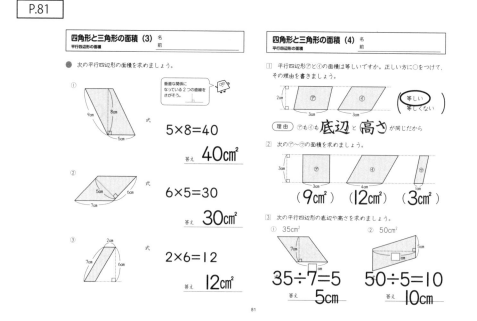

答え オートバイ

4 時速240kmで走る新幹線が，同じ速さで3.5時間進む道のりは何kmですか。(15)

式 240×3.5=840

答え 840km

5 たけるさんは，分速180mで6300mはなれた駅へ自転車で行きます。何分かかるでしょうか。(15)

式 6300÷180=35

答え 35分

79

P.80

四角形と三角形の面積（1）
平行四辺形の面積　名前

1 次の平行四辺形の高さは㋐，㋑のどちらですか。

①

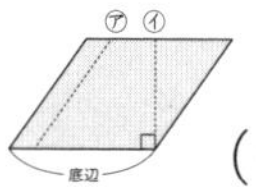

（㋑）

②

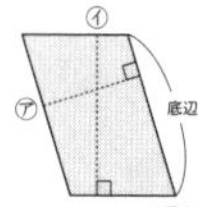

（㋐）

③

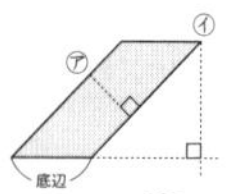

（㋑）

2 次の平行四辺形の高さを書き入れましょう。

①

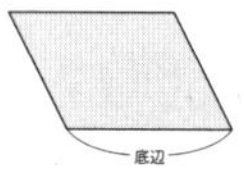

略

②

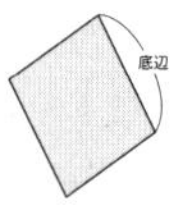

80

四角形と三角形の面積（2）
平行四辺形の面積　名前

1 平行四辺形の面積を求める公式を書きましょう。

平行四辺形の面積 ＝ 底辺 × 高さ

2 次の平行四辺形の面積を求めましょう。

①

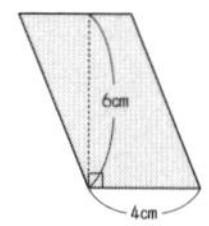

式 4 × 6 ＝ 24

答え 24cm^2

②

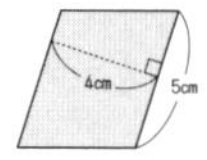

式 5 × 4 ＝ 20

答え 20cm^2

③

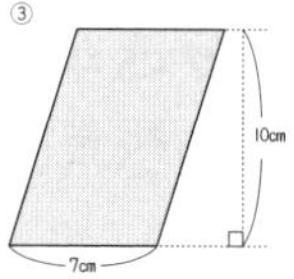

式 7 × 10 ＝ 70

答え 70cm^2

P.81

四角形と三角形の面積（3）
平行四辺形の面積　名前

● 次の平行四辺形の面積を求めましょう。

①

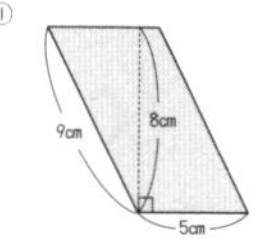

式 5×8=40

答え 40cm^2

②

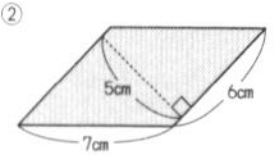

式 6×5=30

答え 30cm^2

③

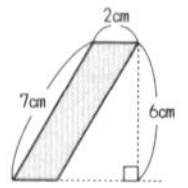

式 2×6=12

答え 12cm^2

81

四角形と三角形の面積（4）
平行四辺形の面積　名前

1 平行四辺形㋐と㋑の面積は等しいですか。正しい方に○をつけて，その理由を書きましょう。

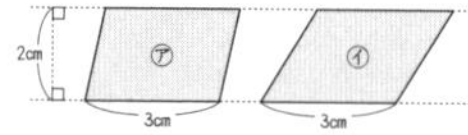

（等しい・等しくない）

理由 ㋐も㋑も 底辺 と 高さ が同じだから

2 次の㋐〜㋒の面積を求めましょう。

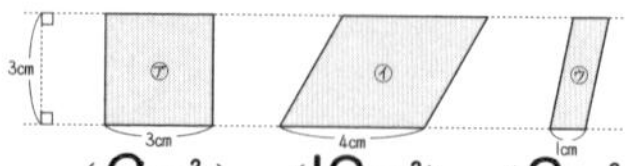

（9cm^2）（12cm^2）（3cm^2）

3 次の平行四辺形の底辺や高さを求めましょう。

① 35cm^2

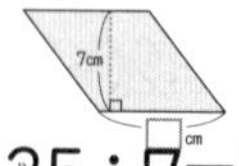

35÷7=5

答え 5cm

② 50cm^2

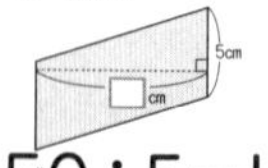

50÷5=10

答え 10cm

児童に実施させる前に，必ず指導される方が問題を解いてください。本書の解答は，あくまでも１つの例です。指導される方の作られた解答をもとに，本書の解答例を参考に児童の多様な考えに寄り添って○つけをお願いします。

解答

P.82

四角形と三角形の面積 (5)
名前
三角形の面積

[1] 次の三角形の高さは㋐，㋑のどちらですか。

① 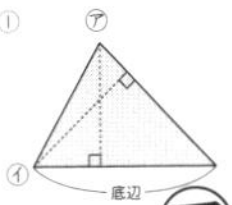

(㋐)

② 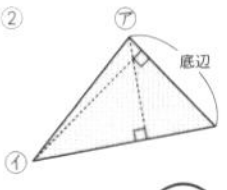

(㋑)

③ 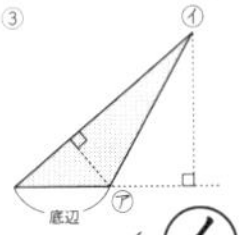

(㋑)

④ 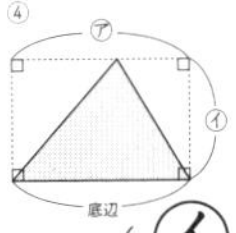

(㋑)

[2] 三角形の面積を求める公式を書きましょう。また，面積を求めましょう。

三角形の面積 ＝ 底辺 × 高さ ÷ 2

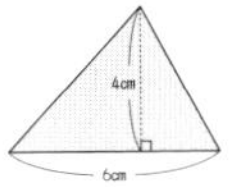

式 6 × 4 ÷ 2 =12

答え 12cm²

四角形と三角形の面積 (6)
名前
三角形の面積

● 次の三角形の面積を求めましょう。

① 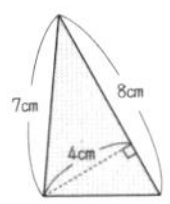

式 8×4÷2=16

答え 16cm²

② 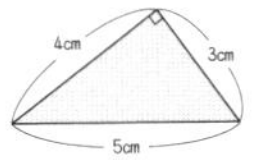

式 4×3÷2=6
(3×4÷2=6)

答え 6cm²

③ 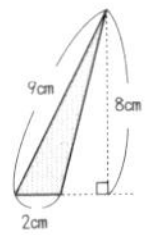

式 2×8÷2=8

答え 8cm²

④ 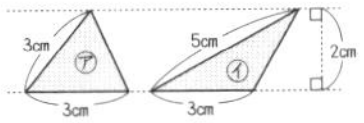

㋐ 式 3×2÷2=3

答え 3cm²

㋑ 式 3×2÷2=3

答え 3cm²

82

P.83

四角形と三角形の面積 (7)
名前
台形の面積

[1] 台形の面積を求める公式を書きましょう。また，面積を求めましょう。

台形の面積 ＝ (上底 ＋ 下底)× 高さ ÷ 2

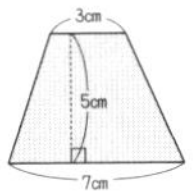

式 (3 ＋ 7)× 5 ÷ 2 =25

答え 25cm²

[2] 次の台形の面積を求めましょう。

① 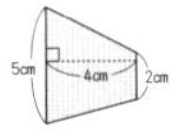

式 (2+5)×4÷2=14

答え 14cm²

② 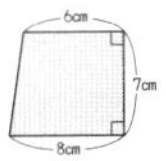

式 (6+8)×7÷2=49

答え 49cm²

③ 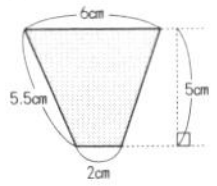

式 (6+2)×5÷2=20

答え 20cm²

四角形と三角形の面積 (8)
名前
ひし形の面積

[1] ひし形の面積を求める公式を書きましょう。また，面積を求めましょう。

ひし形の面積 対角線 × 対角線 ÷ 2

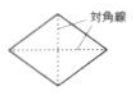

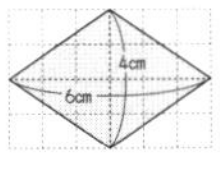

式 4 × 6 ÷ 2 =12

答え 12cm²

[2] 次のひし形の面積を求めましょう。

① 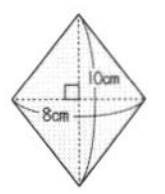

式 8×10÷2=40

答え 40cm²

② 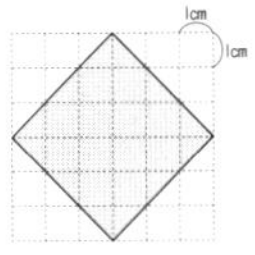

式 6×6÷2=18

答え 18cm²

83

P.84

四角形と三角形の面積 (9)
名前

● 図形の面積を求める公式を書きましょう。また，図形の面積を求めましょう。

① 平行四辺形の面積 ＝ 底辺 × 高さ

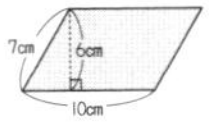

式 10×6=60

答え 60cm²

② 三角形の面積 ＝ 底辺 × 高さ ÷ 2

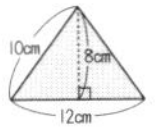

式 12×8÷2=48

答え 48cm²

③ 台形の面積 ＝ (上底 ＋ 下底)× 高さ ÷ 2

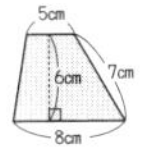

式 (5+8)×6÷2=39

答え 39cm²

④ ひし形の面積 ＝ 対角線 × 対角線 ÷ 2

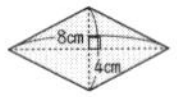

式 8×4÷2=16

答え 16cm²

四角形と三角形の面積 (10)
名前

● 平行四辺形の底辺を 5cm と決めて，高さを 1cm，2cm，3cm，…と変えると，それにともなって面積はどのように変化するかを調べましょう。

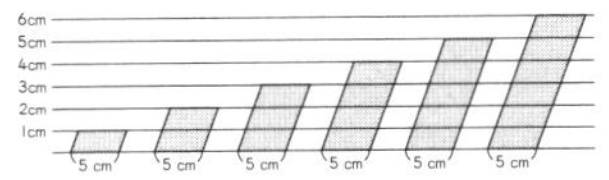

① 高さと面積の変わり方を表にまとめましょう。

高さ (cm)	1	2	3	4	5	6
面積 (cm²)	5	10	15	20	25	30

② 高さが 1cm ふえると，面積は何 cm² ふえますか。

(5)cm²

③ □ にあてはまる数やことばを書きましょう。

平行四辺形の高さが２倍，３倍，…になると，面積も 2 倍，3 倍，…になります。
平行四辺形の面積は，高さ に比例《ひれい》します。

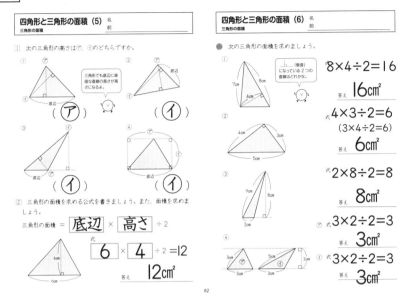

84

P.85

ふりかえりテスト 四角形と三角形の面積
名前

[1] 平行四辺形の面積を求めましょう。(12)

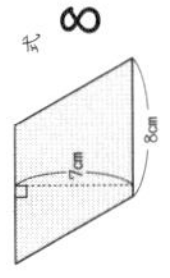

式 8×7=56

答え 56cm²

[2] 三角形の面積を求めましょう。(13×2)

① 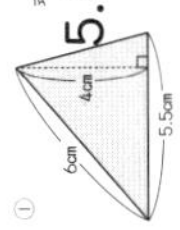

式 5.5×4÷2=11

答え 11cm²

② 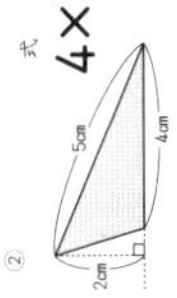

式 4×2÷2=4

答え 4cm²

[3] 台形の面積を求めましょう。(13)

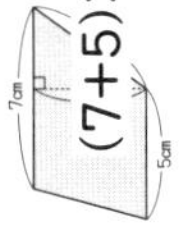

式 (7+5)×4.5÷2=27

答え 27cm²

[4] ひし形の面積を求めましょう。(13)

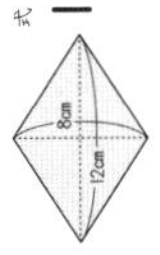

式 12×8÷2=48

答え 48cm²

[5] 次の平行四辺形の高さを求めましょう。(12)

56cm²

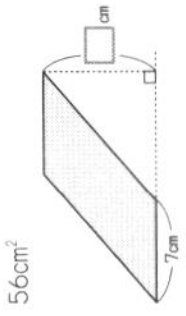

式 56÷7=8

答え 8cm

[6] 三角形㋐と，三角形㋑の面積を求めましょう。(12×2)

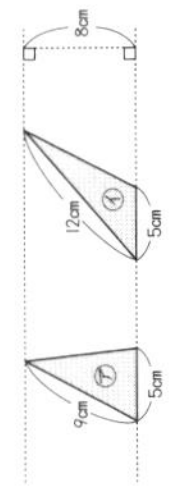

㋐ 式 5×8÷2=20

答え 20cm²

㋑ 式 5×8÷2=20

答え 20cm²

85

解答

児童に実施させる前に，必ず指導される方が問題を解いてください。本書の解答は，あくまでも１つの例です。指導される方の作られた解答をもとに，本書の解答例を参考に児童の多様な考えに寄り添って○つけをお願いします。

P.86

割合とグラフ（1）

「比べられる量」「倍」「もとにする量」を求める　名前

1 きのう 20cm だったタケノコが今日はその 2.5 倍にのびていました。タケノコは何 cm になりましたか。

20 × 2.5 ＝□ だから…。（もとにする量　倍　比《くら》べられる量）

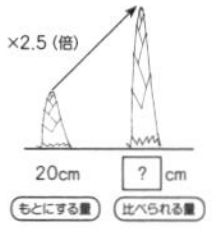

式　20×2.5=50

答え　50cm

2 はじめ 15cm あったタケノコが 36cm になりました。はじめの高さの何倍にあたりますか。

15 ×□＝ 36

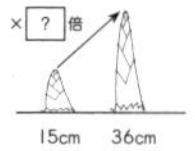

式　36÷15=2.4

答え　2.4 倍

3 夕方，タケノコの高さをはかると 54cm でした。これは，朝はかったときの 1.2 倍の高さです。朝のタケノコは何 cm ですか。

□× 1.2 ＝ 54

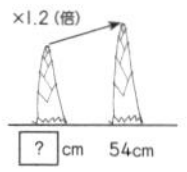

式　54÷1.2=45

答え　45cm

割合とグラフ（2）

「比べられる量」「倍」「もとにする量」を求める　名前

● 図に「比べられる量」「倍」「もとにする量」を整理して考えよう。

1 540 円のショートケーキが，夕方その 0.8 倍のねだんで売られます。ケーキのねだんはいくらになりますか。

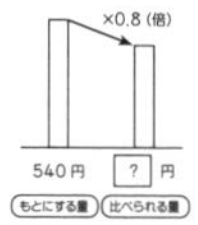

式　540×0.8=432

答え　432 円

2 ゆうかさんの身長は 120cm で，お兄さんの身長は 168cm です。お兄さんの身長は，ゆうかさんの身長の何倍ですか。

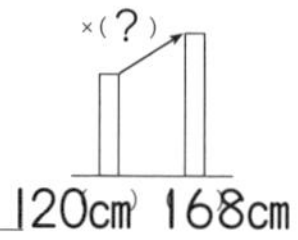

式　168÷120=1.4

答え　1.4 倍

3 今年，おじいさんの畑では，じゃがいもが 266kg とれました。これは，去年の 0.95 倍の量です。去年，じゃがいもは何 kg とれましたか。

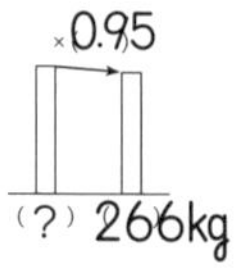

式　266÷0.95=280

答え　280kg

P.87

割合とグラフ（3）

割合を求める　名前

割合 ＝ 比《くら》べられる量 ÷ もとにする量

1 クラス全員が 25 人で，女子の人数は 14 人です。全員の人数をもとにした女子の人数の割合を求めましょう。

25 ×□＝ 14

割合は小数で求めよう。

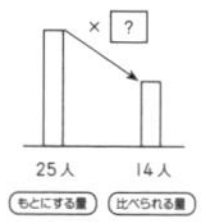

式　14（比べられる量）÷ 25（もとにする量）＝ 0.56（割合）

答え　0.56

2 まさきさんは，これまでのサッカーの試合で，20 回シュートをして 9 回ゴールを決めています。シュートの数をもとにしたゴールの割合を求めましょう。

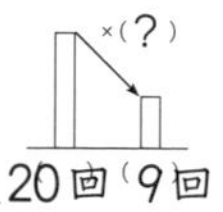

式　9÷20=0.45

答え　0.45

3 テニスクラブは定員が 16 人で，希望者は 20 人でした。定員をもとにした希望者の割合を求めましょう。

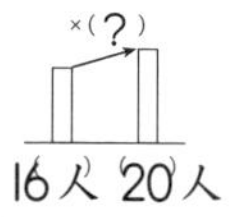

式　20÷16=1.25

答え　1.25

割合とグラフ（4）

百分率と歩合　名前

割合《わりあい》を表す小数や整数	1	0.1	0.01	0.001
百分率《ひゃくぶんりつ》	100%	10%	1%	0.1%
歩合《ぶあい》	10 割	1 割	1 分《ぶ》	1 厘《りん》

1 小数や整数で表した割合を百分率で表しましょう。

① 0.7（70%）　② 0.25（25%）　③ 0.04（4%）

④ 1.6（160%）　⑤ 2（200%）

2 百分率で表した割合を整数や小数で表しましょう。

① 8%（0.08）　② 72%（0.72）　③ 40%（0.4）

④ 120%（1.2）　⑤ 100%（1）

3 次の割合を小数は歩合で，歩合は小数で表しましょう。

① 0.6（6 割）　② 0.357（3割5分7厘）

③ 5 割 4 分（0.54）　④ 8 割 2 分 9 厘（0.829）

P.88

割合とグラフ（5）

割合（百分率%）を求める　名前

割合 ＝ 比《くら》べられる量 ÷ もとにする量

1 ある船の定員は 500 人です。350 人乗船したとき，定員をもとにした，乗船している人数の割合は何 % ですか。

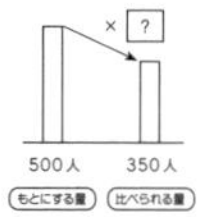

式　350 ÷ 500 ＝ 0.7

0.7 ×100 ＝ 70

答え（70）%

2 図書館に 1200 さつの本があります。そのうち，420 さつは物語です。全体の数をもとにした物語のさっ数の割合は何 % ですか。

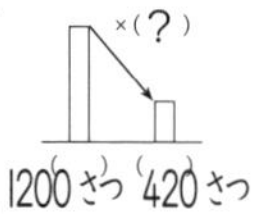

式　420÷1200=0.35

0.35×100=35

答え（35）%

3 ゆうきさんのバスケットボールチームは 40 回試合をして 26 回勝っています。勝った回数の割合は全体の何 % ですか。

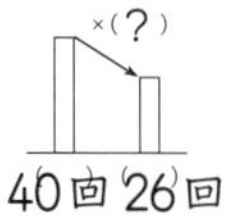

式　26÷40=0.65

0.65×100=65

答え（65）%

割合とグラフ（6）

比べられる量を求める　名前

比《くら》べられる量 ＝ もとにする量 × 割合

1 5 年生は，全員で 56 人です。そのうち，25% の人が今日欠席でした。欠席した人は何人ですか。

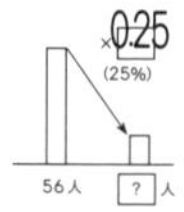

式　25% ＝ 0.25

56×0.25=14

答え　14 人

2 ある電車の定員は 550 人です。この電車の今日の乗車率《りつ》（定員に対する乗車人数の割合）は 120% です。乗車人数は何人ですか。

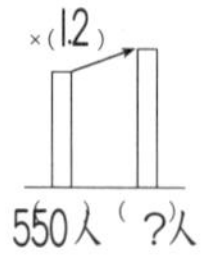

式　120% ＝ 1.2

550×1.2=660

答え　660 人

3 まいさんは，定価 1500 円の T シャツを定価《ていか》の 85% のねだんで買いました。T シャツの代金はいくらですか。

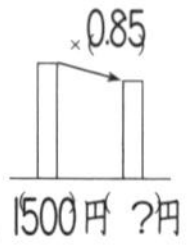

式　85% ＝ 0.85

1500×0.85=1275

答え　1275 円

P.89

割合とグラフ（7）

もとにする量を求める　名前

もとにする量 ＝ 比《くら》べられる量 ÷ 割合

1 A さんの家のじゃがいも畑は 240m² で，A さんの家の畑全体の 48% にあたります。畑全体の面積は何 m² ですか。

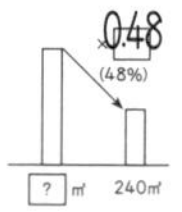

式　48% ＝ 0.48

240÷0.48=500

答え　500m²

2 ある小学校の今年の児童数は 714 人で，3 年前の児童数の 105% にあたります。3 年前の児童数は何人ですか。

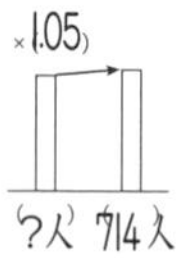

式　105% ＝ 1.05

714÷1.05=680

答え　680 人

3 ゆいさんは本を 153 ページまで読みました。これは本全体の 85% にあたります。この本は全部で何ページですか。

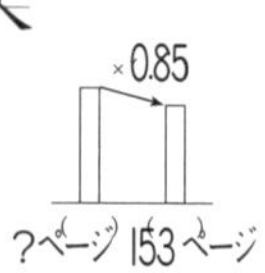

式　85% ＝ 0.85

153÷0.85=180

答え　180 ページ

割合とグラフ（8）

「比べられる量」「割合」「もとにする量」を求める　名前

1 かずきさんは定価《ていか》の 55% のねだんで売られているゲームソフトを買いました。ゲームソフトの代金は 1540 円でした。このゲームソフトの定価はいくらですか。

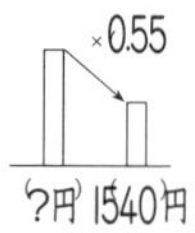

式　55%=0.55

1540÷0.55=2800

答え　2800 円

2 ゴーヤの種を 80 個《こ》まいたら，52 個から芽《め》が出ました。芽が出た割合（発芽率《りつ》）は何 % ですか。

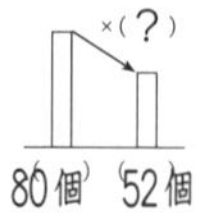

式　52÷80=0.65

0.65×100=65

答え　65%

3 ある町の公園の面積は 28000m² です。そのうち，しばふの広場の面積は全体の 5% です。しばふの広場の面積は何 m² ですか。

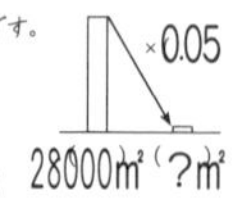

式　5%=0.05

28000×0.05=1400

答え　1400m²

児童に実施させる前に，必ず指導される方が問題を解いてください。本書の解答は，あくまでも１つの例です。指導される方の作られた解答をもとに，本書の解答例を参考に児童の多様な考えに寄り添って○つけをお願いします。

解答

P.90

割合とグラフ（9）
○%引きの問題

名前

1 定価《ていか》3000円のくつを20%引きで買いました。
代金はいくらですか。

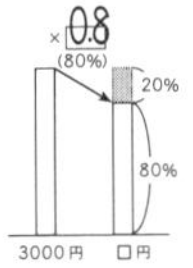

まず，3000円の20%がいくらになるかを求めて，もとのねだんからひいて求めるよ。

100%から20%をひいた残りの80%のねだんを求めるよ。

式
3000 × 0.2 = 600
3000 − 600 = 2400

式
3000 × (1 − 0.2)
= 3000 × 0.8
= 2400

答え 2400円

2 定価3200円のおかしセットを25%引きで買いました。代金はいくらですか。

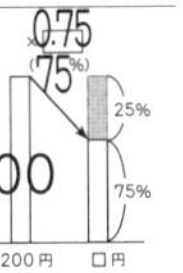

式 3200×(1−0.25)=2400

答え 2400円

3 タオルが1260円で売られています。
これは定価の30%引きのねだんです。
このタオルの定価はいくらですか。

30%引きということは，1260円は定価の70%だね。

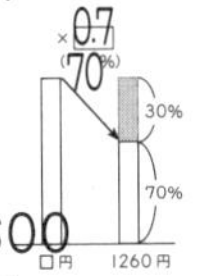

式 1260÷(1−0.3)=1800

答え 1800円

90

割合とグラフ（10）
○%増しの問題

名前

1 160g入りのおかしが15%増量《ぞうりょう》で売られています。おかしは何g入りになっていますか。

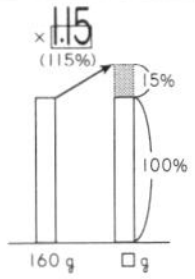

図を見ると，15%増量はもとの量の115%ということがわかるね。

式 160 × (1 + 0.15) = 184

答え 184g

2 これまで2500円だった水族館のチケット代が8%ね上がりしました。
チケット代はいくらになりましたか。

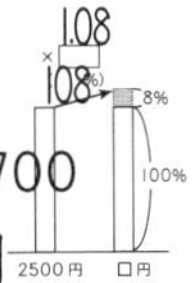

式 2500×(1+0.08)=2700

答え 2700円

3 中身の量が20%増《ふ》えた102g入りのおかしがあります。増える前のおかしの量は何gですか。

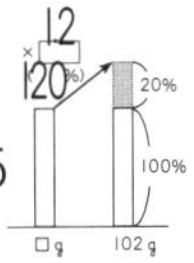

式 102÷(1+0.2)=85

答え 85g

90

P.91

割合とグラフ（11）
帯グラフ

名前

● 下のグラフは，2017年度のくりの生産量の割合《わりあい》を表したグラフです。グラフを見て答えましょう。

くりの生産量の都道府県別割合

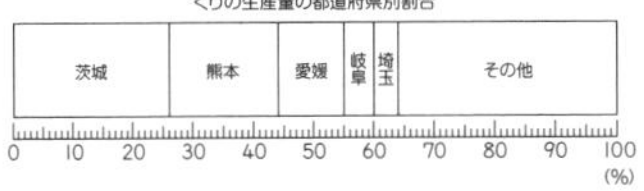

① 上のようなグラフを何グラフといいますか。
（ 帯グラフ ）

② それぞれの生産量の割合は，全体の何%ですか。

茨城県	（ 26% ）	岐阜県	（ 5% ）
熊本県	（ 18% ）	埼玉県	（ 4% ）
愛媛県	（ 11% ）	その他	（ 36% ）

③ ②のすべての割合（%）をたすと，何%になっていますか。
（ 100% ）

④ 全体の生産量が19000tとすると，茨城県の生産量は何tになりますか。

26%は0.26だから……。

式 19000 × 0.26 = 4940

答え 4940 t

91

割合とグラフ（12）
円グラフ

名前

● 右のグラフは，2017年度のたけのこの生産量の割合《わりあい》を表したグラフです。
グラフを見て答えましょう。

たけのこの生産量都道府県別割合

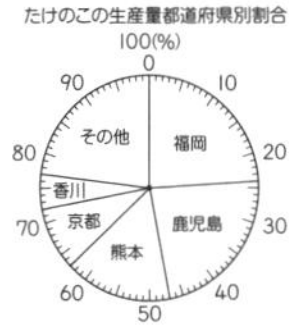

① 右のようなグラフを何といいますか。
（ 円グラフ ）

② それぞれの生産量の割合は，全体の何%ですか。

全部を合わせて100%になっているかを確かめよう。

福岡県	（ 24% ）	京都府	（ 9% ）
鹿児島県	（ 23% ）	香川県	（ 5% ）
熊本県	（ 16% ）	その他	（ 23% ）

③ 福岡県と鹿児島県を合わせると，全体のおよそ何分の一になりますか。
（ $\frac{1}{2}$ ）

④ 全体の生産量が24000 tとすると，次の都道府県の生産量は何tになりますか。

式 福岡県 24000 × 0.24 = 5760

答え 5760 t

京都府 24000 × 0.09 = 2160

答え 2160 t

91

P.92

割合とグラフ（13）
帯グラフ

名前

● 右の表は，1か月にけがをした人のけがの種類を調べたものです。

けがの種類調べ

けがの種類	人数（人）	割合（%）
すりきず	18	45
切りきず	12	30
ねんざ	4	10
つきゆび	2	5
その他	4	10
合計	40	100

① 全体をもとにしたそれぞれの割合《わりあい》を百分率《ひゃくぶんりつ》で求め，表に書き入れましょう。

式
・すりきず 18 ÷ 40 × 100 = 45
・切りきず 12 ÷ 40 × 100=30
・ねんざ 4 ÷ 40 × 100=10
・つきゆび 2 ÷ 40 × 100=5
・その他 4 ÷ 40 × 100=10

② 下の帯グラフに表しましょう。

その他は最後にかきましょう。

けがの種類調べ

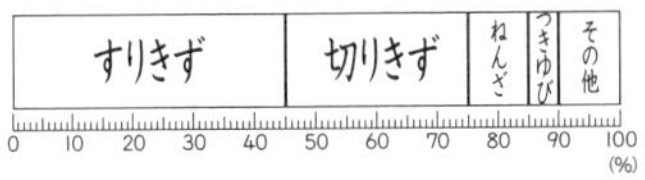

92

割合とグラフ（14）
円グラフ

名前

● 30人のクラス全員に「好きなスポーツは何ですか」というアンケートをとりました。その結果は右の表の通りです。

好きなスポーツ

種類	人数（人）	割合（%）
サッカー	8	27
野球	4	13
テニス	6	20
ラグビー	7	23
その他	5	17
合計	30	100

① 全体をもとにしたそれぞれの割合《わりあい》を百分率《ひゃくぶんりつ》で求め，表に書き入れましょう。
※ $\frac{1}{10}$ の位を四捨五入して求めましょう。

式
・サッカー 8 ÷ 30 × 100 = 26.6 → 27
・野球 4 ÷ 30 × 100=13.3
・テニス 6 ÷ 30 × 100=20
・ラグビー 7 ÷ 30 × 100=23.3
・その他 5 ÷ 30 × 100=16.6 → 17

② 右の円グラフに表しましょう。

割合の大きい順にかこう。その他は最後だよ。

好きなスポーツ

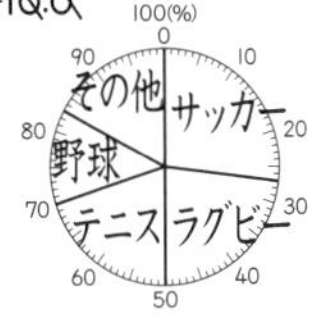

92

P.93

ふりかえりテスト 割合とグラフ

名前

1 次の小数を百分率で，百分率を小数で表しましょう。(4×4)
① 0.18（ 18% ） ② 0.9（ 90% ）
③ 57%（ 0.57 ） ④ 110%（ 1.1 ）

2 次の小数を歩合で，歩合を小数で表しましょう。(4×4)
① 0.42（ 4割2分 ） ② 0.5（ 5割 ）
③ 7割（ 0.7 ） ④ 6割9分（ 0.69 ）

3 5年生125人のうち，ペットを飼《か》っている人は45人です。飼っている人の割合は，全体の何%ですか。(8)

式 45÷125×100=36

答え 36%

4 50m²のかべにペンキをぬります。かべの80%をぬり終わりました。何m²ぬりましたか。(8)

式 80%=0.8
50×0.8=40

答え 40m²

5 あるバスに54人が乗っています。これは定員の108%にあたる人数です。このバスの定員は何人ですか。(8)

式 108%=1.08
54÷1.08=50

答え 50人

6 1本1200円のロールケーキを25%引きで買いました。代金はいくらになりますか。(8)

式 1200×(1−0.25)=900

答え 900円

7 みさきさんの家のパン屋では，毎日フランスパンを30本焼いています。
土曜と日曜はお客が多いため，焼く数を20%増やしています。何本焼いていますか。(8)

式 30×(1+0.2)=36

答え 36本

8 下の表は，25人のクラス全員に「好きな給食」のアンケートをとった結果です。

好きな給食

メニュー	人数（人）
カレーライス	6
ラーメン	8
からあげ	4
その他	7
合計	25

① 全体をもとにしたそれぞれの割合を百分率で求めましょう。(5×4)

式
カレーライス 6÷25×100=24　答え 24%
ラーメン 8÷25×100=32　答え 32%
からあげ 4÷25×100=16　答え 16%
その他 7÷25×100=28　答え 28%

② ①の割合を，帯グラフで表しましょう。(8)

好きな給食

93

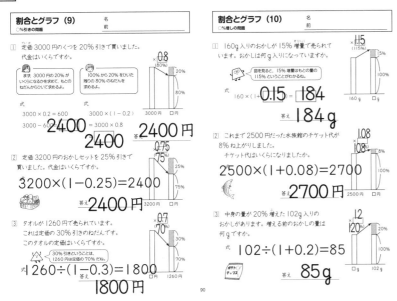

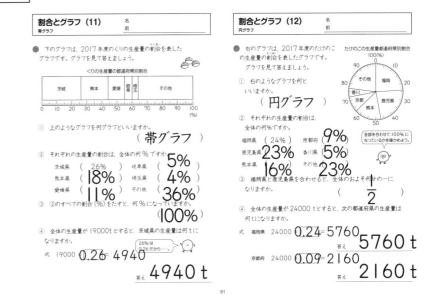

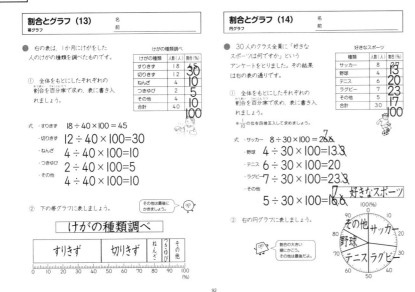

解答

児童に実施させる前に，必ず指導される方が問題を解いてください。本書の解答は，あくまでも１つの例です。指導される方の作られた解答をもとに，本書の解答例を参考に児童の多様な考えに寄り添って○つけをお願いします

P.94

正多角形と円（1）

名前

辺の長さがみんな等しく，角の大きさもみんな等しい多角形を正多角形《せいたかくけい》といいます。

● 次の正多角形について，名前と辺の数を書きましょう。

①

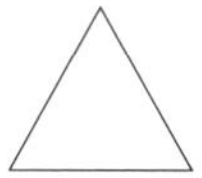

名前	正三角形
辺の数	3

②

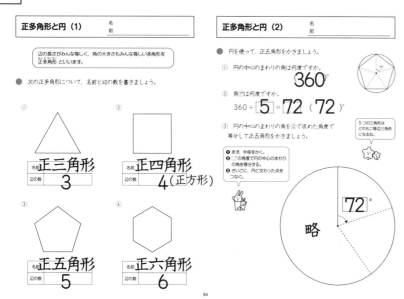

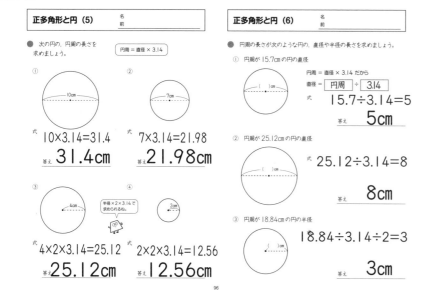

名前	正四角形
辺の数	4（正方形）

③

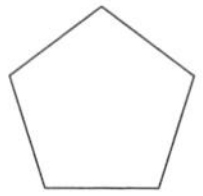

名前	正五角形
辺の数	5

④

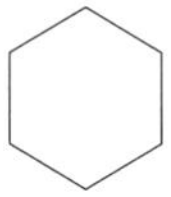

名前	正六角形
辺の数	6

94

正多角形と円（2）

名前

● 円を使って，正五角形をかきましょう。

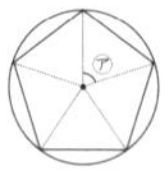

① 円の中心のまわりの角は何度ですか。

360°

② 角㋐は何度ですか。

360 ÷ 5 = 72（72）°

③ 円の中心のまわりの角を②で求めた角度で等分して正五角形をかきましょう。

5つの三角形はどれも二等辺三角形になるね。

❶ まず，半径をかく。
❷ □°の角度で円の中心のまわりの角を等分する。
❸ さいごに，円と交わった点をつなぐ。

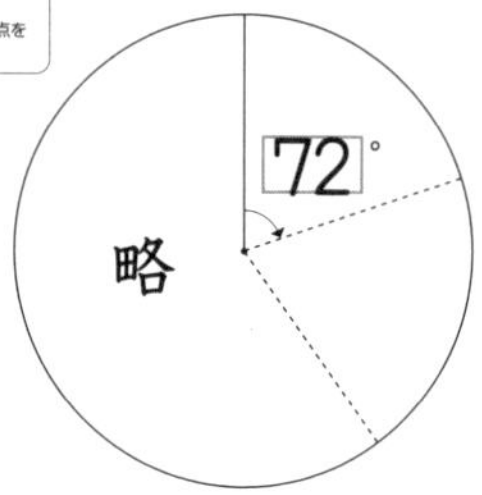

P.95

正多角形と円（3）

名前

1 円の中心のまわりの角を等分して正六角形をかきます。

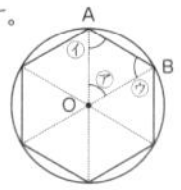

① 角㋐は何度ですか。

360 ÷ 6 = 60（60）°

② 角㋑，角㋒はそれぞれ何度ですか。

（180 − ㋐）÷ 2 = 60°

角㋑（60）°　角㋒（60）°

③ 三角形AOBは何という三角形ですか。

正三角形

④ 円の中心のまわりの角を等分して，正六角形をかきましょう。

2 円のまわりをコンパスで区切って，１辺3cmの正六角形をかきましょう。

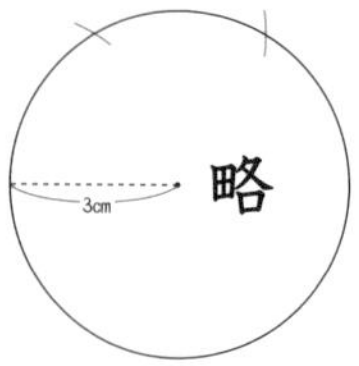

正多角形と円（4）

名前

1 次の（　）にあてはまることばや数を下の□から選んで書きましょう。（同じことばを２回使ってもかまいません。）

① 円のまわりを（円周）といいます。

② 円周の長さが直径の何倍になっているかを表す数を（円周率）といいます。

円周率（円周 直径）

③ 円周は直径の約（3.14）倍です。

④ 円周の長さは次の式で求められます。

円周（直径）× 3.14

直径 ・ 円周 ・ 円周率《えんしゅうりつ》 ・ 3.14

2 次の円の，円周の長さを求めましょう。

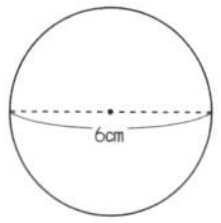

式　6×3.14=18.84

答え　18.84cm

95

P.96

正多角形と円（5）

名前

● 次の円の，円周の長さを求めましょう。

円周 = 直径 × 3.14

①

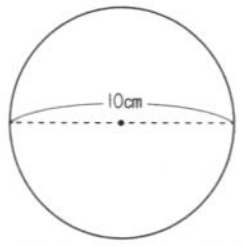

式　10×3.14=31.4

答え　31.4cm

②

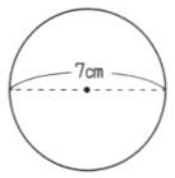

式　7×3.14=21.98

答え　21.98cm

③

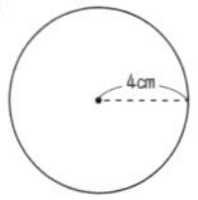

半径×2×3.14で求められるね。

式　4×2×3.14=25.12

答え　25.12cm

④

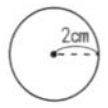

式　2×2×3.14=12.56

答え　12.56cm

96

正多角形と円（6）

名前

● 円周の長さが次のような円の，直径や半径の長さを求めましょう。

① 円周が15.7cmの円の直径

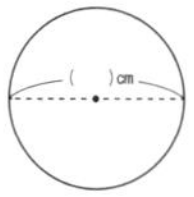

円周 = 直径 × 3.14 だから

直径 = 円周 ÷ 3.14

式　15.7÷3.14=5

答え　5cm

② 円周が25.12cmの円の直径

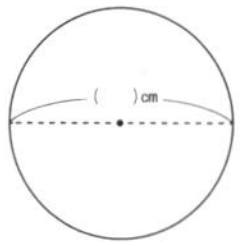

式　25.12÷3.14=8

答え　8cm

③ 円周が18.84cmの円の半径

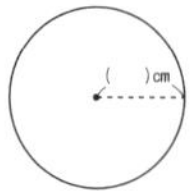

式　18.84÷3.14÷2=3

答え　3cm

P.97

正多角形と円（7）

名前

● 右の図のように円の直径が1cm，2cm，3cm，…と変わると円周の長さはどのように変わるかを調べましょう。

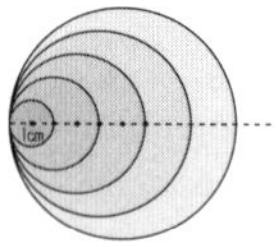

① 直径が1cm，2cm，3cm，…と変わると，円周の長さはそれぞれ何cmになりますか。下の表にまとめましょう。

直径（cm）	1	2	3	4	5
円周（cm）	3.14	6.28	9.42	12.56	15.7

② 円の直径が２倍，３倍，…になると，円周の長さはどうなりますか。

2倍，3倍，…になる。

③ 円周の長さは，円の直径の長さに比例していますか。

（比例している。）

④ 直径の長さが12cmのとき，円周の長さは何cmですか。

式　12×3.14=37.68

答え　37.68cm

97

正多角形と円（8）

名前

1 下の図は，円を半分に切ったものです。まわりの長さを求めましょう。

半円のまわりと直径の長さをたしたらいいね。

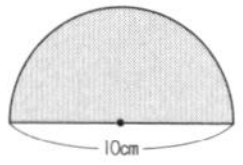

式　10×3.14÷2=15.7

15.7+10=25.7

答え　25.7cm

2 円の形をした池があります。この池の直径は5mです。池のまわりの長さは何mですか。

式　5×3.14=15.7

答え　15.7m

3 木のみきのまわりの長さをはかると，約3.7mでした。木のみきを円の形とみると，この木の直径は約何mですか。答えは四捨五入《ししゃごにゅう》して，$\frac{1}{10}$の位までのがい数で求めましょう。

式　3.7÷3.14=1.17…（2）

答え　約1.2m

児童に実施させる前に，必ず指導される方が問題を解いてください。本書の解答は，あくまでも１つの例です。指導される方の作られた解答をもとに，本書の解答例を参考に児童の多様な考えに寄り添って○つけをお願いします。

解答

P.98

ふりかえりテスト　正多角形と円

名前

1 次の正多角形の名前を（　）に書きましょう。(6×2)

① 正五角形

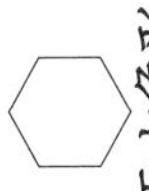

② 正六角形

2 右の図を見て答えましょう。

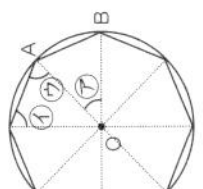

① 正多角形の名前を書きましょう。(6)

正八角形

② 角ア，角イ，角ウは，それぞれ何度ですか。(6·3)

角ア（45）°
角イ（67.5
角ウ（67.5

③ 三角形AOBは何という三角形ですか。(8)

（二等辺三角形）

④ 円を使って正八角形をかきましょう。(13)

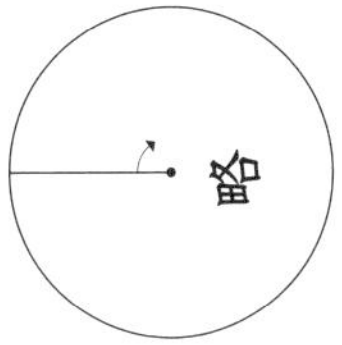

略

3 次の円の円周の長さを求めましょう。(10×2)

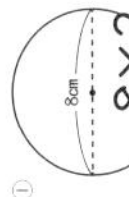

① 式 8×3.14=25.12

答え 25.12cm

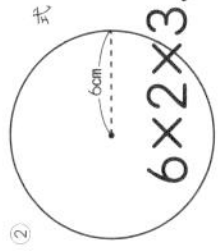

② 式 6×2×3.14=37.68

答え 37.68cm

4 円周の長さが28.26cmの円の直径の長さを求めましょう。(10)

式 28.26÷3.14=9

答え 9cm

5 グラウンドに円周が20 mの円をかきます。直径は約何mにすればよいですか。答えは四捨五入して，$\frac{1}{10}$の位までのがい数で求めましょう。(13)

式 20÷3.14=6.36…（6.4）

答え 約6.4m

98

P.99

角柱と円柱（1）

名前

1 角柱《かくちゅう》の部分の名前を［　］から選んで（　）に書きましょう。

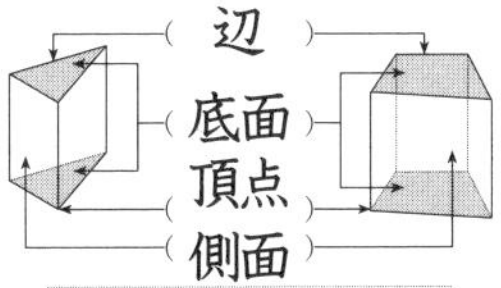

（辺）
（底面）
（頂点）
（側面）

頂点《ちょうてん》 ・ 辺 ・ 側面《そくめん》 ・ 底面《ていめん》

2 次のア，イ，ウの角柱について答えましょう。

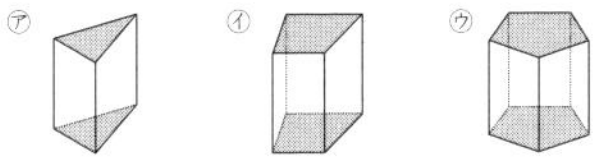

① 色のついた底面は，どんな形をしていますか。

ア 三角形　イ 四角形　ウ 五角形

② 角柱の名前を書きましょう。

ア 三角柱　イ 四角柱　ウ 五角柱

99

角柱と円柱（2）

名前

1 次の角柱《かくちゅう》の辺の数，頂点《ちょうてん》の数，面の数を表にまとめましょう。

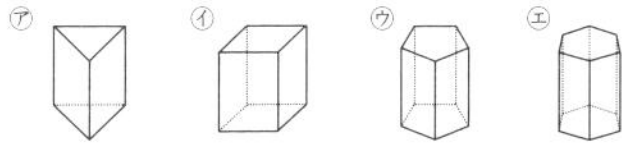

	ア三角柱	イ四角柱	ウ五角柱	エ六角柱
辺の数	9	12	15	18
頂点の数	6	8	10	12
側面の数	3	4	5	6
面の数	5	6	7	8

2 角柱について，あてはまる方のことばに○をしましょう。

① 角柱の２つの底面は合同で，（垂直《すいちょく》・(平行)）な関係になっています。

② 角柱の底面と側面は，たがいに（(垂直)・平行）な関係になっています。

③ 角柱の側面の形は，（(長方形)・三角形）か正方形です。

④ 角柱の底面に（(垂直)・平行）な直線で，２つの底面にはさまれた部分の長さを高さといいます。

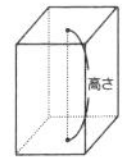

P.100

角柱と円柱（3）

名前

1 円柱《えんちゅう》について（　）にあてはまることばを［　］から選んで書きましょう。

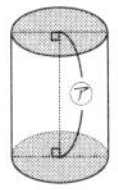

① 円柱の向かいあった２つの面を（底面）といい，まわりの面を（側面）といいます。

② 円柱の２つの底面は，（合同）な円で，たがいに（平行）な関係になっています。

③ 円柱の側面のように曲がった面を（曲面）といいます。

④ 図のアのように，円柱の２つの底面に垂直《すいちょく》な直線の長さを円柱の（高さ）といいます。

曲面《きょくめん》 ・ 側面 ・ 底面 ・ 高さ ・ 合同 ・ 平行

2 次の立体の名前を書きましょう。

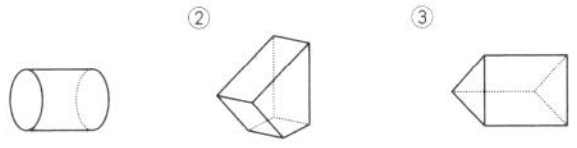

①（円柱）　②（四角柱）　③（三角柱）

100

角柱と円柱（4）

名前

1 次の立体の見取図の続きをかき，底面に色をぬりましょう。

① 三角柱

② 円柱

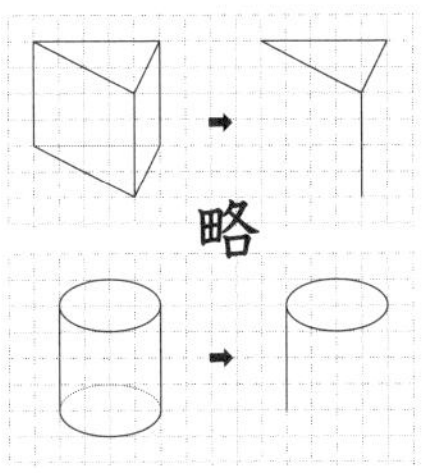

略

2 立体の見取図に合う展開図《てんかいず》を線で結びましょう。

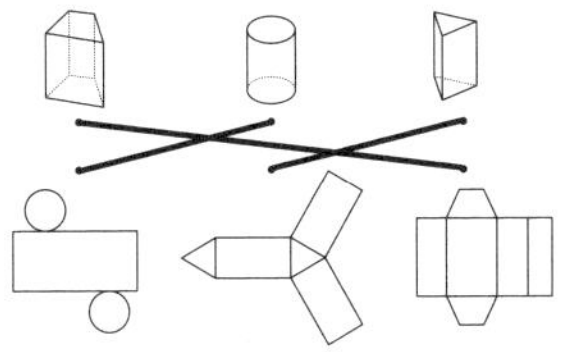

P.101

角柱と円柱（5）

名前

● 右の三角柱の展開図《てんかいず》の続きをかきましょう。

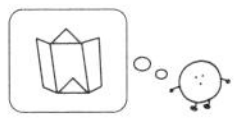

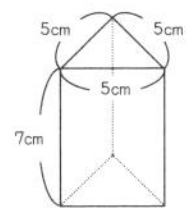

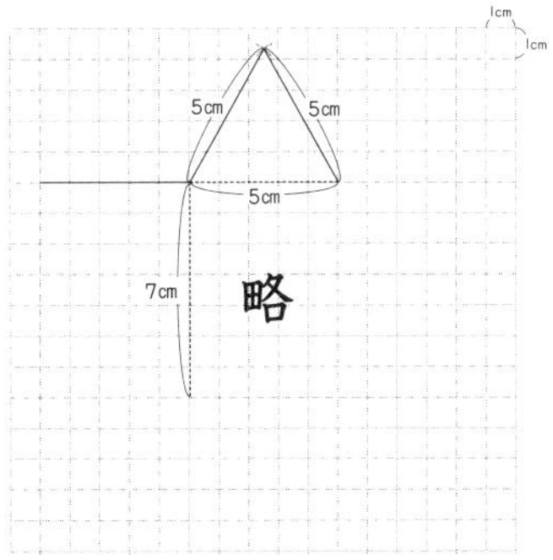

略

101

角柱と円柱（6）

名前

● 次の円柱の展開図《てんかいず》のかき方を考えましょう。

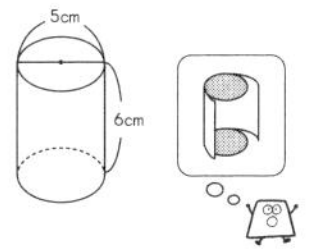

① この円柱の側面は，どんな大きさの長方形になりますか。

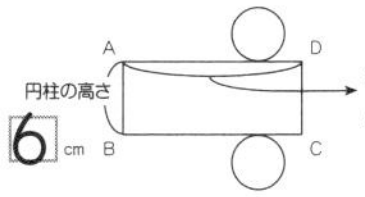

円柱の高さ 6 cm

底面の円の円周の長さ 5 × 3.14 = 15.7 cm

② 展開図の続きをかきましょう。

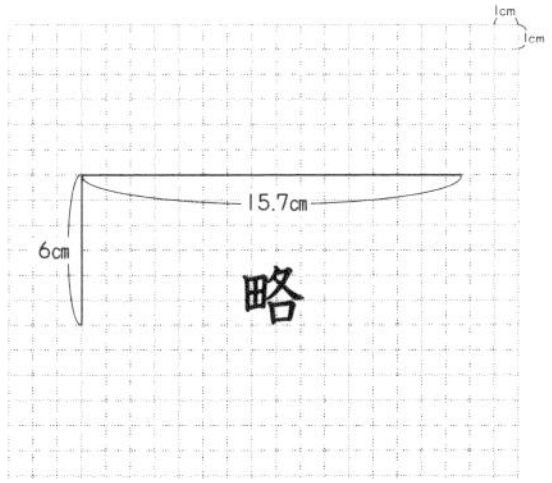

略

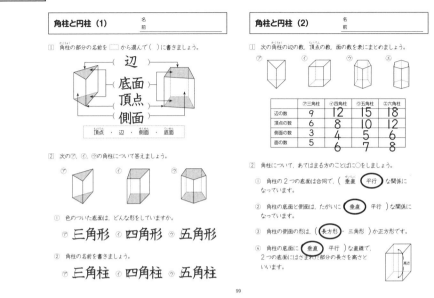

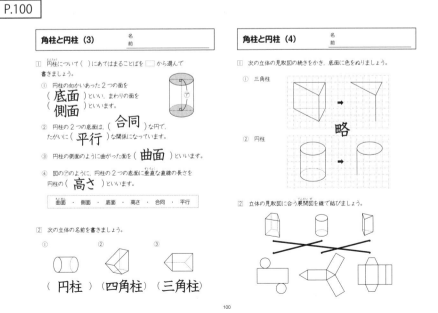

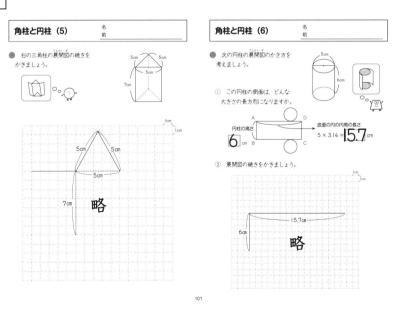

児童に実施させる前に，必ず指導される方が問題を解いてください。本書の解答は，あくまでも１つの例です。指導される方の作られた解答をもとに，本書の解答例を参考に児童の多様な考えに寄り添って○つけをお願いします

P.102

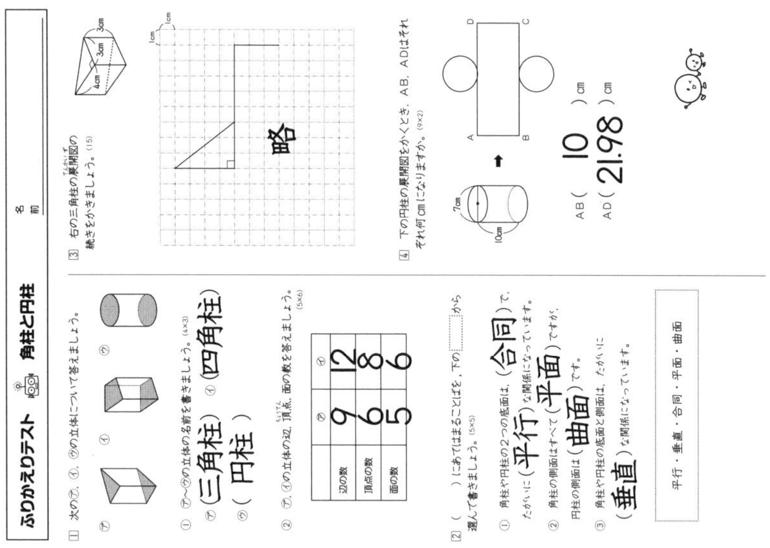
ふりかえりテスト　角柱と円柱　名前

1 次の㋐，㋑，㋒の立体について答えましょう。

㋐ ㋑ ㋒

① ㋐～㋒の立体の名前を書きましょう。(4×3)

㋐(三角柱)　㋑(四角柱)　㋒(円柱)

② ㋐，㋑の立体の辺，頂点《ちょうてん》，面の数を答えましょう。(5×6)

	㋐	㋑
辺の数	9	12
頂点の数	6	8
面の数	5	6

2 (　　)にあてはまることばを，下の[　　]から選んで書きましょう。(5×5)

① 角柱や円柱の２つの底面は，(合同)で，たがいに(平行)な関係になっています。

② 角柱の側面はすべて(平面)ですが，円柱の側面は(曲面)です。

③ 角柱や円柱の底面と側面は，たがいに(垂直)な関係になっています。

平行・垂直・合同・平面・曲面

3 右の三角柱の展開図《てんかいず》の続きをかきましょう。(15)

4cm　3cm　3cm　1cm　1cm

略

4 下の円柱の展開図をかくとき，AB，ADはそれぞれ何cmになりますか。(9×2)

7cm　10cm　A　B　C　D

AB(10)cm

AD(21.98)cm

102

学校現場では，本書ワークシートをコピー・印刷して児童に配布できます。
学習する児童の実態にあわせて，拡大してお使い下さい。

新版　教科書がっちり算数プリント
スタートアップ解法編　5年　ふりかえりテスト付き
解き方がよくわかり自分の力で練習できる

2021年1月20日　第1刷発行

企画・編著：原田善造（他12名）
編集担当：桂真紀
イラスト：山口亜耶　他

発行者：岸本なおこ
発行所：喜楽研（わかる喜び学ぶ楽しさを創造する教育研究所）
〒604-0827　京都府京都市中京区高倉通二条下ル瓦町 543-1
TEL　075-213-7701　FAX　075-213-7706
HP　http://www.kirakuken.jp/
印刷：株式会社米谷

ISBN:978-4-86277-319-7

Printed in Japan